"十四五"时期国家重点出版物出版专项规划项目

智能建造理论·技术与管理丛书

智 能 材 料

第 2 版

主　编　陈英杰　邸　浩

副主编　郭维超

参　编　姚素玲　张立新

机 械 工 业 出 版 社

本书共 11 章，系统地介绍了智能材料的相关内容，包括绪论、形状记忆合金、压电复合材料、电磁流变体、智能纤维材料、智能高分子材料、其他传感元件、智能混凝土、结构控制、智能橡胶与智能弹性体、建筑技术的发展与应用。

本书每章设有学习目标，章末配有拓展阅读、习题，以便学生学习和掌握相关知识。本书配套 PPT 课件、教学大纲、习题答案等资源，任课教师可登录机械工业出版社教育服务网（www.cmpedu.com）下载。

本书适用于高校土木工程、材料工程等相关专业本科生、研究生以及从事智能材料研究工作的技术人员。

图书在版编目（CIP）数据

智能材料 / 陈英杰，邸浩主编. -- 2 版. -- 北京：
机械工业出版社，2025.3. --（智能建造理论·技术与
管理丛书）. -- ISBN 978-7-111-77900-1

Ⅰ. TB381

中国国家版本馆 CIP 数据核字第 20255GV208 号

机械工业出版社（北京市百万庄大街 22 号　邮政编码 100037）
策划编辑：马军平　林　辉　　责任编辑：马军平　林　辉
责任校对：贾海霞　张亚楠　　封面设计：张　静
责任印制：任维东
河北京平诚乾印刷有限公司印刷
2025 年 6 月第 2 版第 1 次印刷
184mm×260mm·14.5 印张·357 千字
标准书号：ISBN 978-7-111-77900-1
定价：58.00 元

电话服务　　　　　　　　　　网络服务
客服电话：010-88361066　　机 工 官 网：www.cmpbook.com
　　　　　010-88379833　　机 工 官 博：weibo.com/cmp1952
　　　　　010-68326294　　金 书 网：www.golden-book.com
封底无防伪标均为盗版　　机工教育服务网：www.cmpedu.com

前　言

随着人类社会科技水平的不断提高，从仿生角度出发，在丰厚的相关学科理论和技术基础之上，人们提出了智能材料（Intelligent Material）的概念，也称为灵巧材料或机敏材料（Smart Material）。智能材料是新材料领域中正在形成的，被誉为21世纪非常重要的一种先进材料。材料智能化要求材料具有一些生物体特有的功能，如传感、判断、处理、执行乃至自预警、自修复、刺激响应等，因此材料智能化是一项具有挑战性的任务，目前仍处于发展的初级阶段。

智能材料正受到各方面的关注，从其结构的构思到智能材料的新制法（分子和原子控制、粒子束技术、中间相和分子聚集等）、自适应材料和结构、智能超分子薄膜、智能凝胶、智能药物释放体系、神经网络、微机械智能光电子材料等方面都在积极开展研究。主要的应用领域有：航天航空飞行器方面（飞行器机翼的疲劳断裂检测及形状自适应控制，湍流控制的智能蒙皮，大型柔性空间机构的阻尼振动控制），土木建筑及混凝土方面（桥梁、建筑等振动的主动控制以及风灾和地震时的自适应控制，结构健康检测，土建施工中的质量检测，装配式建筑，绿色被动式建筑），火警探测及控制，管道系统的腐蚀和冲蚀探测，高寂静产品的噪声控制，空气质量、温度控制及减振降噪，能量的最佳利用，在用系统性能的评估和残留寿命的预测，机器人的人工四肢等。

随着现代科技的进步，尤其电子信息技术的快速发展，人们对建筑物高效化和多功能化的要求也越来越高。智能化住宅的研制一度成为全球关注的热点，并取得突破性进展，智能建筑应运而生。智能建筑的历史虽短，但前景广阔，在世界各国发展迅猛，已呈21世纪建筑发展主流之势。除智能建筑外，智能材料的研制步伐也在加快，如英国科学家研制出的智能型温室覆盖材料、德国科学家研制的智能纤维增强材料等。这些材料的特点是能够根据外界环境变化实现智能型自适应控制、调整材料特性。智能材料与智能建筑相结合无疑将为人们提供了一个安全、舒适的生活、学习与工作环境空间。

本书以智能材料相关学科理论知识为基础，重点介绍了智能材料的前沿研究成果，使读者能够对智能材料在各个行业，尤其是在智能建造方面的应用前景有深刻的理解和感悟。本书共11章。第1章介绍了智能材料的研究背景和材料的智能化及其应用前景。第2~7章分别介绍了智能材料各基本组元（形状记忆合金、压电复合材料、电磁流变体、智能纤维材料、其他传感元件等）的应用原理、力学特性、本构关系模型及其应用情况等。第8章介绍了智能混凝土（损伤自诊断混凝土、温度自调节混凝土、仿生自愈合混凝土）的智能特性和应用情况。第9章介绍了智能材料在结构控制领域的应用情况。第10章介绍了智能橡胶与智能弹性体通过物理或化学的手段获得原来不具备的某些特殊性能。第11章介绍了土木工程相关建筑技术的发展与应用。

本书由陈英杰和邸浩担任主编（主编按拼音排序），郭维超担任副主编，姚素玲、张立新担任参编。姚素玲负责全书的统稿和校订工作。机械工业出版社提供了极大的帮助和有价值的编写意见，李青山和梁鹏花做了大量的前期工作，在此表示衷心感谢。

教材建设是一项需要长期积累而又不断翻新的工作，既要锲而不舍、精益求精，又要善于探索、有所创新。本书坚持"打好概念基础，厘清脉络思路，理论联系实际，符合认知规律"的编写方针，以提高学生的理论水平和科学素质为目标，引入了更多的科研课题内容，可以激发学生探索、创新的精神和科技强国的爱国情怀。

本书通过拓展阅读的形式将思想政治教育元素有机地融入进来，在介绍专业知识的基础上，实现知识传授与价值引领的统一。

智能材料在国内外处于起步并充满希望的阶段，很多课题正在研究探索之中。由于时间仓促，加之学科领域跨度大，而且编者理论水平和实践经验有限，书中难免有不尽读者之意的地方，以书会友，恳请并感谢读者给予批评指正。

编　者

目 录

第1章

绪 论

学习目标

1. 了解智能材料概念的来源。
2. 掌握智能结构的工作原理；了解智能材料的主要发展趋势。
3. 掌握智能材料的内涵和定义；从仿生学的观点出发，了解智能材料内部应具有或部分具有的智能特性。
4. 了解智能材料模仿生命系统的感知和驱动功能应该具有的耗散结构与材料的内禀特性。
5. 掌握智能材料的分类，了解几种智能材料的基本组元。
6. 了解智能材料和结构的应用前景及发展趋势。

1.1 智能材料

20 世纪 50 年代，人们提出了智能结构，当时称为自适应系统（Adaptive System）。在智能结构的发展过程中，人们越来越认识到智能结构的实现离不开智能材料的研究和开发。20 世纪 80 年代中期，人们提出了智能材料的概念。智能材料要求材料体系集感知、驱动和信息处理于一体，类似生物材料那样具有智能属性，具备自感知、自诊断、自适应、自修复等功能。1988 年 9 月，美国陆军研究办公室组织了首届智能材料、结构和数学的专题研讨会。1989 年，日本航空-电子技术审议会提出了从事具有对环境变化做出相应能力的智能型材料的研究。从此，这样的会议在国际上几乎每年一届。由已公布的资料来看，美国的研究较为实用，是应用需求驱动了研究与开发；日本偏重于从哲学上澄清概念，目的是创新拟人智能的材料系统，甚至企图与自然协调发展。因此，开始时美、日分别用"机敏"（Smart）和"智能"（Intelligent）一类定语，随着这种材料的出现，人们已逐渐接受"智能材料"这一概念。

智能材料的概念来自于功能材料。功能材料有以下两类：一类是对外界（或内部）的刺激强度（如应力、应变、热、光、电、磁、化学和辐射等）具有感知的材料，通称感知材料，用它可做成各种传感器；另一类是对外界环境条件（或内部状态）发生变化做出相应或驱动的材料，这种材料可以做成各种驱动（或执行）器。智能材料是一种能感知外部刺激，能够判断并适当处理且本身可执行的新型功能材料。这种集传感器、驱动器和控制系统于一体的智能材料，体现了生物的特有属性。智能材料是继天然材料、合成高分子材料、人工设计材料之后的第四代材料，是现代高新技术中新材料发展的重要方向之一，将支撑未来高新技术的发展，使传统意义下的功能材料和结构材料之间的界线逐渐消失，实现结构功能化、功能多样化。科学家预言，智能材料的研制和大规模应用将导致材料科学发展的重大革命。一般说来，智能材料有七大功能，即传感功能、反馈功能、信息识别与积累功能、响应功能、自诊断能力、自修复能力和自适应能力。

智能材料的提出是有理论和技术基础的。21世纪因为科技发展的需要，人们设计和制造出新的人工材料，使材料的发展进入从使用到设计的历史阶段。可以说，人类迈进了材料合成阶段。高新技术的要求促进了智能材料的研制，原因是：

1）材料科学与技术已为智能材料的诞生奠定了基础，先进复合材料（层合板、三维及多维编织）的出现，使传感器、驱动器和微电子控制系统等的复合或集成成为可能，也能与结构融合并组装成一体。

2）对功能材料特性的综合探索（如材料的机电耦合特性、热机耦合特性等）及微电子技术和计算机技术的飞速发展，为智能材料与系统所设计的材料耦合特性的利用、信息处理和控制打下基础。

3）军事需求与工业界的介入使智能材料与结构更具挑战性、竞争性和保密性，使它成为一个高技术、多学科综合交叉的研究热点，而且也加速了它的实用化进程。例如，1979年，美国国家航空航天局（NASA）启动了一项有关机敏蒙皮中用光纤检测复合材料的应变与温度的研究，此后就大量开展了有关光纤传感器监控复合材料固化、结构的无损探测与评价、运行状态检测、损伤探测与估计等方面的研究。

4）土木工程全寿命周期智能化建造促使工程科学与信息科学的交叉融合，跨学科和多学科交叉的创新，凝练了土木工程全寿命周期智能化的关键科学问题和主要研究内容：①智能设计、智能材料与智能结构；②智能建造；③智能诊治和运维；④全寿命周期数据与智能管控平台。通过人工智能等新一代信息技术与土木工程学科的深度交叉融合，土木工程全寿命周期智能化的研究势必会推动我国土木工程向绿色化、长寿化、智能化方向发展，全面提升土木工程建造与运维品质，并推动经济社会的高质量、可持续发展。例如，任鑫博士研发的"嵌合负泊松比泡沫的新型混凝土材料"以其良好的抗剪切性、抗凹陷性、断裂韧性和疲劳耐久性等优点在诸多领域具有广泛的应用价值，混凝土中负泊松比材料的研制可以有效地改善混凝土表面的应力分布和开裂现象。

1.2　智能结构

智能结构将智能材料形成的驱动件和传感元件紧密融合在结构中，同时也将控制电路、逻辑电路、信号处理、功率放大器等集成在结构中，通过机械、热、光、化学、电、磁等激励和控制，使智能结构不仅具有承受荷载的能力，还具有识别、分析、处理及控制等多种功能，并能进行数据传输和多种参数的检测，而且还能动作，从而使智能结构能够自行诊断变形、损伤和老化的发生，能够自发产生与状态对应的形状变化，能够对振动、冲击进行适应性调整，能够根据需要对结构或材料进行控制和修复，即具有自诊断、自适应、自学习、自修复、自增值、自衰减等能力。但土木工程结构和基础设施体积大、跨度长、分布面积大、使用期限长，传统的传感设备组成的长期监测系统的性能稳定性和耐久性都不能很好地满足工程的实际需要。近年来发展起来的高性能、大规模分布式智能传感元件为土木工程智能监测系统的发展提供了基础。

近年来，智能材料取得了显著的进步和发展，然而还需不断进行创新和深入研究。未来智能材料的主要发展趋势包括以下三个方面：

（1）智能材料集成化和小型化　智能材料发展的最终归属是为智能结构服务。为满足智能结构的多功能需要，往往需要智能控制与自诊断、自适应和自修复等智能材料相结合，促使材料从感知、控制、适应和修复的集成化，如图1-1所示。而智能材料的小型化无疑将有利于智能材料的植入及与其他基材的复合。

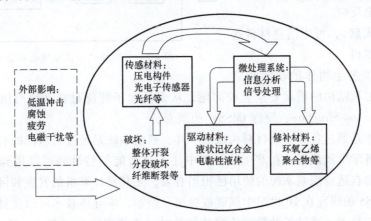

图1-1　智能材料多功能的集成化

（2）开发神经中枢网络控制材料　控制材料是智能材料集成化的关键，神经中枢网络控制材料不仅为智能材料获得实时动态响应，而且提供学习和决策功能。因此，必须大力探索和开发神经中枢网络控制材料的模型，发现新的研究方法和新的制造工艺。

（3）完善智能材料的仿生功能　未来的智能材料具有多种仿生功能，包括类似骨骼系统（基材）提供承载能力，神经系统（内埋传感网络）提供监测、感知能力，肌肉系统（驱动元件）提供调整适应响应，免疫系统（修复元件）提供康复能力，神经中枢系统（控制元件）提供学习和决策能力。

1.3　智能材料的内涵和定义

1.3.1　智能材料的内涵

智能材料是一种能"感觉"出周围环境的变化，并且能针对这一变化采取相应对策的材料。当它受到外界的振动、压力、声音、温度、电磁波等物理量的变化时，其性状也会随之变化。智能材料是对环境具有自感知和记忆、自适应、自修复能力的多功能新材料。它具有仿生的特点：传感材料作为神经系统，驱动材料充当有机体的肌肉组织，而控制和计算系统像大脑一样进行实时反应。智能材料包括那些能对环境产生反应的液体、合金、合成物、水泥、玻璃、陶瓷塑料等，其应用领域十分广阔。

随着信息、材料及工程科技的发展，科学家和工程师从自然界和生物体进化的学习和思考中受到启发，绘制出图1-2来对比生物体和智能系统。

感知器（神经元），也称传感器，可用感知材料制得。它能对外界或内部的刺激强度（如应力、应变、热、光、电、磁、化学和辐射等）具有感知功能。

执行器（肌肉），可用执行材料制得。它能在外界环境条件或内部状态发生变化时做出反应。

处理器（大脑），可用信息材料通过微电子技术制得。

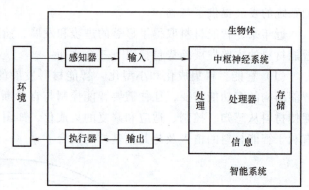

图1-2　生物体与智能系统的对比示意图

人们力图借鉴生物体的功能特征从根本上解决工程结构的质量安全监控问题，从而提出了智能材料系统与结构（Intelligent Material Systems and Structure，简称IMSS）的概念。

正如生物体是通过各种生物材料构成的一样，智能系统是通过材料间的有机复合或集成而得以实现。科学实践证明，在非生物材料中注入"智能"特性是可以做到的。自工业革命以来，非生物自适应控制系统的使用已相当有效，尤其是计算机的发展和可用性人工智能的研究，使IMSS的研究在20世纪中期就被提出。例如，半导体技术可以使材料与器件集成封装在一小块芯片上，通过各种具有传感性能的材料使各类信息（如力、声、热、光、电、磁、化学信息）互相转换和传递。如果能把感知、执行和信息三种功能材料有机地复合或集成于一体，就可能实现材料的智能化。

表1-1列出了常见的感知材料和执行材料。表中有些材料兼具感知和执行功能，如磁致伸缩材料、压电材料和形状记忆材料等。这种材料统称为机敏材料（Smart Materials），它们能对环境变化做出适应性反应。图1-3所示为机敏材料的感知功能和执行功能。

表1-1　应用于机敏材料与结构中的感知材料和执行材料

名称	感知材料	执行材料
声发射材料	√	
电感材料	√	
电流变液		√
电致伸缩材料		√
光导纤维	√	
磁致伸缩材料	√	√
压电材料	√	√
形状记忆材料	√	√
电阻应变材料	√	
X感光材料	√	

通过对生物结构系统的研究和考察，机敏或智能材料有了可借鉴的设计和建造思想、模型、方法。从仿生学的观点出发，智能材料内部应具有或部分具有以下生物功能。

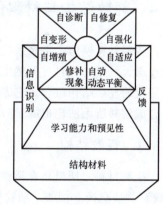

图 1-3　机敏材料的感知功能和执行功能

1）有反馈功能，能通过传感神经网络，对系统的输入和输出信息进行比较，并将结果提供给控制系统，从而获得理想的功能。

2）有信息积累和识别功能，能积累、识别和区分传感网络得到的各种信息，并进行分析和解释。

3）有学习能力和预见性功能，能通过收集和学习过去经验对外部刺激做出适当反应，并可预见未来并采取适当的行动。

4）有响应性功能，能根据环境变化适时地动态调节自身并做出反应。

5）有自修复功能，能通过自生长或原位复合等再生机制，来修补某些局部破损。

6）有自诊断功能，能对现在情况和过去情况做比较，从而能对故障及判断失误等问题进行自诊断和校正。

7）有自动动态平衡及自适应功能，能根据动态的外部环境条件不断地自动调整自身的内部结构，从而改变自己的行为，以一种优化的方式对环境变化做出响应。

图 1-4 所示为智能材料的属性。当然，这里指的是高级智能材料，虽然目前尚难做到，但却是未来实现的目标。

具有上述结构形式的材料系统，就有可能体现或部分体现下列智能特性：

1）具有感知功能，可感知并识别外界（或内部）的刺激强度。

2）具有信息传输功能，以设定的优化方式选择和控制响应。

3）具有对环境变化做出响应及执行的功能。

4）反应灵敏、恰当。

5）外部刺激条件消除后能迅速恢复到原始状态。

图 1-4　智能材料的属性

1.3.2　智能材料的定义

智能材料并非一定是专门研制的一种新型材料，大多是根据需要选择两种或多种不同的材料按照一定的比例以某种特定的方式复合起来（Material Composition），或是材料集成（Material Integration），即在所使用材料构件中植入某种功能材料或器件，使这种新组合材料具有某种或多种机敏特性，甚至智能化。这样，它已不再是传统的单一均质材料，而是一种复杂的材料体系，故在材料后加上"系统"两字，成为智能材料系统，通常简称为智能材料。本书中所介绍的智能材料均指智能材料系统。

智能材料与智能结构在尺度上是有区别的。智能材料与结构的构成如图 1-5 所示。若把智能材料植入工程结构中，就能使工程结构感知和处理信息，并执行处理结果，对环境的刺激做出自适应响应，使离线、静态、被动的监测变为在线、动态、实时、主动监测与控制，实现增强结构安全、减轻质量、降低能耗、提高结构性能等目标。这种工程结构称为智能结构（Intelligent Structure）。

通过以上对智能材料定义的讨论，可归纳出以下几点：

1）智能材料的研究要立足于剖析、模仿生物系统的自适应结构和老化过程的原理、模式、方式与方法，使未来工程结构具有自适应生命功能。

2）材料可以看作智能材料的主体。它的范围可以从生物材料到高分子材料，从无机材料到金属材料，从复合材料到大型工程结构。它将用作制造汽车、飞机及桥梁等的新型材料。有关这种材料的理论也可指导人类器官和肢体的设计。

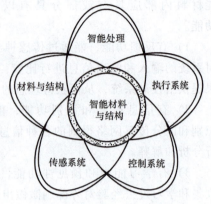

图 1-5　智能材料与结构的构成

3）智能材料不是仅仅简单地执行设计者预先设置的程序，而且应该对周围环境具有学习能力，能够总结经验，对外部刺激做出适当反应。

4）智能材料不仅具有环境自适应能力，同时能够为设计者和使用者提供动态感知和执行信息的能力。

5）智能材料拉近了人造材料与人之间的距离，增加了人、机的"亲近感"。

1.4　耗散结构与材料的内禀特性

智能材料模仿了生命系统的感知和驱动功能。该研究领域的出现使人们把越来越多的目光投向天然生物材料。天然生物材料的基本组成单元很平常，但是往往由具有适应环境及功能需要的复杂结构组合。它表现出的优异强韧性、功能适应性及损伤自愈合能力，是传统人工合成材料所无法比拟的。

1.4.1　耗散结构

生物材料之所以具有活性，是因为它们在"服役"过程中不断与外界环境进行能量和（或）物质交换。例如，动物要靠摄取食物生存，通过糖分解和呼吸等生机勃勃的生物反应和运输作用来维持生命；植物利用光合作用，从太阳光中获得能量，从土壤和水分中吸取所需养分。所以，维持生物体生命和生存活动的自保护、自修复、自调节、自适应、自繁殖等都要求从外界吸取能量或（和）进行物质交换。长期以来，不同领域的科学家注意到，在生命系统和非生命系统之间表现出似乎不同的规律。非生命系统通常服从热力学第二定律，系统总自发地趋于平衡和无序，但决不会自发地转变到有序，这就是系统的不可逆性和平衡态的稳定性。生命系统与此不同，生物进化总是由简单到复杂，由低级到高级，越来越有序，能自发地形成有序的稳定结构。这两类系统的矛盾，长期得不到解决。直到 20 世纪 60 年代出现了耗散结构理论和协同学理论，才为这个问题的解决搭建了科学框架。诺贝尔奖获得者 Prigogine 于 1970 年在国际理论物理和生物学会议上正式提出"耗散结构（Dissipative

Structure）理论"。耗散结构是指从环境输入能量或（和）物质，使系统转变为新型的有序形态，即这种形态依靠不断地耗散能量或（和）物质来维持。一个生物体作为一个整体来接受连续的能量流或（和）物质流，然后转换为各种废物排泄到环境中去。生命的机体就是这样一个保持动态稳定的系统，这种动态稳定能够抗拒环境对机体的瓦解性侵蚀。生命品种的存在，取决于其动态调节的能力，即生命系统是一个开放系统，系统和环境进行着物质和能量的交换，从而引进负熵。尽管系统内部产生正熵，但总的熵在减小，达到一定程度时，系统就有可能从原来的无序状态产生一种新的稳定的有序结构。Prigogine 称之为耗散结构。

生物体越是出于一种远离平衡的有序结构，就标志着其"进化"越高级。生物系统是分层次的，各种有机体都按严格的等级组织起来，从活的分子到多细胞个体，再到超个体的聚合物，层次分明。这充分体现了生物体中分子与构成无生命物质的分子没有本质上的区别。但生物体却具有比无生命物质复杂得多的优异性能，说明生物体的功能并不是组成生物体的各种组织功能的简单线性叠加。

非生命系统，这里主要是指无生命的材料，热力学第二定律的观点认为它们是一个孤立系统，即它们与环境没有能量和物质的交换，通常可以用下列函数关系来表达：

$$P = f(C, S, M) \tag{1-1}$$

式中　P——材料的服役性能；

　　　C——材料的成分；

　　　S——材料的结构；

　　　M——材料的形貌。

因此，它们的系统内部就不可能呈现生命的活性。

倘若通过众多的通道，如化学的、物理的以及生物的手段为材料提供物质和能量的输送，就可以用下列函数关系来表达材料的仿生设计：

$$P = \varphi(C, S, M, \theta) \tag{1-2}$$

式中　θ——环境变量，它意味着环境向材料提供能量和物质就可使"死"的材料变成"活"的材料。

根据这种启发，现在就有人提出金属材料疲劳及性能恢复的仿生设计，模仿生物的机能恢复和创伤愈合，向服役的材料施加高密度电流脉冲，使其疲劳寿命等得到显著提高。

1.4.2　材料的内禀特性

依据智能（或机敏）材料定义中所确定的内涵，组成智能材料的组元材料可分为传感材料、信息材料、执行材料、自适应材料（仿生材料）以及两类支撑材料（能源材料和结构材料）。能源材料用作维持系统工作所需的动力，结构材料是支撑功能材料的基体材料或构件。

表 1-2 列出了材料的感知功能信息和传递功能符号。表中 P_{ij} 按 i，j 划分：当 $i=j$ 时，P_{ij} 是材料的感知信息（能源）特性，它们可以是力、声、热、光、电、磁、化学和辐射；当 $i \neq j$ 时，P_{ij} 代表不同能量之间传递的特性。由于电学性能易于放大、传输和调节，因而通常寻求具有 P_{i5} 的性能。通过这类材料，将所输入的各种信息转换为电学信息而输出。例如，应变电阻合金、磁致伸缩材料和热敏电阻合金的性能分别是 P_{15}，P_{65}，P_{35}，还有许多能用来探测环境中气体含量的"器皿陶瓷材料"的性能是 P_{75}。

表 1-2　材料的感知功能信息与传递功能符号

输入 i	输出 j						
	力	声	热	光	电	磁	化
力	P_{11}	P_{12}	P_{13}	P_{14}	P_{15}	P_{16}	P_{17}
声	P_{21}	P_{22}	P_{23}	P_{24}	P_{25}	P_{26}	P_{27}
热	P_{31}	P_{32}	P_{33}	P_{34}	P_{35}	P_{36}	P_{37}
光	P_{41}	P_{42}	P_{43}	P_{44}	P_{45}	P_{46}	P_{47}
电	P_{51}	P_{52}	P_{53}	P_{54}	P_{55}	P_{56}	P_{57}
磁	P_{61}	P_{62}	P_{63}	P_{64}	P_{65}	P_{66}	P_{67}
化	P_{71}	P_{72}	P_{73}	P_{74}	P_{75}	P_{76}	P_{77}

常见的感知器用陶瓷材料列于表 1-3。常见的具有感知功能和传递功能材料列于表 1-4。例如，表 1-4 中的 P_{31} 表示热-力转换材料，对应的材料有膨胀合金、双金属片和形状记忆合金，它们在环境温度或热量改变时输出应力和应变。又如，光导纤维损耗低，信息传输容量大，抗干扰性强，可从表 1-5 中查出其在不同场合下的感知功能。光导纤维对应于表 1-2 中的 P_{14}，P_{34}，P_{44}，P_{54}，P_{64} 和 P_{74}。

表 1-3　感知器用陶瓷材料

种类	材料	效应		输出
温度感知器	NiO，FeO，CaO，Al_2O_3，SiC（成型、薄膜）	载流子浓度随温度的变化	负温度系数	阻抗变化
	半导体 $BaTiO_3$（烧结体）		正温度系数	
	VO_2，VO_3	半导体—金属相变		
	Mn，Zn 系铁酸盐	弗里磁体—常磁转变		磁化变化
位置速度感知器	PZT（钛锆酸盐）	压力效应		反射波的波形变化
光感知器	$LiNbO_3$，$LiTaO_3$，PZT，$SrTiO_3$	热电效应		电动势
	Y_2O_3S（Eu）	荧光		可见光
	ZnS（Cu，Al）			
	CaF_2	热荧光		
气体感知器	Pt 催化剂/氧化铝/Pt 线	可燃性气体接触燃烧反应		阻抗变化
	SnO_2，ZnO，$\gamma-Fe_2O_3$，$LaNiO_3$，（La，Sr）CoO_3	氧化物半导体气体脱吸附引起的电荷转移		
	TiO_2，$CoO-MgO$	氧化物半导体化学比的变化		
	ZrO_2-CaO，MgO，$Y_2O_3-Li_2O$	高温固体电解质燃料电池		电动势

（续）

种类	材料	效应	输出
湿度感知器	Al_2O_3	吸湿引起电导率变化	电导率
	$LiCl$,P_2O_5, ZnO-Li_2O	吸湿离子传导	阻抗变化
	TiO_2,$NiFe_2O_4$, TiO_2,ZnO,Ni铁酸盐, Fe_3O_4乳胶	氧化物半导体	

表1-4　具有感知功能和传递功能的材料

功能	材料	现象或机制
P_{31}（热→力）	膨胀合金	热胀冷缩
	双金属片	热胀冷缩
	形状记忆合金	形状记忆
P_{41}（光→力）	光敏性凝胶	光刺激导致相转变体积溶胀
P_{51}（电→力）	电致伸缩材料	在电场作用下伸缩
	压电材料	在电场作用下产生力
	电致流变液	在电场作用下流体粒子极化
	电活性凝胶	在电场作用下离子迁移导致凝胶体积和形状变化
P_{61}（磁→力）	磁致伸缩材料	磁致伸缩
	磁致流变液	在磁场作用下流体粒子磁化
P_{71}（化→力）	智能高分子凝胶	化学信号刺激使高分子收缩或溶胀
P_{32}（热→声）	形状记忆合金凝胶	马氏体相变产生声发射信号
P_{14}（力→光）	光导纤维	力致光双折射及吸收变化
P_{24}（声→光）	声光晶体	超声波在介质中产生的弹性力使介质折射率变化
	声光玻璃	
P_{34}（热→光）	光导纤维	温度引起的折射及吸收变化
P_{44}（光→光）	光导纤维	X射线或γ射线引起变化
	光致发光材料	晶格间空位或离子、原子迁移发光
P_{47}（光→化）	感光材料	在光的作用下发生化学反应
P_{54}（电→光）	光导纤维	电光效应,光致色差
	电光晶体	电场作用使晶体折射率发生变化
P_{64}（磁→光）	光导纤维	磁致发光效应
	磁光材料	偏振光通过磁场时发生偏转
P_{15}（力→电）	压电材料	压电效应
	应变电阻合金	应变改变电阻率
P_{25}（声→电）	声敏材料	声波振动产生压力,压力产生电信号
P_{35}（热→电）	热敏电阻	电阻率随温度变化
	热释电材料	加热使屏蔽电荷失去平衡,产生电位差

（续）

功能	材料	现象或机制
P_{45}（光→电）	光电材料	光电效应
	光敏电阻	入射光强弱改变电阻值
P_{65}（磁→电）	磁致巨阻材料	电阻率随磁场变化
P_{75}（化→电）	气敏陶瓷材料	气体改变电阻率
	湿敏陶瓷材料	电阻率随环境湿度变化

表 1-5 光纤感知功能

i	P_{ij}	现象
1	P_{14}	力致光双折射及吸收变化
3	P_{34}	温度引起光的折射及吸收变化
4	P_{44}	X 射线或 γ 射线引起发光
5	P_{54}	电光效应，电致色差
6	P_{64}	磁致发光效应
7	P_{74}	成分变化引起光折射、光吸收变化荧光

一般情况下，需要将力输入给执行材料后，执行材料才能启动。因此，执行材料为 $j=1$ 的功能材料，性能为 P_{i1}。表 1-4 中属于这类材料的有：P_{31}，如膨胀合金、双金属片和形状记忆合金；P_{51}，如电致伸缩材料、电致流变液（Electrorheological Fluids，简称 ER Fluids）；P_{61}，如磁致伸缩材料、磁致流变液等。

实际上，现在所知的执行材料不仅仅能在不同的信息激励下输出力或位移，而且输出功能已拓展到数码显示、存储、改变颜色、改变频率等。这类材料在电子技术中已得到广泛应用。

1.5 材料的智能化

1.5.1 材料的自适应性

生物品种的存在取决于其动态能力，这些能力是自养育（新陈代谢）、自诊断、自修复、自调整、自繁殖……这些能力的产生是为了适应环境变化，所以统称为自适应。假如仔细且认真地观察一下，就会发现材料中也存在上述类似的某些现象。这种功能在材料中被归纳为所谓的"S 特性"，即自诊断（Self-diagnosis）、自调整（Self-tuning）、自适应（Self-adaptive）、自恢复（Self-recovery）和自修复（Self-repairing）等。

如图 1-6 中的曲线 1 所示，随着时间的延续，由于腐蚀、磨损、疲劳等原因，材料的强度不断下降。当这种下降超过材料能忍受的极限时便会断裂，此时对应的时间便是寿命。材料能否有"自适应"的能力，从而出现如图 1-6 中曲线 2 所示的"延年益寿"的情况呢？回答是肯定的。例如，利用控制论的反馈概念，可以设计电热智能开关。有些陶瓷材料，如 ZnO 的电阻率 ρ 有正的温度系数（$\alpha = \mathrm{d}\rho/\mathrm{d}T > 0$），温度 T 升高，则 ρ 下降，通过的电流 I 就下降，随之 T 下降；而 T 下降，则 ρ 下降，I 又增加，使 T 升高。如此反复，就会达到一个恒定的温度。因此，通过适当调整材料的 ρ 及 α，在同一种材料上就能完成原件加热和温控的双重作用，具有自适应功能。这种电热智能开关就能提高用电设备的安全性，延长设备的使用寿命。

实际生活中，能见到许多自适应的实例，如水结冰的现象。一般的物质，液态转变成固态时都是密度增加、体积减小。但水结冰正相反，比水还轻的冰块浮在水的表面，起到隔热作用，有效地防止了水的继续固化，保护了水下生物。铝锅和不锈钢餐具也具有自修复功能，因为其表层被氧化或被刻画出沟槽后，次内层的材料会迅速氧化形成与表层一样致密的耐高温抗氧化层，对内部起到了保护作用。光致变色材料包括玻璃、釉、高分子材料等，由于光引起的可逆结构变化，导致颜色也发生可逆变化。这种特性可用于防辐射、光化学开关、数字显示、可擦除的光信息存储、防伪、装饰等。若能充分利用这些材料的特异功能，就会在材料智能化的征途中取得很好的成果。

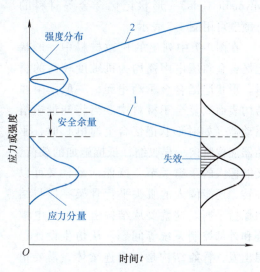

图1-6 应力或强度与时间模型

1.5.2 材料和结构的智能属性评定

为了判断自适应性能力的大小，材料机敏度和结构智商的概念被提出。20世纪80年代初，美国人提出材料的机敏度概念，目的是为了提高军用飞行器的质量可靠性、可生存性及可支持性。构成材料机敏性的关键在于其感知功能和驱动功能。材料所能识别和感知到的环境变量数目以及随之做出的响应能力，来自对机敏材料物理和化学参数的选择和评定，如准确性、灵敏性、重复性和持久性等均可用于评价机敏材料的机敏程度。

当材料双重功能之间的耦合可以直接通过内部的物理或（和）化学机制实现而不需要外部的辅助装置，也不需要提供额外的能源时，这种材料便称为无源机敏材料。无源机敏材料较简单，对环境变化做出的响应呈线性关系，即对环境变化不能做出决策性的响应。因此，使材料所能实现的机敏特性以及机敏程度都受到很大限制，一些反应幅度较大、需要消耗能量的机敏性便难于实现。在很多复杂的情况下，传感功能与执行功能之间的耦合需要外部的反馈与控制装置联合起来，从而经常需要提供附加的能源使其工作，这种相应的材料称为有源机敏材料。它可以从外部把传感功能和执行功能连接起来，选择最恰当的传感元件和执行元件集成一体，而不必担心缺乏必需的物理和化学耦合机制。这样就为机敏材料的发展开辟了更加广阔的道路。同时，通过外部的反馈控制环节，既可方便地调整系统的响应特性和强度，植入其他高级智能因素，又可方便地输入完成复杂响应所需的能源，使得有源机敏材料可以完成高功率、响应好的动作，这对大型结构部件的形状和振动控制是非常重要的。实际上，这是构成智能材料的技术途径。目前的智能材料通常是有源机敏材料，它比无源机敏材料的机敏度更高。

近来，人们开始用材料的机敏度（Material Smartness Quotient，简称MSQ）来评价和表征材料的机敏程度。选择一些机敏材料与生物体的核糖核酸（RNA）进行机敏度比较，把最具机敏性的 RNA、DNA 的材料机敏度 MSQ 定为 1000，则蛋白质、离子聚合物凝胶（Ionic Polymeric Gels）、形状记忆合金等材料的机敏度可用图 1-7 表示。

在图 1-7 中列出的机敏材料中，形状记忆合金和压电陶瓷均为机敏度较高的材料。形状记忆合金驱动组元，一般是附在结构表面或复合于材料中。当将能量输给驱动器（如对形状记忆合金通电）时，驱动器能像肌肉一样收缩，抵抗施加的载荷，又能像人的手臂关节，既能活动，又可以旋转，还能像人的肌头平行骨架一样与结构保持平衡。这就要从结构上考虑机电耦合和外部控制系统等问题。从仿生设计思想出发，智能结构是一个连续体，需要很多的驱动组元网络。例如，悬臂梁的旋转

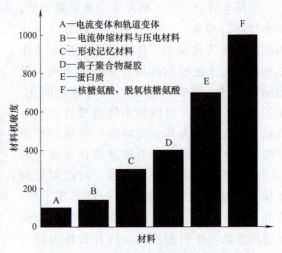

图 1-7 不同材料的机敏度

不采用传统的结构件连接，而是采用浮在悬臂梁上下表面的驱动器控制结构弯曲。显然，智能结构解决问题的方法与传统工程不同，其先进之处在于模拟了生物体。

智能结构（包括智能材料）除具备机敏材料的属性外，本身还应具备某种控制功能。它表征系统对外界环境变化做出动态响应的能力，而且这种响应具有可持续性和可重复性，在响应过程中系统能维持稳定的状态。这种能力的高低往往由系统的信息积累、识别（学习能力和预见性）和反馈所组成。因此，在评价结构的智能属性时，不单单要根据材料所能探测和感知到的环境变量的数目、强度和速度等，还需要考虑系统本身控制能力呈现出来的动态响应能力，这就是结构的智商（Material Intelligent Quotient，简称 MIQ）。同样，选择细胞作为一类最具智能的结构，将其智商 MIQ 定为 1000，则 DNA、RNA、蛋白质和病毒等的智商可用图 1-8 表示。

至今，材料的机敏度和结构的智商还只是个概念，尚无确定的内涵，也未见定量的计算方法，但它们很有新意，就像人们用智商来判断一个人的聪敏程度一样。材料的机敏度和结构的智商将可能成为衡量材料智能化的判据。

1.5.3 智能材料的复合准则

材料的多组元、多功能复合类似于生物体的整体性。由于各组元、各功能之间存在的相互作用和影响，如耦合效应、相乘效应等，材料系统的功能并不是各组元

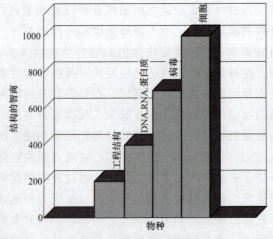

图 1-8 不同结构的智商

功能的线性叠加，而是要复杂和有效得多。例如，表 1-6 所列的是材料的各种复合效应。通

常，结构复合材料具有线性效应，而很多功能复合材料则可用非线性效应创造出来，最明显的是相乘效应，见表1-7。将一种导电粉末（如碳粉）分散在高分子树脂中，并使导电粉末构成导电通道，用这样的复合材料加上电极制成扁形电缆，即可缠在管道外表面通电加热。通电后材料发热使高分子膨胀，拉断一些导电粉末通道，从而使材料电阻值增大，降低发热量；温度降低后高分子收缩又使导电通道复原，从而产生控制恒温的效果。这就是典型的热-变形与变形-变阻的相乘效应，最终变为热-变阻方式。

表1-6 材料的各种复合效应

线性效应	非线性效应	相补效应	共振效应
平均效应	相乘效应	相抵效应	系统效应
平行效应	诱导效应		

表1-7 相乘效应的部分形式

A 相性质 Y/X	B 相性质 Z/Y	C 相性质 $(Y/X) \cdot (Z/Y) = Z/X$
压磁性	磁阻性	压阻性
压电性	电场致发光	压光性（压力发光）
磁致伸缩	压电性	磁电效应
光电性	电致伸缩	光致伸缩
辐射发光	光导性	辐射诱导导电
热胀变形	形变导致电阻	热阻效应

另外，智能材料具有多级结构层次，包括有多个材料组元或控制组元。每种材料组元又有各自不同的组织，各种组织由不同的相构成，每种相都有各自不同的微结构。同样，控制组元是由大量电子器件集成的，电子器件可有不同的分布方式，每种电子器件也具有不同的结构。

功能的传递常常是通过能量转换和物质传输来实现的。通过执行组元可以有目的地控制能量或物质的流动。执行器输出的是能量，或称为机械功（力×距离）。因此，执行器是能量转换和能量提供单元，其输入和输出参数都是能量。输入的能量也可以由辅助能源提供。执行器的动态特性由功能设定和微型计算机芯片所确定。计算机芯片接受感知信号，通过处理，再把信息反馈给执行器去完成。

智能材料是一个开放系统，需依靠不断从外界环境输入能量或物质来动态调节对外界的适应能力，以维持其类似于生物体的活性，因此还应赋之以能量转换和储存。智能材料的发展趋势应是各材料组元间不分界的整体融合（Monolithic）型材料，拥有自己的能量储存和转换机制，并借助和吸取人工智能方面的成就，实现具有自学习、自判断和自升级的能力。

1.5.4 智能材料的分类

由于智能材料具有相对于传统材料特殊优异的性能，其已成为全球研究和开发的热点。根据智能材料模拟生物行为的模式可将其分为以下四类：

1. 智能传感材料

智能传感材料对外界或内部的刺激强度，如应力、应变及物理、化学、光、热、电、磁、辐射等作用具有监测、感知和反馈的能力，是未来智能建筑的必备组件。较典型的传感材料有压电材料、微电子传感器、光导纤维等。其中，光导纤维材料是在智能建筑中最常使用的传感材料，它可以在无损状态下感知并获得被测结构物全部的物理参数（如温度、变形、电场或磁场等）。

2. 智能驱动材料

对由于温度、光度、电场或磁场等外界环境条件或内部状态发生的变化，智能驱动材料具有产生形状、刚度、位置、固有频率、湿度或其他机械特性响应或驱动的能力。目前常用的智能驱动材料主要有形状记忆合金、压电材料、电致伸缩材料、磁致伸缩材料、电流变体、磁流变体和功能凝胶等。这些材料可根据温度、电场或磁场的变化而自动改变其形状、尺寸、刚度、振动频率、阻尼、内耗及其他一些机械特性，因而可根据不同需要选择其中的某些材料制作各种执行或驱动元件。

3. 智能修复材料

智能修复材料是模仿动物的骨组织结构和受创伤后的再生、恢复机理，采用黏结材料和基材相复合的方法，对材料损伤破坏具有自行愈合和再生功能，恢复甚至提高材料性能的新型复合材料。

4. 智能控制材料

智能控制材料对智能传感材料的反馈信息具有记忆、存储、判断和决策能力，并具有控制和修正智能驱动材料和智能修复材料的行为。微型计算机是智能控制材料的主要代表，其控制算法由专门程序提供。在智能控制材料的制作过程中，响应的控制被存储在更高层次的集成水平上，在实际应用时程序模拟人脑，具有多方位求解复杂问题的能力。

1.5.5 智能材料的几种基本组元

1. 光导纤维

光导纤维是利用两种介质面上光的全反射原理制成的光导原件。通过分析光的传输特性（光强、位相等）可获得光纤周围的力、温度、位移、压强、密度、磁场、成分和 X 射线等参数的变化，因而广泛用作传感元件或智能材料中的"神经元"，具有反应灵敏、抗干扰能力强和耗能低等特点。早在 1979 年，Claus 就曾在复合材料中嵌入光纤，用于测量低温下的应变。从那时起，光纤被广泛用作复合材料固化状态的评估、工程结构的在线监测、材料的非破坏性评定、内部损伤的探测和评估等。光纤波导管可植于复合材料内，通过测定光的折射和对折射信号的处理，确定二维动态应变，其电吸附效应还可用于感知磁场的变化。光的干涉效应可用于测量变形和振动，光纤和光传感器还可用于极端恶劣条件下的推进系统。

2. 压电材料

压电材料包括压电陶瓷（如 $BaTiO_3$、$Pb(ZrTi)O_3$、$K(Na)NbO_3$、$PbNb_2O_6$ 等）和压电高分子。压电材料通过电偶极子在电场中的自然排列而改变材料的尺寸，响应外加电压而产生应力或应变，电和力学性能之间呈线性关系，具有响应速度快、频率高和应变小等特点。此种材料受到压应力刺激可以产生电信号，可用作传感器。压电材料可以是晶体和陶瓷，但它们都比较脆。还有一种高分子压电材料，称为 PVDF（Polyvinyldene Fluoride）或 PF_2，可制成非常薄的膜，附着于几乎任意形状的表面上，其力学性能和对应力变化的敏感性优于许多其他传感器。美国佛罗里达大学的 Nevill 等研制了一种压电触觉传感器，几乎能够 100% 准确地辨识物体，如它能识别盲文字母及砂纸的粒度。比萨大学的研究者们利用压电材料研制出类似于皮肤的传感器，能模仿人类皮肤对温度和应力的感知能力，还能探知边缘、角等

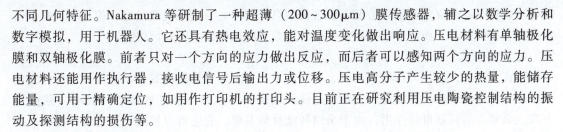

不同几何特征。Nakamura 等研制了一种超薄（200~300μm）膜传感器，辅之以数学分析和数字模拟，用于机器人。它还具有热电效应，能对温度变化做出响应。压电材料有单轴极化膜和双轴极化膜。前者只对一个方向的应力做出反应，而后者可以感知两个方向的应力。压电材料还能用作执行器，接收电信号后输出力或位移。压电高分子产生较少的热量，能储存能量，可用于精确定位，如用作打印机的打印头。目前正在研究利用压电陶瓷控制结构的振动及探测结构的损伤等。

3. 电（磁）流变液

电（磁）流变液可作为一种执行器。流体中分布着许多细小的可极化粒子，它们在电场（磁场）作用下极化，呈链状排列，流变特性发生变化，可以由液体变得黏滞直至固化，其黏度、阻尼性和抗剪强度都会发生变化。在石墨-树脂空心悬臂梁内填入电流变液，加上电压时梁的阻尼增大，振动受到抑制，因此电流变液用于飞行器机翼和直升机转子等时可抑制振动。利用其黏度的变化调节结构的刚度，从而改变振动的固有频率，达到减振的目的。

4. 形状记忆材料

形状记忆材料包括形状记忆合金、记忆陶瓷以及聚氨基甲酸乙酯等形状记忆聚合物。它们在特定温度下发生热弹性（或应力诱发）马氏体相变或玻璃化转变，能记忆特定的形状，且电阻、弹性模量、内耗等发生显著变化。NiTi 形状记忆合金的电阻率高，因此可用电能（通电）使其产生机械运动。与其他执行材料相比，NiTi 形状记忆合金的输出应变很大，达8%左右，同时在约束条件下，也可输出较大的恢复力。它们是典型的执行器材料。由于其冷热循环周期长，响应速度慢，只能在低频状态下使用。

5. 磁致伸缩材料

磁致伸缩材料是将磁能转变为机械能的材料。磁致伸缩材料受到磁场作用时，磁轴发生旋转，最终与磁场排列一致，导致材料产生变形。该材料响应快，但输出应变小。Terfenal-D 可输出 1400μm 的应变，故又称为超磁致伸缩材料。磁致伸缩材料已应用于低频高功率声呐传感器、强力直线性电动机和液压机执行器，目前正在研究采用磁致伸缩材料主动控制智能结构中的振动。

6. 智能高分子材料

智能高分子材料是指三维高分子网络与溶剂组成的体系。其网络的交联结构使它不溶解而保持一定的形状；因凝胶结构中含有亲溶剂型基团，使它可被溶剂溶胀而达一平衡体积。这类高分子凝胶溶胀的推动力与大分子联合溶剂分子间的相互作用、网络内大分子链的相互作用以及凝胶内和外界介质间离子浓度差所产生的渗透压相关。据此，这类高分子凝胶可感知外界环境细微变化与刺激，如温度、pH 值或电场等刺激而发生膨胀和收缩，对外做功。

1.6 智能材料和结构的应用前景及发展趋势

1.6.1 航空航天飞行器方面的应用

1. 直升机旋翼轮叶

最早引起社会兴趣和工业界重视的智能材料结构是美国人研制的具有减振效果和诊断功能的"智能材料机翼"。在飞机的机翼部件中植入光导纤维等应力传感器，这些传感器系统能将飞机机翼各个部分的重力情况及时告知信息处理中心，进而反馈信号，使机翼及时平衡和抵消多余的振动，而执行减振驱动指令的则是形状记忆合金及其网络。

2. 智能蒙皮

不仅是飞机，其他飞行器如火箭、卫星，还有潜水艇等的表皮都应具有随外界条件变化而变化以及探测周围环境的能力，具有这样功能的表皮称为智能（或机敏）表皮（蒙皮）。未来飞机蒙皮不仅起机翼作用，由于采用智能材料系统，它还可以检测飞行速度、温度、湿度等各种气象条件，并能对变化的环境做出反应，如改变机翼形状等。另外，智能蒙皮适合于当前的电子战，即具有识别、人为干扰、隐蔽通信、威胁警告和电子保障系统。对于材料内部的缺陷和损伤，智能蒙皮能进行自诊断、自修复、自适应，还能抑制噪声和振动；对于航空航天飞行器座舱，能够自动通风、保暖和冷却。

3. 翼面的气动弹性设计

如果在翼面中植入传感元件和驱动元件，利用驱动元件改变机翼下表面的曲度，就可使机翼具有足够的升力而不增大阻力，也可以利用驱动元件改变机翼前缘和后缘的角度等，传感元件监测动作的情况和程度，以达到自适应动态控制。

4. 能够实现精确控制的智能结构

如空间站的天线，在地面上是收拢的，到高空缓慢地展开，尺寸很大又细长，形状和方向精度要求很高，在空间无重力、无阻尼作用下，必须采用能实现主动控制振动和形状的智能桁架结构。航天器的天线对反射面的形状要求是很高的，如直径为10m，要求表面精度的均方根值为0.5mm。在天线反射面边界上布置一批驱动器和测量表面误差的传感器，在天线内配置控制驱动器的编码器和控制电路。当传感器测出表面误差不符合要求时，由控制电路通过编码器激励驱动器，改变缆索长度，实现自适应控制。智能天线结构中集成了传感元件、控制处理元件和动作元件，传感元件即为天线元件，而控制处理元件一般仍采用人工神经网络。

5. 飞行状态的监测

为了保证飞行安全，无论是民用还是军用飞机都必须随时监测，甚至离开服役现场大修检测。在飞机结构中植入传感器，它将与人工智能、信号处理器和适当的计算机硬件一起，连续及时地评价飞机结构的状态和完整性，以防止发生突发性灾难。这些植入的传感器和计算机网络将监视飞行载荷、环境及结构完整性。这些措施可以简单地告诫驾驶员飞机结构的内部缺陷和结构失效已经发生的部位，或者是机翼结冰超过规定质量值将影响飞行性能，是否需要采取措施，如除冰等。

1.6.2　土木工程方面的应用

随着材料技术的快速发展，作为有着多学科交叉背景的综合学科，智能材料为土木工程中日益复杂的结构提供了实现的可能性，因此这一学科的研究也日益受到重视。例如，大跨度桥梁、高层建筑、水利枢纽、海洋钻井平台以及油气管网系统之类的基建设施，在其较长的使用期中，外界各种不利作用会使得组成这些结构的材料发生不可逆的变化，从而导致结构出现不同程度地性能衰减、功能弱化，甚至会诱发重大工程事故。若是能将智能材料运用到对这些超规模的工程结构物中，能够时刻评定相应的安全性能、监控损伤，并智能修复，则将为未来工程建设提供新的发展思路。土木工程智能材料，是指随时能够对环境条件及内部状态的变化做出精准、高效、合适的响应，同时还具备自主分析、自我调整、自动修复等功能的新材料。

大型混凝土结构的安全性诊断，是国内外智能材料系统研究的重点之一。日本东京大学柳田博明等将碳素纤维和玻璃纤维组合，植入混凝土中，以检测混凝土的应力状态和形变量。两种纤维在电学性能及力学性能方面的互补性，使纤维在增加强度的同时，还能通过纤维电阻的变化分析出混凝土中的受力状态、形变程度和破坏情况，起到诊断裂纹和警报损伤甚至预测服役寿命的作用。该研究团队已经把这种纤维增强的混凝土智能材料成功地应用于银行等重要结构设施的防盗报警墙体。我国沈荣大等研究的一种对压力敏感的压敏混凝土材料，较有特色和实用性。该研究团队在混凝土中加入1%的碳素短纤维后，其电阻会随所承受压力而明显变化。根据其电阻变化的特征，可以判断出混凝土材料的安全期、损伤期和破坏期，达到诊断效果。将这种复合材料做成规则块状传感器，植入大型混凝土结构中，并辅以网络结构系统，可以判断出大型构件所受压力的位置和受力面积的大小。如果内部各个部位的温度不同，会产生电动势差，进而可以通过检测各部位电动势的变化，来判断大型结构部件内部温度场的分布情况，形成温敏混凝土。还可以利用电热效应对混凝土结构加热，研究者称之为自适应混凝土。这些将碳素纤维复合材料与光纤传感器结合形成的结构，可应用于大型工程的一些重要位置。

评估钢筋混凝土结构的强度以及建筑结构的完整性是土木工程中一项很重要的技术。对建筑结构的性能进行预先的检测和预报，不仅会大大减少结构的维护费用，而且能避免对人类造成的危害。在钢筋混凝土结构中植入传感器并组成网络，就可以实时监测结构的完整性和性能，并能进行通信和设备控制。智能结构在这方面具有很好的应用前景，目前的应用主要集中在高层建筑、桥梁、水坝等方面。

1. 光纤传感器在混凝土固化监测中的应用

为了解决温湿度变化引起温度梯度以及水化热产生温差引起内应力的问题，可利用植入式光纤传感器对大型混凝土结构进行内温监测。混凝土的抗拉强度仅为抗压强度的1/10，因此在结构的受拉区加入钢筋。通常将光纤传感器植入未固化的混凝土时，除要求光纤界面和水泥之间有良好的结合，还要求光纤在可塑材料填充和机械振动时不受损伤及在高度碱性水泥糊剂环境中具有化学耐久性。

2. 在混凝土砖及大坝上的应用

工程结构的过量位移或变形会导致结构失稳并造成破坏。运用光纤技术可以实现对大坝结构连续可靠的监测。光纤位移极限信号装置DLS可用于检测大坝缝隙变化，光纤应变计可以用于缝隙或不透水沥青混凝土水坝状态变化的长期监测，环形光纤传感器分为两路，分别连接坝体的两边，用一特别的材料封装在大坝混凝土中心。当应变计用力锁定模式安装时，径向变化可引起传感器传输性质的变化。

作为世界规模最大，同时也是技术难度最高的水电站，白鹤滩水电站（图1-9）攻克了一批世界级技术难题，自主研发应用一大批科技创新成果。大坝自开浇以来没有产生一条温度裂缝，标志着我国已经掌握了大体积混凝土温控防裂的关键技术。白鹤滩特高拱坝全坝采用低热水泥，同时基于光纤传感技术，应用"智能建造"技术实现精细化管理，将"智能建造"贯穿整个工程的全生命建设周期，其深度和广度都有提升，白鹤滩将更"聪明"。

白鹤滩水电站大坝规模巨大，坝基地质条件复杂，坝体结构不对称，再加上持续的干热大风天气，混凝土温控防裂难度极大，因此控制温度成为保障混凝土质量的重要环节。白鹤滩水电站大坝中埋设近6000支温度计，80000m的测温光纤以及数千支大坝变形、渗流、渗压等监测仪器。它们就像遍布大坝全身的"神经末梢"，用于感知混凝土温度、环境温度等信息，监控大坝内部的应力、应变、渗流等情况，并将关键信息反馈给大坝的神经中枢智能建造信息管理平台。平台及时将收集到的参数进行实时分析判断，并将分析结果实时推送给现场管理人员，帮助管理人员及时掌握现场情况，采取适当措施，保证任何细小的异常情况能在第一时间得到妥善处理。

图 1-9　白鹤滩水电站

　　在白鹤滩项目施工过程中，三峡大学水利与环境学院研究团队在 7#、11#、17#、19#和27#5 个典型坝段埋设分布式光纤，总计有 2.5 万个温度测点，对混凝土温度变化过程进行实时监测，并以此为基础，开展混凝土温度预测预警、大坝三维温度场重构、温控方案动态反馈设计等研究。白鹤滩大坝混凝土浇筑过程中采用的分布式光纤传感器是由欧美大地公司提供的 Smartac 公司的 DiTemp 分布式拉曼散射光纤温度传感系统，如图 1-10 所示，主要用于对混凝土结构的大尺度范围温度进行精确、长期的监测。

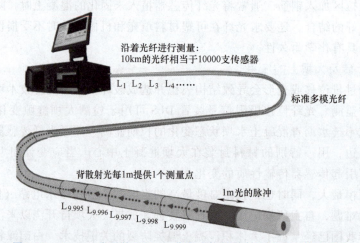

图 1-10　Smartac 公司的 DiTemp 分布式拉曼散射光纤温度传感系统

3. 在房屋建筑中的应用

1）建筑系统和辅助设施的管理和控制。植入式通信光纤可进行通信和办公自动化；光纤传感器可控制加热、空调、下水道设备、电力、照明、电梯、火警及出入控制，还可测量压力、水管流量、温度，控制温度、电动阀门、水泵、锅炉等。

2）结构监测和损伤评估。对于承载很大又很重要的构件，可以在钢筋混凝土制作时埋入光纤阵列，通过微型计算机及神经网络判断缺陷的位置。由于水泥抗拉伸性较差，通常将光纤安装在水泥受拉处，检测水泥是否出现裂缝。高层建筑的基桩完整性检查是一个大问题，若在基桩中植入偏振型或分布式光纤传感器，则可以直接判断基桩是否出现破坏。将碳纤维加入混凝土中，则可形成智能混凝土，不存在植入问题和相容性问题。目前的研究表明将碳纤维材料作为导电材料加入到水泥浆中，当纤维用量合适且制备工艺合适时，硬化电阻的特性会随外界的压力变化而变化，也即对应力敏感，利用这一特性，这种材料不仅可用作结构材料而且可用作智能材料，用于结构监测和损伤评估。

3）试验应力分析。利用植入光纤测量混凝土的强度、弹性及位移等，在此基础上设计结构，将使结构设计更经济和安全。例如，将光纤阵列埋在机场跑道上，可以测得飞机起飞着陆时跑道上的应力状态，得到二维应变图，有利于跑道再设计和对跑道的维修。用纤维压缩法确定混凝土弹性模量及现场进行对比试验，在距离表面几厘米处植入绞合光纤，借助于安装在混凝土表面上的手摇螺旋器把压力施加给纤维。当施加的压力增大时，绞合光纤的曲率增大，光纤管检测到的光通量增加。一定压力下，混凝土的强度和模量与光通量有关。在混凝土中植入单模偏振型光纤传感器，混凝土受载荷时光面产生旋转，由光敏管检测出旋转情况，即可得到混凝土的强度和模量。

4. 智能自修复混凝土

可采取定期检测并触发其自修复功能（如用电激发等）的方法，也可结合太阳能混凝土研究，在混凝土中置入太阳能转换机制，当出现裂纹时，转换机制动作，直接触发或通过另外的机制触发自修复作用（打破原子微区反应的壁垒——包囊等）。植入纤维或形成电解质（或绝缘物质）薄膜包裹，出现裂纹后电性能发生变化，然后通过某种机制触发原子微区反应。技术原理为：①原子微区反应导致自修复作用；②裂纹应力触发自修复作用；③断裂表面能增加触发自修复作用；④新鲜表面的氧化作用和吸附作用触发自修复作用；⑤裂纹产生前后的温湿度变化触发自修复作用；⑥混凝土本征结构破坏触发自修复作用；⑦周期性自检触发自修复作用；⑧其他机理导致自修复作用。

5. 在桥梁工程中的应用实例

桥梁是承受动载荷的构件，易被大气污染，因此往往要求能够监测它的受载和强度，并且根据监测结果来指导维修，这样可以大大减少定时检测和维修费用。

（1）桥座力的测量 在桥面和桥墩之间有桥座，其功能是将载荷从桥面传递到桥墩，增加桥面的自由度并减少动态影响。桥座是由弹性层、加强板组成的堆积体，在其中放置了光纤传感器。它是采用微弯技术的多模光纤传感器，一端为发光管，另一端为光敏管。桥座受载情况发生变化时，微弯器对光纤作用，使光纤输出的光强发生变化，从而使光敏管的输出改变，测试光敏管的信号变化即可以了解桥座受载情况。

（2）桥梁的长期监测 例如，在 Kererkusen 的 Schiessbergstrasse 大桥上，设计者们将光纤植入收缩量很小的合成树脂砂浆中，组成预应力筋，每根预应力筋中安装两只光纤传感器，实现了长期监测。1993 年，在加拿大的 Calgary 建造了一座新型的两跨度公路桥，名为 Beddington Trail 桥。在这座桥梁的桥墩部分首次采用了碳纤维复合材料替代混凝土中的钢筋；同时，这座桥梁的另一创新之处还在于桥梁中也布置了光纤布拉格光栅传感器，以监测使用过程中碳纤维复合材料替代钢筋的效果及桥梁内部的应变状态；另外，为了补偿温度的影响，桥梁中还植入了传感器以测量温度。

（3）桥梁的振动和损伤控制　现代吊索桥的跨度可为 200~3000m，结构柔性较大，易于受环境因素的影响，尤其是地震、强风的影响。为避免一阶扭转模态的出现，研究者设计了以下系统：在桥的两边各有两个配重，当桥截面旋转时，两配重将相对桥体移动。一根扭力棒沿一加强桁架将在桥的长度方向移动并弹性地约束滑轮，这实际上是通过将一绳索绕在加强桁架上来实现的。通过滑轮附近的摩擦控制器可调整配重和扭力弹簧系统，这一系统仅在一阶扭转模态下动作，可避免一阶扭转模态的出现，从而保证长跨度吊索桥在强风情况下的安全。

针对智能材料本身的性能优势，未来在土木工程领域中的应用研究主要有下列四方面：①结构的健康监测与保养；②形状自适应材料与结构；③结构减振抗震抗风降噪的自适应控制；④智能材料在绿色建筑及被动式建筑中的应用。这些问题的进一步研究将有助于工程质量的提高，有助于降低工程灾害性事故的概率，有助于强化工程的安全可靠性，有助于推动土木工程领域的高技术发展，有助于建筑的绿色节能环保，有助于为土木工程领域注入新的发展动力与机遇。

1.6.3　纺织品方面的应用

1. 电子技术与纺织相结合的智能纺织品

具有电子功能的智能服装对聚合物电子是有一定要求的。传感器和电子元件不能对穿着者产生干扰或制造麻烦，聚合物电子元件应当像纺织品一样柔软等。

最近，比利时一些科学家开发研制出可穿戴的电子产品。他们设计的智能跑步服还巧妙地编织有电子音响放松器。当你穿上它跑步时，它会自动播放某种类型的音乐，并随时调整音乐节奏，帮助跑步者随时调整步伐。德国 FAC 服装设计公司推出的智能服装集成了手机、录音机、MP3 和 GPS 系统的功能。美国还研发了四季可穿的温度自控衣服。

2. 防撞服装

老年人行动迟缓，稍有不慎容易跌倒。针对这一情况，瑞士一家公司成功研制了一种老人智能防撞服装，如图 1-11 所示。只要老人穿上这种服装，就不会有受伤的危险。因为在防撞帽中装有计算机防撞器，当人体头部倾斜失常时，计算机就指挥防撞器张开，调整倾斜度，老人就会感到头部像有人扶着一样。即使因倾倒速度过快，防撞器来不及反应也不要紧，老人的头部会被防撞弹簧张力所支撑，所以老人不会受伤。

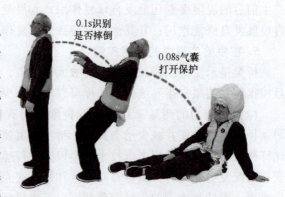

图 1-11　老人智能防撞服装

3. 可补充维生素 C 的 T 恤

日本富士纺织品公司已开发出一种含有前维生素（Pro-vitamin）的布料。前维生素是一种特殊物质，当它与人体皮肤的化学物质发生反应时就会转变为维生素 C。这种 T 恤洗涤超

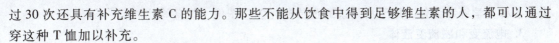

过 30 次还具有补充维生素 C 的能力。那些不能从饮食中得到足够维生素的人，都可以通过穿这种 T 恤加以补充。

4. 用于军事方面的智能纺织品

美国马萨诸塞州内蒂克的美军士兵系统研究人员正在研制一种专供士兵使用的具有变色、接收电子邮件等功能的新式服装。这种名为"天蝎高速战斗服"的服装在服装纤维内植入了微型装置，包括可使士兵接收电子邮件以及自己、敌人所在准确位置等信息的一体化天线。此外，植入服装内的微小发光粒子能分辨现场环境的颜色和特征，改变自身颜色并与之混合。

5. 有毒物质探测织物

有毒物质探测织物是在织物中植入一些光导纤维传感器，当传感器接触到某种气体、电磁能、生物化学或其他有毒的介质时，就会被激发并产生报警信号，提醒暴露在有毒气体中的穿着者。这种服装对消防人员、有毒物质工作者或其他暴露在有毒气体场所中工作者具有重大意义。

1.6.4 汽车方面的应用

智能材料系统是未来汽车上的电子学功能和机械学功能充分结合的关键。正如现有技术所定义的那样，智能材料包括传感器或作动器，或两者兼而有之，由于受到电流或温度变化的刺激，它在韧性、形状、自然频率或位置等方面发生变化。这样一来，用作车门的外侧板以及保险杠等的钢板或复合材料薄板，就会呈现皮肤组织的特性，它们除了能赋予汽车系统更多的功能外，还能感知所处环境的情况，存储材料自身随时间而变的详细数据。

1. 压电陶瓷

压电陶瓷是一种经极化处理，具有压电效应的铁电陶瓷，是一种快速反应材料，能根据被施加的电压而产生膨胀和收缩，它是应用很普遍的生日贺卡的大脑，打开贺卡，它就唱歌。这种材料所具有的快速、准确的响应特性正吸引着音响设计师们用它代替通常使用的扬声器系统，在汽车上用压电陶瓷取代扬声器中的电磁铁驱动器，可减小该系统的质量。虽然这种材料能精确地重复产生高频信号（如高的音符），可它的低音再生性差。汽车音响系统通常都把扬声器的驱动器装在车门内，于是，车门的整个空间可以用来放大低频率的波形，产生出"门会唱歌"的效果。

动力系的设计师们和燃油系统的供应厂商们对压电陶瓷也很重视。从事直喷式柴油机和直喷式四冲程汽油机工作的工程师们都相信，使用压电陶瓷可以改善高压燃油喷射泵的性能。试验表明，将其黏结在高应力集中区附近，可大大提高零部件的疲劳寿命。在传感器领域，压电陶瓷的应用也很有潜力。例如，以聚合物（如聚偏二氯乙烯）的形式出现，则可做成超薄薄膜（厚 $200\sim300\mu m$），可粘贴到包括金属板和复合材料板等多种材料上，用于汽车，则可使车身有了"智能"蒙皮。

2. 光导纤维

光导纤维即能导光的玻璃纤维，由纤维芯和纤维包皮组成。纤维芯折射率高于纤维包皮，一般呈圆柱形，直径从几微米至几百微米。光被约束在纤维内曲折向前传播。光导纤维的数值孔径决定于纤维芯、纤维包皮的折射率，与它的直径无关，因此，纤维可拉得很韧以致软柔可弯曲，同时具有很大的数值孔径。光导纤维可单根使用，用来传输激光，也可用来构成各种光学纤维元件，用于沿复杂通道传输光能、图像、信息等。

3. 电流变和磁流变液体

汽车行业一直在进行将"流变"液体用于动力系和底盘——发动机支座、悬架等的试验，在这些部位，噪声、振动和行驶不平顺等问题是经常存在的。磁致伸缩材料是与这种材料有关的一个材料族系，该材料有响应磁场的作用，其应用目标是液压作动器、电动机和通信系统等。

智能材料系统最成熟的应用之一是主动结构声控。声控的目标就是减少由于这些结构的振动而引起的声辐射。1988年6月，美国密歇根州立大学复合材料与结构中心实验室的M. Gandhl等首次公布了将电流变体与复合材料相结合的智能复合材料的研究结果。他们在复合材料结构件的空腔内注入电流变液体，通过外加电场改变其状态，从而实时控制结构件的刚度、阻尼，实现了对结构整体振动的主动控制。

4. 形状记忆合金材料

形状记忆合金材料是指对形状有记忆功能的材料。用形状记忆材料制成的产品，如果其形状发生了改变，可以在一定条件下恢复其原来的形状。形状记忆合金可以变形，并在设定的温度下恢复其原来的形状。镍钛合金在受热时，具有在受控状态下，从变形后的形状恢复原来形状的能力。埋置在复合材料内的镍钛合金的细丝能吸收振动，并可有效地降低应力集中。这是由于它改变了周围材料的自然频率。镍钛合金在动力系支座、悬架衬套和减振器等方面的应用前景广阔。

智能材料将促进机、电一体化。大力研究和开发智能材料，为汽车向轻型化、节能化、自动化、智能化（图1-12）和舒适化方向发展提供了强有力的材料支撑，发展前景十分广阔。

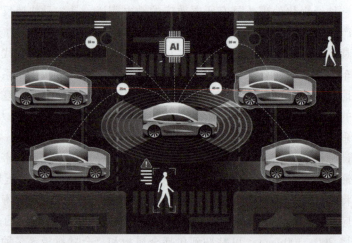

图1-12　智能化无人驾驶

1.6.5　体育和医药方面的应用

将部分网球拍的网丝换成形状记忆合金丝，用开关控制激励形状记忆合金丝，这样的网球拍具有不同的柔性，击出的球具有不同的力度，使对方无法估计球的落点和力度。智能材料在医药方面的应用更是方兴未艾。例如，利用形状记忆合金丝治疗肺血栓和连接断骨、矫正骨骼畸形等；智能医用胶带，不仅能加快伤口愈合，防止感染，还能在伤口愈合后自动脱落，使病人无痛苦；由机敏材料制造的药物送进系统可以像潜水员一样进入人体内，监测人体生理变化；由机敏材料制造的人造器官如人工胰脏、肝、胃等，可代替人体器官；人造胰脏可以连续观测病人的血糖水平，又能准时地释放适当胰岛素。

1.6.6 其他方面的应用

1. 用于机器人

形状记忆合金（SMA）能够感知温度或位移的变化，可将热能转换为机械能。如果控制加热或冷却，可获得重复性很好的驱动动作。用SMA制作的热机械动作元件具有独特的优点，如结构简单、体积小巧、成本低廉、控制方便等。近年来，随着形状记忆合金逐渐进入工业化生产应用阶段，SMA在机器人中的应用（如在元件控制、触觉传感器、机器人手足和筋骨动作部分的应用）十分引人注目。

2. 金属材料自愈合

中科院沈阳金属所的研究发现，用强脉冲的方法对金属材料进行断续通电处理，能愈合材料内部的一些裂纹和缺陷，使金属达到自愈合的效果。西北工业大学的研究表明，将内部充填有黏稠物质的空心管状物植入无机材料中，能使无机材料达到裂纹自愈合的效果。

3. 透明材料

智能玻璃是一种新型的智能材料，它的光学特性可以根据入射光线的波长和强度而改变。例如在热天，智能玻璃可以滤掉热辐射，但又能通过可见光；在冷天，智能玻璃能够防止热损耗，使室内保温。

1.7 智能材料的发展与展望

智能材料现正受到各方面的关注，从其结构的构思到智能材料的新制法（分子和原子控制、粒子束技术、中间相和分子聚集等）、自适应材料和结构、智能超分子和膜、智能凝胶、智能药物释放体系、神经网络、微机械智能光电子材料等方面都在积极开展研究。智能材料的研究内容是非常丰富的。例如，把各种类型的陶瓷传感器与陶瓷驱动器集成在一起，再把场致发光显示部件、语言与音响部件也集成在一起，则可设计出功能相当复杂的系统，在这种系统中，材料与器件的界限也逐渐消失了。

智能化是现代人类文明发展的趋势，要实现智能化，智能材料是不可缺少的重要环节。智能材料是材料科学发展的一个重要方向，也是材料科学发展的必然。智能材料结构是一门新兴的多学科交叉的综合科学。智能材料结构的重要性体现在它的研究与材料学、物理学、化学、力学、电子学、人工智能、信息技术、计算机技术、生物技术、加工技术及控制论、仿生学和生命科学等许多前沿科学及高技术密切相关，它具有巨大的应用前景和社会效益。尽管智能材料结构的应用尚处于初级阶段，研究工作在许多方面有待于新的突破，但它依然前景光明，并会像计算机芯片那样引起人们的重视，推动诸多方面的技术进步，开拓新的学科领域并引起材料与结构设计思想的重大变革。智能材料结构系统的研究应用必将把人类社会文明推向一个新的高度。

拓展阅读

学 习 方 法

"爱学"和"会学"是有效学习的两块基石：

爱学——让学习成为一种乐趣、牵挂和主动力，让"阅读"成为"悦读"，因为"热爱是最好的老师"。

会学——学习要讲究方式方法。

关于学习方法，宋·苏轼《送张琥》："呜呼，吾子其去此而务学也哉！博观而约取，厚积而薄发，吾告子止于此矣。""博观约取，厚积薄发"整体上体现出一种谦虚、博学、慎取、精授的态度和思想，教育人们博览好学，在独立的判断力的基础上去其糟粕，精取，微取。华罗庚院士也曾这样形象的比喻：由薄到厚，再由厚到薄。由薄到厚是指知识的摄取和积累过程，是加法。由厚到薄是指知识的提炼和提升过程，是减法。在学习中，要会加会减，减法似乎比加法更难、更重要。

在学习中，还要善问、创新。做学问，要既学又问，问是学习的一把钥匙。在学习中，学和用要结合，学以致用，在用中学，用是学的继续和检验。在学习中，要有创新意识，要有所创新。

下面将在加法、减法、善问、会用和创新五个方面进行展开讨论。

1. 加法

（1）勤于积累 "一分神来，九分汗下"（郭沫若），学习要舍得流汗，肯下笨功夫。"做学问就要甘坐冷板凳"（许嘉璐）。"越是聪明的人越是懂得下笨功夫"（钱锺书）。日积月累，集腋成裘，学习要勤奋，要有韧性。

（2）善于积累——寻脉结网 "读书似水知寻脉"，深山的小溪知道去寻找水脉，形成水网，奔流到海。水的积累是这样，知识的积累也类似。知识的积累要用心梳理，寻出脉络，使之条理化；要左右联系，前后呼应，使之融会贯通，连缀成网。

（3）善于积累——落地生根 学习新知识，不是去"另起炉灶"，不是去"插上翅膀"，应当是长出自己的翅膀，要"不断根脉，融合新机"。把别人的、本书上的知识变成自己的，化他为己，这样的知识才是牢靠的，生了根的。把新学来的知识融化在自己已有的知识结构上，把"故"作为"新"的基地，使"新"在"故"上生根发芽成长。

2. 减法

加法是基础，减法是提升。会减法，就是指具有"由博返约"的能力，有把厚书读薄的能力。小学数学课，六年读了十二本书，摞在一起也是很厚的了。经过消化，现在留在脑子里的精华，也就是简单的几条，这就称为由博返约，把厚书读薄了。有人说："学问，就是学习后大部分都忘了而剩下的东西。"《老子》中还说："为学日益，为道日损。"指的是：积累知识用加法，提炼规律用减法。由博返约的能力包含下列几个方面：

（1）概括能力 能把一章的内容概括成三言两语，能理出一门课程的主要脉络，能描写人物的特征，画龙会点睛。正是：宏文读罢谁点破？全龙画毕待点睛。会健忘才会真不忘。"一种健康的健忘，千头万绪简化为二三事，留在记忆里，节省了不少心力"（钱锺书）。

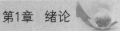

（2）简化能力　盲目简化——不分主次，乱剪乱砍；合理简化——分清主次，剪枝留干。郑板桥写过一副对联，上联是"删繁就简三秋树"。树也会简化，才会过冬，才会立于不败之地。

（3）提纲挈领能力　学习积累的知识，要形成一个知识系统，要培养提纲挈领、统帅全局的能力，达到纲举目张、灵活驾驭的目的。一本书中有许多章、节、知识点，这些都是"目"。要能够抓住指导全书的基本思路，统率全书的核心策略，贯穿全书的那根主线，这就是"纲"。举一纲而万目张。

3. 善问

（1）多问出智慧　学习中提不出问题是学习中最大的问题。学习中要多问，多打几个问号。发现了问题是好事，抓住了隐藏的问题是学习深化的表现。知惑才能解惑。学习和研究的过程就是困惑和解惑的过程。正确敏锐地提出科学问题，是创新的开端。

（2）追问与问自己　重要的问题要抓住不放，要层层剥笋，穷追紧逼，把深藏的核心问题解决了，才能达到"柳暗花明"的境界。这就是提问中的减法。溯河到源，剥笋至心。追到核心处，豁然得贯通。将教学的创造性交给老师，将学习的主动性交给学生。好老师注意启发性，引导思考，为学生留出思考空间。学习时更要勤于思考，善于思考，为自己开辟思考得空间。"提出一个问题往往比解决一个问题更为重要"（爱因斯坦）。"老师出题目比学生解答要高明一步。希望我们中国的数学家出题目给外国人做，而不是跟着外国人走"（吴文俊）。

（3）学问与学答　应试型教育，只强调"学答"。创新型教育，要学更要问。"做学问，需学、问。只学答，非学问"（李政道）。

4. 会用

"学而时习之"（论语）。学习＝学＋习。什么是"习"，通常把"习"理解为复习，更准确些，应把"习"理解为用，理解为实践。"用"是"学"的继续、深化和检验。与"学"相比，"用"有更丰富的内涵。

（1）多面性　把知识应用于解决各式各样的问题，把单面的知识化为多面的知识。

（2）综合性　处理问题时，要综合应用多种方法和知识。分门别类地学，综合优选地用。

（3）反思性　正面学，反面用。计算时由因到果，校核时由果到因。

（4）跳跃性　循规蹈矩地学，跳跃式地用。

（5）灵活性　初学未用的知识往往是呆板的，多方应用过的知识就变活了，用能生巧。

5. 创新

科学精神的精髓是求实创新。创新是学习的高境界。

（1）创新与破旧　学习既要钻进去，洞察深藏的本质；还要走出去，发现新的天地。"以最大的精力打进去，以最大的勇气打出来"（李可染）。学习不能至于记诵和模仿。"学我者生，似我者死"（齐白石）。"似我"，就是从我这里走不出去。会读书的人会把书读破，把书中的破绽揭示出来。"读书破万卷，下笔如有神"（杜甫）。

（2）创新与求实　创新不能违反客观规律。在求实中创新，"出新意于法度之中"（苏轼）。在客观规律的容许之下，创造力有充分的自由活动空间。

（3）创新意识　创新意识要贯穿在整个学习过程中，在加、减、问、用各个方面都要着眼于创新，有心于创新。

1）加：在继承中创新。每项创新成果都吸取了前人的成果。像牛顿那样站在巨人肩上才能看得更远。广采厚积是创新的基础。

2）减：在"去粗取精，弃形取神"的减法过程中要注意"去"和"弃"。在"推陈出新、破旧立新"的创新过程中要注意"推"和"破"。

3）问：在已有知识中发现疑点，感到困惑，是走向解惑和创新的起点。创新是善问巧思的回报。

4）用：在应用和实践中对已有知识进行检验，发现其中的不足而加以改进，这就是创新。实践为创新提供了机遇。

（素材来源：《结构力学Ⅰ》第4版，龙驭球、包世华、袁驷主编。）

习　　题

1. 什么是智能材料？常见的智能材料有哪些？
2. 简述智能材料的发展。
3. 什么是智能材料结构？智能材料结构有哪些特点？
4. 简述智能材料的发展趋势。
5. 简述发展智能材料的可行性。
6. 智能材料内部应具有哪些生物功能？
7. 什么是耗散结构？
8. 执行材料有哪些？感知材料有哪些？
9. 材料的自适应性是指什么？
10. 智能材料分为哪几类？各有哪些功能？
11. 智能材料有哪些基本组元？
12. 智能材料在航空航天方面有哪些应用？
13. 智能材料在土木工程方面有哪些应用？
14. 简述智能材料在纺织品、汽车领域、体育和医疗方面的应用。

第 2 章

形状记忆合金

学习目标

1. 了解形状记忆合金的发展过程。
2. 掌握形状记忆合金的机理。
3. 掌握形状记忆合金的四种本构关系，能够根据实际工程的特点选用合理的本构关系进行分析，掌握各本构关系的优缺点及适用性。

2.1 形状记忆合金的发展和机理

在 20 世纪 30 年代发现某些合金在加热与冷却过程中，马氏体会随之收缩与长大，但直到 1963 年美国海军武器实验室的 W. J. Buehler 博士研究小组发现等原子比 NiTi 合金具有良好的形状记忆效应后，才开始重视，目前给等原子比的 NiTi 合金商品取名为 NiTinol。1970 年，美国首先将 NiTi 形状记忆合金用于宇宙飞船天线，以后又研制出形状记忆合金的热机、机器人、传感器，并在医学领域的牙科、医疗器械、整形外科等方面广泛应用。日本每年发表的"记忆合金专利调查报告书"表明，自 1984 年以后，每年专利约 1000 项，应用领域涉及电气、机械、运输、化学、医疗、能源、生活用品等。目前所进行的智能材料结构与系统的研究又将形状记忆合金的应用推向更广泛的研究领域。

经过近一个世纪的发展，现如今形状记忆合金的种类繁多。根据驱动方式的不同，形状记忆合金主要被分为：热驱动、电驱动、光驱动、磁驱动、水驱动、微波驱动、红外驱动、pH 值驱动等驱动方式。随着科技的不断进步，相信不久的将来，形状记忆合金的驱动方式将越来越丰富，也将在更多的领域体现其潜在应用价值。

2.1.1 形状记忆合金的马氏体相变

一般材料的马氏体相变过程：马氏体形核后以极快的速度长大到一定尺寸就不再长大，转变的继续进行不是依靠已有马氏体的进一步长大，而是依靠新的马氏体形核长大。金属的马氏体相变中，根据马氏体相变和逆相变的温度滞后大小和马氏体的长大方式大致可以分为非热弹性马氏体相变（General Martensitic Transformation）和热弹性马氏体相变（Thermalelastic Martensitic Transformation）。

形状记忆合金（Shape Memory Alloys，简称 SMA）中的马氏体可以随温度的降低而长大，随温度的升高而缩小，这种随温度变化而发生变化的马氏体称为热弹性马氏体。

形状记忆合金在冷却、加热过程中的马氏体可逆相变曲线如图 2-1 所示，合金冷却过程中，发生母相向马氏体转变，一般表示为 P→M，P 表示母相（Parent），M 表示马氏体（Martensite）。马氏体相变的起始温度、终止温度分别用 M_s、M_f 表示。处于马氏体状态的合金在加热过程中，发生马氏体向母相逆相变，一般表示 M→P，马氏体逆相变的起始温度和终止温度分别用 A_s、A_f 表示。形状记忆合金的相变点主要有合金成分和热处理工艺控制，NiTi 合金的相变点根据化学成分和热处理工艺不同，大约在 -100～+100℃ 之间变化。

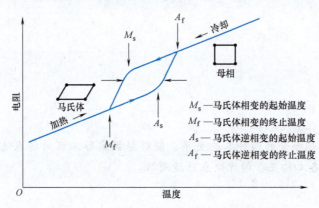

图 2-1　形状记忆合金马氏体可逆相变曲线

2.1.2　形状记忆效应

普通金属材料拉伸过程中，当外应力超过弹性极限后，材料发生塑性应变，外应力去除后，塑性应变不能恢复，发生永久变形，如图 2-2 所示。

形状记忆合金的特点是具有形状记忆效应（Shape Memory Effect），即这种材料在外应力作用下产生一定限度的应变后，去除应力，应变不能完全恢复（弹性部分恢复），在随后加热过程中，当超过马氏体相消失的温度时，材料能完全恢复到变形前的形状，如图 2-3 所示。

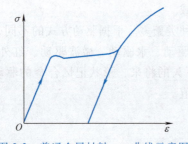

图 2-2　普通金属材料 σ-ε 曲线示意图

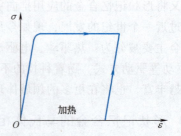

图 2-3　形状记忆体效应示意图

如果从变形温度开始少许加热，材料就可以达到高温下所固有的形状，随后进行冷却或加热其形状不变，仿佛合金记住了高温状态所赋予的变形一样，称为单程形状记忆效应（One-way Shape Memory Effect）。如果对材料进行特殊的时效处理，在随后的加热和冷却循环中，能够重复地记住高温状态和低温状态的两种形状，则称为双程形状记忆效应（Two-way Shape Memory Effect)。当然，也有些合金在实现双程记忆的同时，继续冷却到更低温度，可以出现与高温时完全相反的形状，称为全方位形状记忆效应（All Round Shape Memory Effect)。这些现象的出现都是由材料经历热弹性马氏体相变而引起的。

2.1.3　伪弹性

当形状记忆合金在高于 A_f 温度拉伸时，如图 2-4 所示，在拉伸过程中，首先出现弹性应变 Oa'，之后由于发生了 $P{\to}M$ 相变而产生附加应变 $a'b'$；去除应力过程中，由于马氏体逆转变存在滞后，首先发生弹性恢复 $b'c'$，之后由于发生了马氏体逆转变 $M{\to}P$ 使附加应变（$a'b'$）得以恢复（图中 $c'd'$）。图中 $a'b'$ 的可恢复应变与一般材料的弹性应变不同，是由应力诱发马氏体相变引起的，应力-应变关系不符合胡克定律，把形状记忆合金的这种变形行为称作伪弹性。与一般材料的弹性相比，形状记忆合金的伪弹性有以下两个特点：①其可恢复应变量可达 8%，比一般金属材料的弹性应变量高很多；②恒弹性，即在应力恒定的条件下能够产生较大的应变。

形状记忆效应和伪弹性两种现象的本质是相同的，就形状记忆合金而言，材料在 A_s 点以下受到应力作用产生应变，去除应力，加热至 A_f 温度以上，应变消失。就伪弹性而言，材料在 A_f 温度以上产生应变，一旦去除应力后即可消失。这两种形状恢复的原因都在于逆相变，只是诱发逆相变的方式不同（前者是温度诱发，后者是应力诱发）。

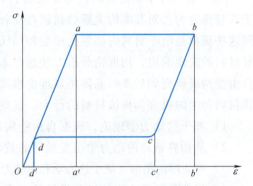

图 2-4　形状记忆合金的伪弹性示意图

2.1.4　力学特性

形状记忆合金作为一种新型的功能性材料，具有形状记忆效应、超弹性效应、弹性模量温度变化特性和阻尼性能。SMA 的形状记忆效应是指 SMA 具有记忆并恢复至它在奥氏体状态下的形状的能力。例如，开始时在较高温度下，SMA 组织为奥氏体，将 SMA 冷却至低温（如室温），SMA 中奥氏体发生相变，转变为马氏体，如果在马氏体状态下拉伸 SMA 并留下较大的塑性变形，那么将 SMA 加热至一定温度后，马氏体就会转变为奥氏体，SMA 将恢复到它开始时的形状（图 2-5）。这种形状的恢复过程非常快。如果在 SMA 恢复过程中，对 SMA 施加约束，那么 SMA 将会产生很大的恢复应力（可达 700MPa）。此种恢复应力可用作结构控制时的驱动力，也可以用来控制结构的刚度。在一定温度以上恒温拉伸奥氏体 SMA，在热与力的共同作用下，SMA 除产生变形外，还产生马氏体相变，马氏体相变也会引起 SMA 变形，其单轴拉伸应力-应变曲线如图 2-6 所示。用 SMA 的这种超弹性效应可以制成耗能器，将 SMA 耗能器中 SMA 加热到合适温度并加载到合适的应力水平，当结构振动时，耗能器可以较大程度地消耗结构振动能量，从而达到有效抑制结构振动的目的。奥氏体 SMA 在高温下的弹性模量是低温马氏体 SMA 的 3 倍以上。利用 SMA 的这种特性，将 SMA 预埋入结构，通过加热和冷却 SMA，改变 SMA 的组织，控制 SMA 的弹性模量变化，从而改变结构局部或整体刚度，改变结构的固有频率，达到避开共振的目的。SMA 的阻尼性能比普通金属的阻尼特性要好得多，其中马氏体奥氏体混合 SMA 的阻尼性能最好，马氏体 SMA 次之，奥氏体 SMA 的阻尼性能最小，利用 SMA 良好的阻尼性可以制成高性能的振动阻尼器。

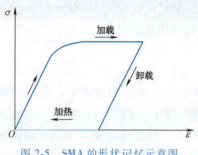

图 2-5　SMA 的形状记忆示意图

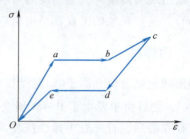

图 2-6　SMA 单轴拉伸应力-应变曲线

2.2　形状记忆合金的本构关系

　　SMA 是一种全新的材料，与普通材料相比，它具有独特的伪弹性和形状记忆效应。由于其特殊行为，对其本构关系的描述存在较大的难度。在对其机理的研究中，人们逐步认识到这些现象是由于材料内部发生相变和马氏体变体重定向引起的。在此基础上，通过实验观察材料的宏观响应，用理论分析方法建立本构关系已经成为当前研究的重点，从早期的单晶自由能构成研究到后来的晶体相场理论模型以至细观研究，人们渴望能够通过数学的方法解释材料行为的机理和模拟材料的行为。这些工作大致分为以下四类：

　　1）基于热动力学理论，根据自由能构成推导的本构模型。

　　2）从相界运动的动力学出发推导的数学模型。

　　3）唯象理论模型（基于热力学和热动力学的本构关系、带有塑性理论特点的本构关系）。

　　4）以能量耗散为指导思路推导的细观力学模型。

　　尽管上述模型从不同的理论出发，得到不同形式的表达，但其根本目的在于从不同角度描述材料的机械行为和相变过程的热力学行为。从工程应用的角度出发，建立在唯象理论基础上的本构模型由于避开了如自由能等测量上的困难，而且定义了适用于工程计算的参量体系，在应用中发挥了较好的作用。其他几类模型的参数体系由于测量困难，尽管在理论研究和材料性能描述上有着一定的优势，但对于工程应用却存在着较大的困难。

2.2.1　基于热动力学理论，根据自由能构成推导的本构模型

　　这一类本构模型从材料的单晶自由能构成出发研究材料行为，Falk 和 Maugin 等人对此有较多的阐述。Falk 基于 Landau 理论，提出了考虑形状记忆效应材料的 Helmholtz 自由能函数 F，而且详细讨论了模型所能描述的机械行为和热动力学行为，诸如等温下的应力-应变关系、弹性常数、相变潜热、热和应力等诱发的相变等行为。Helmholtz 自由能函数 F 为

$$F(\varepsilon, T) = \alpha\varepsilon^6 - \beta\varepsilon^4 + (\delta T - \gamma)\varepsilon^2 + F_0(T) \tag{2-1}$$

式中　α，β，δ，γ——与材料相关的正常数；

　　　　ε，T——应变和温度。

　　需要注意的是，该模型适用于单晶体且仅考虑了晶体剪切运动，所以实验也应针对单晶体进行。另外，模型采用剪应力和剪应变，可以采用拉伸实验，只需要采用坐标旋转就可以

转化为剪切分量。

Maugin 在考虑剪切运动和轴向运动的耦合基础上提出一个离散模型（Discrete Model），并在连续介质力学限制下详细讨论了各种条件下的孤波解（Solitary-Wave Solutions）。

这类模型从单晶体的自由能出发考虑晶格的变形（剪切和轴向），多少带有一些细观力学的特色，但距工程应用相差甚远，且未研究多晶体的本构行为。

2.2.2 从相界运动的动力学出发推导的数学模型

Abeyarame 和 Knowles，Chien H. Wu 所提出的模型可以说是这类模型的代表。在此只对 Abeyaratne 和 Knowles 的模型做一个简单介绍。他们从 Ericksen 应力诱发固-固相变的纯力学模型出发，将相界运动看作准静态过程，采用热动力学理论并结合 Helmholtz 自由能、热动力学关系提出一维本构关系，并讨论模型对于材料等温下应力循环行为、等应力下的热循环行为以及形状记忆行为的描述能力。

2.2.3 唯象理论模型

建立在实验基础上描述材料宏观行为的唯象理论模型有了很大的发展，如基于热力学、热动力学和相变动力学的本构关系和带有塑性特点的本构关系，由于它们在实际应用中方便，参数体系便于确定，使其在智能结构分析中发挥着巨大作用。

1. 基于热力学、热动力学和相变动力学的本构关系

由于形状记忆材料通常制成一维的丝状和其固有的相变特性（相对于加载方向的变体优先形成），促使与实验相联系的一维唯象本构模型得到较大发展。唯象理论模型大致可分为以下两类：一类是建立在 Tanaka 模型基础上的系列本构模型，Liang 和 Rogers 首先修改了该模型并引入相变发展的余弦关系，其后 Brinson 进一步发展了该模型并将其用于有限元计算，Boyd 和 Lagoudas 在 Liang 模型基础上考虑复合材料中 SMA 丝的行为时，为了解决应力对相变的贡献，借助 J_2 不变量，将其推广到三维状态；另一类模型则从纯动力学理论出发，由 Ivshin 和 Pence 提出。尽管两者形式有所不同，但总可归为两类控制方程，控制应力-应变-温度关系的力学方程和控制相变发展的相变运动方程。

（1）基于 Tanaka 模型的系列本构模型　由热力学第一、第二定律（能量平衡，Clausius-Duhem 不等式）有

$$\rho\dot{U} - \sigma L + \frac{\partial q_{\text{sur}}}{\partial \overline{X}} - \rho q = 0$$

$$\rho\dot{S} - \rho\frac{q}{T} + \frac{\partial}{\partial X}\left(\frac{q_{\text{sur}}}{T}\right) \geqslant 0 \tag{2-2}$$

式中　ρ——现实构形密度；

σ——Cauchy 应力；

U——内能密度；

q——热源密度；

S——熵密度；

T——温度；

L——速率梯度；

q_{sur}——热流。

借助 Helmholz 自由能，$\psi = U - TS$，Clausius-Duhem 不等式可重写为

$$\left(K - \rho_0 \frac{\partial \psi}{\partial \varepsilon}\right)\dot{\varepsilon} - \left(S + \frac{\partial \psi}{\partial T}\right)\dot{T} - \frac{\partial \psi}{\partial \xi}\dot{\xi} - \frac{1}{\rho_0 t}\frac{\rho}{\rho_0}qF^{-1}\frac{\partial T}{\partial X} \geq 0 \tag{2-3}$$

式中　K——第二类 Kichoff 应力；

　　　ε——Green 应变；

　　　F——变形梯度；

　　　ξ——内变量（表示相变中的马氏体百分数）。

由连续介质力学热动力学知，$\dot{\varepsilon}$，$\dot{T}$ 前面的系数应当为零，则有 $K = \rho_0 \dfrac{\partial \psi}{\partial \varepsilon}$ 和 $S = -\dfrac{\partial \psi}{\partial T}$，进一步对式（2-3）微分，可获得力学方程和熵产方程

$$\dot{K} = D\dot{\varepsilon} + \Theta\dot{T} + \Omega\dot{\xi} \tag{2-4}$$

$$\rho_0 \dot{S} = -\Theta\dot{\varepsilon} + c\dot{T} + \Gamma\dot{\xi}; \quad c = \frac{\partial^2 \psi}{\partial T^2}; \quad \Gamma = \frac{\partial^2 \psi}{\partial T \partial \xi} \tag{2-5}$$

式中　D——弹性模量；

　　　Θ——热弹性模量；

　　　Ω——相变张量。

对于控制相变的运动方程，Tanaka 采用了当时已被较多应用的指数模型

$$\begin{cases} \xi = \exp\left[A_a(A_s - T) + B_a K\right] & M \to A \\ \xi = 1 - \exp\left[A_m(M_s - T) + B_m K\right] & A \to M \end{cases} \tag{2-6}$$

式中　A_s，M_s——奥氏体相变开始温度、马氏体相变开始温度；

　　　T——温度；

A_a，A_m，B_a，B_m——同相变温度相关的常数。

Liang 和 Togers 在 Tanaka 模型基础上进一步获得全 0 量表示的本构关系，即

$$K - K_0 = D(E - E_0) + \Theta(T - T_0) + \Omega(\xi - \xi_0) \tag{2-7}$$

下角标 0 表示初始状态。

与 Tanaka 另一不同之处在于它引入余弦表示的相变运动方程

$$\begin{cases} \xi = \frac{1}{2}\left\{\cos\left[a_A(T - A_s) + b_A K\right] + 1\right\} & M \to A \\ \xi = \frac{1}{2}\left\{\cos\left[a_M(T - M_f) + b_M K\right] + 1\right\} & A \to M \end{cases} \tag{2-8}$$

式中　a_A，b_A，a_M，b_M——材料常数，表示应力对相变温度的影响程度。

Brinson 在 Liang 模型基础上，考虑到上述模型的缺陷，即当初始条件为 $K_0 = E_0 = 0$，$\xi_0 = 1$，$T = T_0$ 时，若 $T < M_f$，$\xi = 1$，则式（2-8）将为

$$K = DE \tag{2-9}$$

此时式（2-9）所描述的是线弹性行为。基于此 Brinson 提出采用 $\xi = \xi_T + \xi_S$ 代替原来的 ξ，其中 ξ_T 表示由于温度引起的马氏体相，ξ_S 表示由于应力引起的马氏体相。从 Liang 的模型出发，引入 $\xi = \xi_T + \xi_S$ 之后，Brinson 模型的力学控制方程可描述为

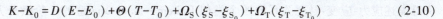

$$K - K_0 = D(E - E_0) + \Theta(T - T_0) + \Omega_S(\xi_S - \xi_{S_0}) + \Omega_T(\xi_T - \xi_{T_0}) \tag{2-10}$$

这样在上述条件下，式（2-9）成为

$$K = DE + \Omega\xi_S \tag{2-11}$$

式（2-11）也可描述材料的非线性行为。同时 Brinson 在 Liang 余弦模型基础上引入 $\xi = \xi_T + \xi_S$ 之后重新讨论相变运动方程。

在上述模型基础上，当 SMA 纤维镶嵌在复合材料中时，即使材料承受单向载荷，纤维也将承受三维复合加载，因此 Boyd 和 Lagoudas 进一步将一维本构关系推广至三维本构关系，其应力-应变关系为

$$K_{ij} = C_{ijkl}[E_{kl} - E_{kl}^{tr} - \alpha_{kl}(T - T_0)] \tag{2-12}$$

增率型的关系如下

$$\dot{K}_{ij} = C_{ijkl}[\dot{E}_{kl} - \dot{E}_{kl}^{tr} - \alpha_{kl}\dot{T} - \dot{\alpha}_{kl}(T - T_0) + \dot{C}_{ijkl}(E_{kl} - E_{kl}^{tr} - \alpha_{kl}(T - T_0))] \tag{2-13}$$

式中　α_{ij}，C_{ijkl}——热膨胀系数和弹性刚度。

E_{kl}——相变应变。

相变应变得增率形式为

$$\dot{E}_{ij}^{tr} = \Lambda_{ij}\dot{\xi} \tag{2-14}$$

而且

$$\begin{cases} \Lambda_{ij} = -\dfrac{3}{2}\dfrac{\Omega}{D}\bar{K}^{-1}K_{ij}' & \dot{\xi} > 0 \\[3mm] \Lambda_{ij} = -\dfrac{\Omega}{D}\bar{E}^{tr\,-1}E_{ij}^{tr} & \dot{\xi} < 0 \end{cases} \tag{2-15}$$

对于相变运动方程，Boyd 和 Lagoudas 在 Magee 发展的核运动方程基础上结合 Tanaka 指数模型并假定相变温度和马氏体体积分量与静水应力无关，从而用偏应力的等效应力 $\bar{K}$ 代替单向应力，马氏体和奥氏体相变的开始和终止温度作相应修改，获得三维状态下的相变运动方程。

（2）Ivshin 和 Pence 模型　Ivshin 和 Pence 模型假定单独相的热力学行为由不同的状态方程控制，相应的每相的热动力学变量，如应力、温度以及它们的同类变量熵和应变被定义为状态函数，且应遵循 Maxwell 关系

$$\frac{\partial E_A(T,K)}{\partial T} = \frac{\partial S_A(T,K)}{\partial K}; \quad \frac{\partial E_M(T,K)}{\partial T} = \frac{\partial S_M(T,K)}{\partial K} \tag{2-16}$$

式中　$S_M(T, K)$，$E_M(T, K)$，$S_A(T, K)$，$E_A(T, K)$——马氏体相的熵、应变和奥氏体相的熵、应变。

引入 α 表示奥氏体相的体积分数，则马氏体相的体积分数为 $1-\alpha$，总熵 S 和总应变 E 定义为

$$S = (1-\alpha)S_M(T,K) + \alpha S_A(T,K)$$
$$E = (1-\alpha)E_M(T,K) + \alpha E_A(T,K) \tag{2-17}$$

进一步从热动力学出发结合 Maxwell 关系给出奥氏体相体积分数 α 的控制方程

$$\alpha(T,K) = \hat{\alpha}[\beta(T,K)] \tag{2-18}$$

且要求 $\hat{\alpha}[\beta(T,K)]$ 的值域为 $[0, 1]$，为了应用方便，仅需选择 T_0 时的 $\beta(T_0,0) = 0$，且 $\partial\beta(T_0,0)/\partial T = 1$ 即可。而后在 Ivshin 和 Pence 描述相变滞后行为模型基础上进一步推广，

获得描述应力-应变-温度关系的四个类似 Duhem—Madelung 型的一阶微分方程为

$$\left\{\frac{\mathrm{d}T}{\mathrm{d}t}, \frac{\mathrm{d}K}{\mathrm{d}t}, \frac{\mathrm{d}E}{\mathrm{d}t}, \frac{\mathrm{d}\alpha}{\mathrm{d}t}\right\} = \{\dot{T}, \dot{K}, \dot{E}, \dot{\alpha}\} \tag{2-19}$$

需要注意的是，奥氏体相体积分数的微分形式控制方程即相变运动方程为

$$\frac{\mathrm{d}\alpha}{\mathrm{d}t} = \left\{\frac{\alpha(t_k)}{\widehat{\alpha}_{\max}(\beta(T(t_k), K(t_k)))}\right\} \frac{\mathrm{d}\widehat{\alpha}_{\max}}{\mathrm{d}\beta}\left(\frac{\partial\beta}{\partial T}\frac{\mathrm{d}T}{\mathrm{d}t} + \frac{\partial\beta}{\partial K}\frac{\mathrm{d}K}{\mathrm{d}t}\right); \quad \frac{\mathrm{d}\alpha}{\mathrm{d}t} \leq 0$$

$$\frac{\mathrm{d}\alpha}{\mathrm{d}t} = \left\{\frac{1-\alpha(t_k)}{1-\widehat{\alpha}_{\min}(\beta(T(t_k), K(t_k)))}\right\} \frac{\mathrm{d}\widehat{\alpha}_{\min}}{\mathrm{d}\beta}\left(\frac{\partial\beta}{\partial T}\frac{\mathrm{d}T}{\mathrm{d}t} + \frac{\partial\beta}{\partial K}\frac{\mathrm{d}K}{\mathrm{d}t}\right); \quad \frac{\mathrm{d}\alpha}{\mathrm{d}t} \geq 0 \tag{2-20}$$

其中

$$\beta(T,K) = \frac{1}{S_A(T_0) - S_M(T_0)}\left\{\begin{array}{l}\int_{T_0}^{T}(S_A(T) - S_M(T))\mathrm{d}T + \\ \int_{0}^{K}(E_A(K) - E_M(K))\mathrm{d}K\end{array}\right\} \tag{2-21}$$

该模型的核心在于从热动力学出发得到的相变运动方程，其中时间变量 t_k 称为"相变转换点"或"转换时刻"，且一旦相变方向被确定，所有控制方程即为状态方程。

2. 带有塑性理论特点的本构关系

Bertram 认为 SMA 材料的 SME 行为也像其他金属材料一样可用经典塑性理论描述，为了描述材料在不同条件下的行为，引入了两个依赖于温度的屈服准则，但将温度作为一个参数而未作为状态变量处理。Achenbach 认为，虽然 SMA 并非普通意义下的塑性体，但它们之间确实有许多相似之处，于是提出具有内变量的塑性流动本构关系

$$\dot{F} = \psi_1(F, T, x_a^-, x_a^+, \sigma) + \psi_2(F, T, x_a^-, x_a^+, \sigma)\dot{\sigma}$$

$$T = \psi_3(F, T, x_a^-, x_a^+, \sigma) + \psi_4(F, T, x_a^-, x_a^+, \sigma)\dot{\sigma} \tag{2-22}$$

式中　　F——变形梯度；

　　　　T——温度；

　　　　σ——应力张量；

　　x_a^-，x_a^+——内变量，分别代表相变时各相的分数。

这个模型在热动力学、形状记忆效应和统计物理的基础上，将非弹性应变率表示成应力、相分数和其他内变量的函数，形式上类似于包含背应力的蠕变和黏塑性非弹性形式。由于函数关系非常复杂，在实际工程中很难应用，因此 Graesser 等建立了相对简单的增率形式的本构关系

$$\dot{\sigma} = E\left[\dot{\varepsilon} - |\dot{\varepsilon}| \cdot \left|\frac{\sigma-\beta}{\sigma_c}\right|^{n-1}\left(\frac{\sigma-\beta}{\sigma_c}\right)\right] \tag{2-23}$$

$$\beta = E\dot{\alpha}\left[\varepsilon - \frac{\sigma}{E} + f_T|\varepsilon|^c\mathrm{erf}(\alpha\varepsilon)\right] \quad \sigma_c = Y - kf_T \tag{2-24}$$

式中　　σ，ε——一维应力、应变；

　　　　β——一维背应力；

　　　　Y——给定温度下发生马氏体相变的应力阈值；

　　erf(x)——误差函数；

α，f_T，n，c——材料常数，它们影响迟滞回线形状。

上述模型很容易推广到三维状况

$$
\begin{cases}
\dot{\varepsilon}_{ij} = \dot{\varepsilon}_{ij}^{el} + \dot{\varepsilon}_{ij}^{in} \qquad \varepsilon_{ij}^{el} = \dfrac{1+v}{E}\sigma_{ij} - \dfrac{v}{E}\sigma_{kk}\delta_{ij} \\[2mm]
\dot{\varepsilon}_{ij}^{in} = \sqrt{3k_2}\left(\sqrt{3J_2^0}\right)^{n-1}\left(\dfrac{s_{ij}-b_{ij}}{\sigma_c}\right) \\[2mm]
b_{ij} = \dfrac{2}{3}E\alpha\left[\varepsilon_{ij}^{in} + f_T\varepsilon_{ij}\left(\dfrac{2}{3}\sqrt{3I_2}\right)^{n-1}\mathrm{erf}\left(\dfrac{2}{3}a\sqrt{3I_2}\right)\right]
\end{cases}
\tag{2-25}
$$

式中 ε_{ij}^{el}，ε_{ij}^{in}——应变的弹性部分和非弹性部分；

I_2，k_2，J_2^0——应变偏量张量第二不变量、应变率偏量张量第二不变量和无因子应力张量第二不变量。

2.2.4 细观力学模型

这类模型仍然采用热力学基础来描述 SMA 相变，即采用相变过程中能量的变化来描述材料的热弹性马氏体相变，所不同的是它采用细观力学的方法来描述 SMA 在相变过程中两种组织的相互作用能（Interaction Energy），因此建立在细观力学基础上的本构模型为 SMA 材料的宏观力学行为找到了理论依据，也是现在 SMA 材料本构模型的热点。

这类模型的理论框架为 Rice 的内状态变量理论，即考虑材料的非线性与对应的势函数之间的关系。其中 Sun-Hwang 模型通过在材料宏观行为中引入相变塑性来分别模拟材料的形状记忆效应和伪弹性，但对于描述材料相变及马氏体重定向的复杂加载路径则存在缺陷，Sun-Hwang 模型的内状态变量中的马氏体体积分数是 SMA 总的马氏体体积分数。Ranjecki-Lexcellent 模型考虑 SMA 为两相复合材料，分三种情况描述了 SMA 的伪弹性，即理想伪弹性、各向同性线性相变硬化伪弹性和各向同性非线性相变硬化伪弹性，但其模型中马氏体体积分数的演化仍采用唯象模型。Patoor 模型通过晶体学定义了 SMA 的相变应变，并将单晶体情况推广为多晶体行为。由于该模型的内状态变量为各个马氏体变体，因此，对于描述 SMA 的各种复杂行为提供了可能，该模型发展也很快。

以上所说的有代表性的细观模型，为了描述材料相变过程中的力学行为，主要有两方面的问题，即相变发生的条件及相变过程中内变量的演化。目前对于相变准则的认识已经达到了一定的共识，即从能量的角度来判断是否发生相变。但对于多晶材料相变过程中内变量的演化，人们采用的方法却各异，有从相变过程的晶体学角度出发的，如 Huang 和 Patoor 等的工作，即相变前后两相组织的晶格对应关系；有从相变过程中的热力学角度出发的，即相变过程中能量的变化，如 Sun 等和 Weng 等的工作；还有从唯象角度出发的，如 Raniecki 等的工作，但唯象模型显然没有细观模型有发展前景。由于缺乏必要的试验，因此上述模型中大部分只用一维情况来验证，对于复杂加载情况则是目前形状记忆合金研究的重点之一，这里不再详细叙述。

2.3 形状记忆合金的应用

形状记忆合金是一种合金，在发生了塑性变形后，加热到一定温度，还可以恢复原状。

也可以称为记忆金属、记忆合金、智能金属、智能合金或肌肉线。

　　近年来，世界各国研究人员正在开发的记忆功能材料主要有形状记忆、温度记忆以及色彩记忆等多种，其中以形状记忆合金材料发展最为迅速。由于形状记忆合金材料在汽车、机器人、能源开发、医疗器械及家用电器等领域具有优越的性能及广阔的应用前景，因此它已成为 21 世纪重点开发的新材料之一。

　　我国的记忆合金产业，经过近 30 年的市场培育，已由 20 世纪 90 年代的小作坊式的生产进入迅猛发展的产业化阶段。我国从事记忆合金应用研究的单位较多，其中具有较好研究基础的有北京有色金属研究总院、哈尔滨工业大学、中科院沈阳金属所、西北有色金属研究院、北京航空航天大学、上海交通大学等。这些科研机构对推动我国记忆合金从产业的发展起到了至关重要的作用。我国形状记忆合金的应用和开发研究起步较晚，但起点较高，尤其是近年来随着政府的重视和投入的不断增加，我国取得一批较高水平的研究成果。

　　随着应用型研究和产业的不断发展，我国形状记忆合金的技术水平、产品质量、生产规模都取得了长足的进步，记忆合金生产成本也相应地有了很大程度的降低，原本因为价格因素而局限应用于军工、医疗和高档民用领域产品的记忆合金得以在更多的领域得到更为广泛的应用，这给记忆合金的产业发展提供了新的机遇。可以预见的是，记忆合金丝棒板材、医用产品、紧固连接件、解锁驱动件和智能复合材料等方面将是今后记忆合金产业化发展的趋势。

　　1）汽车：形状记忆合金在汽车上应用最多的是制动器，目前使用品类已达一百多种，主要用于控制引擎、传送、悬吊等，以提高安全性、可靠性及舒适性。此外在汽车手动传动系统的防噪装置以及发动机燃料气体控制装置上也有应用（图 2-7）。

图 2-7　汽车制动系统

图 2-8　智能机器人

　　2）机器人：利用形状记忆合金弹簧与其合金丝可装配成小型机器人，控制合金的收缩可操纵机器人手指做张开、闭合以及屈伸等动作。合金元件靠直接通入脉冲变频电流控制机器人的位置、动作及动作速度（图 2-8）。

　　3）航空航天：人造卫星上庞大的天线可以用记忆合金制作，发射人造卫星之前，将抛物面天线折叠起来，火箭升空将人造卫星送到预定轨道后，自加热或受太阳照射后，折叠的卫星天线因具有"记忆"功能而自然展开，恢复抛物面形状（图 2-9）。

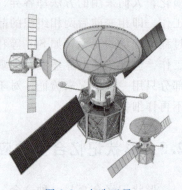

图 2-9　人造卫星

4）生物医药：拥有记忆功能的镍钛合金制成的医用支架，输入目标血管后，其感受血液温度时会发生形状恢复，对狭窄病变区起到支撑作用（图2-10）。

5）生活日用："记忆"胸罩投入市场后立刻受到广大女性的青睐；形状记忆合金眼镜框，能随镜片伸缩而改变形状，始终保持与镜片的紧密结合（图2-11）。

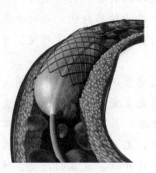

图2-10　医用支架　　　　　　　　　　　图2-11　形状记忆合金眼镜框

拓展阅读

筑梦"太空之家"，致敬中国航天人！

航空领域的发展与宇宙的探索始终是体现一个国家综合国力的硬标准，早在几十年前美、俄两国就在航空航天领域相互追逐。同时，因为太空的环境独特，两国很多地面上难以突破的科研项目，都在空间站中得到了质的飞跃。尤其是形状记忆合金、金属合金、附着铸造等有色金属工艺，更是能借助太空的微重力环境得到良好的改善。

我国载人空间站具备航天员直接参与科学活动、有效载荷量大、全球覆盖的中继星测控数传、上行运输和下行返回、天地大系统支持、压力舱内外不同实验环境等特殊优点，为我国国家级的太空实验室。

目前，我国空间站确定了8个研究方向，在空间站压力舱内安排了13个先进的科学实验室，称为科学实验柜，将开展生命、材料、流体、燃烧、基础物理等成百上千项成系列的空间科学实验研究。其中，空间加工可以克服地面加工形状记忆合金难以克服的工艺问题。TH合金中钛镍比重相差一倍，地面很难得到均匀的样品，空间加工则可以生产出均匀优质的TH合金。

建设一个"国家太空实验室地面实验基地"，对于空间站大规模的空间科学研究是十分必要的，也正是目前的研究链条中缺少的。它将促使优秀科学家凝心聚力，长期攻关，与天上的太空实验室配合，形成天地一体的完整系统。

这个基地是科学研究性质的，它将凝聚人才对空间站上的实验开展研究，支撑各项目的地面研究、飞行前的验证实验和效果评估、飞行中的天地比对实验和实验进程判断、科学实验样品分析服务，有利于学科交叉研究并集中开展科技成果的转移转化。而对于像太空望远镜等空间天文台项目，也要落实到地面研究，包括海量的数据分析和科学研究，才能取得最新的科学认知。

一向在科技上领先世界的美日欧等国家有个共识，太空资源是未来国家之间竞争力的一个重要标杆，未来哪个国家是航天强国，必然会为本国在太空资源的竞争上占据主动、持有优势。而空间站，则是判定一国是否为航天强国的重要标准。另外，在太空的特殊环境加持下，很多地面难以解决的技术都可以通过太空站进行突破，尤其是在材料加工方面。

从长远的角度来看，国际合作是一个趋势，我们也坚持开放、包容的态度，随着国际空间站未来退役，我们的空间站将有望在一段时期内成为全人类在太空中唯一的空间站。外国的宇航员未来想在空间站完成实验，我们的空间站可能会是唯一的选择。不过，由于美国已经立法禁止合作了，所以美国的宇航员没法参与到其中。

中国太空站的升空必然会将助推国内很大一部分工艺、技术的进步，让中国稳坐工业大国的宝座，为国家富强和民族的基础打下坚实的基础，让世界各国于唐宋之后再次仰望东方。当然，这一切也是与航空航天工作者密不可分的，如果没有他们夜以继日、废寝忘食的辛劳付出，又怎么会有国家今天的荣耀和辉煌？中国又怎么为世界所瞩目？在此，感谢所有为国家勤劳耕耘与努力奋斗的人！

（素材来源：百度百科）

习　题

1. 简述形状记忆合金的发展史。
2. 形状记忆合金应用于哪些领域？
3. 什么是热弹性马氏体？
4. 形状记忆效应分为哪几类？
5. 单程形状记忆是指什么？
6. 双程形状记忆是指什么？
7. 什么叫伪弹性？
8. 与一般金属材料相比，形状记忆材料有哪些特点？
9. 形状记忆材料有哪些力学特性？
10. 研究形状记忆材料的本构关系时有哪些力学模型？
11. 简述形状记忆材料的应用。

第3章

压电复合材料

学习目标

1. 了解压电复合材料的研究进展和制造方法。
2. 掌握压电复合材料的定义、分类和性能特点。
3. 掌握压电效应与压电方程。
4. 了解压电材料的结构和机理，并能结合压电材料的工作机理分析新型压电复合材料的性质。

3.1 压电复合材料的研究概况

3.1.1 压电复合材料的定义、分类和基本原理

压电材料由于具有响应速度快、测量精度高、性能稳定等优点而成为智能结构中广泛使用的传感材料和驱动材料。但是，由于存在明显的缺点，这些压电材料在实际应用中受到了很大的限制。例如，压电陶瓷的脆性很大，经不起机械冲击和非对称受力，而且其极限应变小（仅有 $1000\mu\varepsilon$ 左右）、密度大，与结构黏合后对结构的力学性能会产生较大的影响。压电聚合物虽然柔顺性好，但是它的使用温度范围很小，一般不超过 40℃，而且其压电应变常数较低，因此作为驱动器使用时驱动效果较差。为了克服单相压电材料的上述缺点，近年来，人们发展了压电复合材料。由于压电复合材料不但可以克服上述两种压电材料的缺点，而且还兼有两者的优点，甚至可以根据使用要求设计出单向压电材料所没有的性能，因此越来越受到人们的重视。

压电复合材料是由压电相材料与非压电相材料按照一定的连通方式组合在一起而构成的一种具有压电效应的复合材料。压电复合材料的特性（如电场通路、应力分布形式）以及各种性能（如压电性能、机械性能等）主要由各相材料的连通方式来决定。按照各相材料的不同的连通方式，压电复合材料可以分为十种基本类型，即 0-0 型、0-1 型、0-2 型、0-3 型、1-1 型、2-1 型、2-2 型、2-3 型、1-3 型、3-3 型，如图 3-1 所示。一般约定第一个数字代表压电相，第二个数字代表非压电相，例如，1-3 型压电复合材料是指由一维的压电陶瓷柱平行地排列于三维连通的聚合物中而构成的两相压电复合材料，而 2-2 型压电复合材料是

指将陶瓷相和聚合物相均匀在二维平面内自连，构成层状交叠的复合结构。

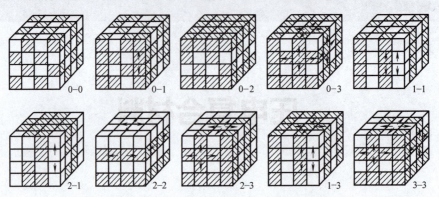

图 3-1　压电复合材料的 10 种连接方式

　　压电复合材料的一个最大特点是其具有可设计性。例如，根据对压电复合材料不同的使用要求可以选择不同的连接方式和复合方式，使压电相与聚合物相满足一定的匹配关系，从而使压电复合材料具有所需要的性能。图 3-2 所示为压电复合材料的设计流程图。

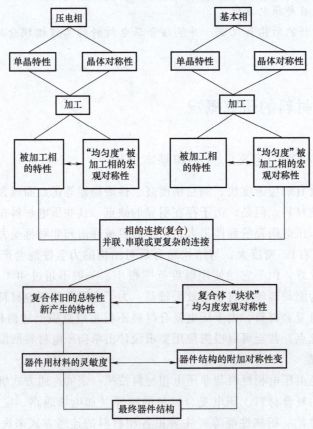

图 3-2　压电复合材料的设计流程图

3.1.2　压电复合材料的研究进展

　　迄今为止，压电复合材料的发展已有很长时间的研究历史。1978 年，美国宾夕法尼亚州州立大学材料实验室的 R. E. Newnham 首次提出了压电复合材料的概念，并开始研究压电复合材料在水声中的应用，成功研制了 1-3 型压电复合材料。在此基础上，美国加州斯坦福大学的 B. A. Auld 等人建立了 PZT 柱周期排列的 1-3 型压电复合材料的理论模型，并分析了其中的横向结构；纽约菲利浦斯实验室的 W. A. Smith 等人则用 1-3 型压电复合材料做成了用于医学图像处理的超声换能器，取得了较好的效果。在随后的数年中，许多国家的科研机构也相继开展了压电复合材料的研究工作，如澳大利亚的 Helen L. W. Chan 等，日本的 Hiroshi Takeuchi 等，意大利的 H. Zewdie 和 Montero de Espinosa 等。压电复合材料的出现也引起了国内一些科研机构的关注。20 世纪 80 年代中期，中科院声学研究所的庄水寥等人研制出了用于制作宽带换能器的 3-3 型压电复合材料，耿学仓等人研制出了 1-3 型压电复合材料；南京大学的水永安等人则从理论上对 1-3 型压电复合材料做了大量的研究工作；哈尔滨材料工艺研究所的王彪等人从细观力学的角度对 0-3 型压电复合材料的宏观性能同其微观结构的关系进行了初步的研究，其中某些方面的研究工作目前已处于国际领先水平；随着我国航天事业的发展，骆海涛博士等关于智能压电材料 MFC 在太阳电池帆板上（如图 3-3 所示智能压电材料 MFC 在

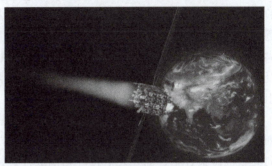

图 3-3　智能压电材料 MFC 在太阳电池帆板上的应用

太阳电池帆板上的应用）的主动抑振的研究有效地解决了振动对航天位姿的干扰问题，进一步提高了卫星和轨道器的飞控稳定性及其自身的指向精度。

总之，智能结构已成为目前材料界发展的一个重要方向，而压电复合材料的优良性能和可设计性，使其必然成为智能结构中的首选传感材料甚至驱动材料。因此，研究压电复合材料在智能结构中的应用也是其发展的一个重要方向。

3.1.3　压电复合材料的制造方法和性能特点

虽然压电复合材料有十种基本类型，但是综合性能较好、最适合在智能材料结构中应用的压电复合材料主要有 0-3 型、1-3 型、3-3 型压电复合材料。下面着重介绍这几种压电复合材料的特性、制备工艺以及有关参数对其性能的影响。有关这几种压电复合材料的基本性能见表 3-1。

表 3-1　几种压电复合材料的基本性能

材料	d_{31}	d_{33}	ε	g_{31}	g_{33}	g_h	d_h	$d_h g_h$
PZT	205	450	1800	11	25	2.5	40	100
PVDF	23	30	14	220	170	115	16	1840
0-3 型 PZT-橡胶	222.5	60	40	56	150	40	15	600
0-3 型 PbTiO₃-橡胶	2.5	30	40	6	75	100	35	3500
1-3 型 PZT-环氧树脂	60	150	70	80	210	50	30	1500
1-3-0 型 PZT-环氧树脂	70	180	80	88	225	60	40	2400
3-3 型 PZT-环氧树脂	25	150	620	4	24	18	100	1800
3-3 型 PZT-橡胶	10	200	450	2	50	45	180	8100

注：d_{31}，d_{33} 为压电应变系数（pC/N）；g_{31}，g_{33} 为压电电压系数（mV·m/N）；ε 为介电系数；d_h 为净水压电应变系数（pC/N）；g_h 为净水压电电压系数（mV·m/N）。

1. 1-3 型压电复合材料

1-3 型压电复合材料是由一维的压电陶瓷柱平行地排列于三维连通的聚合物中而构成的两相压电复合材料。在 1-3 型压电复合材料中，由于聚合物相的柔顺性远比压电陶瓷相的好，因此当 1-3 型压电复合材料受到外力作用时，作用于聚合物相的应力将传递给压电陶瓷相，造成压电陶瓷相的应力放大；同时由于聚合物相的介电常数极低，使整个压电复合材料的介电常数大幅下降。这两个因素综合作用的结果是压电复合材料的压电电压系数 g 得到了较大幅度的提高，并且由于聚合物的加入使压电复合材料的柔顺性也得到了显著改善，从而使材料的综合性能得到了很大提高。

在 1-3 型压电复合材料中，压电陶瓷体积分数 ω 是影响其性能的一个重要参数。一些实验结果表明：随着 ω 的增加，压电复合材料的压电常数几乎线性的增加，当 $\omega > 40\%$ 时增幅逐渐趋于平缓并接近于压电陶瓷的压电常数；压电复合材料的介电常数则几乎随着 ω 的增大而以直线性地增加。另外，压电陶瓷柱的形状参数 h/t（宽度与高度之比）也是影响压电复合材料性能的一个重要参数，当 ω 一定时，随着 h/t 的增大，压电复合材料的介电常数呈上升趋势。

1-3 型压电复合材料的制作一般采用两种基本方法，即排列-浇铸法和切割-浇铸法。排列-浇铸法是较早采用的一种制作方法，这种方法是先将压电陶瓷棒在模板上插排好，然后向其中浇铸聚合物，固化之后再经切割成片、镀电极、极化即形成 1-3 型压电复合材料；切割-浇铸法是沿与压电陶瓷块极化轴相垂直的两个水平方向上通过准确的钜切，在陶瓷块上刻出许多深槽，然后在槽内浇铸聚合物，固化之后将剩余的陶瓷基底切除掉，经镀电极、极化之后即形成 1-3 型压电复合材料。另外，为了进一步提高压电复合材料的压电电压系数 g，Lynn 等人还发展了 1-3-0 型压电复合材料。这种压电复合材料是在 1-3 型压电复合材料的基础上，通过向聚合物相中引入一些气孔来减弱聚合物相的泊松耦合效应，从而使压电陶瓷相的应力放大作用得到进一步的增强。

虽然 1-3 型压电复合材料的压电应变常数 d 和机电转换系数 k 低于压电陶瓷，但是它的压电电压系数 g 和柔韧性却得到了明显的改善。以 1-3 型 PZT/环氧压电复合材料为例，当 PZT 的体积分数达 40% 时，压电复合材料的 g_{31}、g_{33} 不但大大高于纯 PZT，甚至比 PVDF 的还要高，而其柔韧性与 PVDF 相当。因此，1-3 型压电复合材料的综合性能要优于纯 PZT 压电陶瓷和 PVDF 压电薄膜，是一种在智能材料机构中很有发展前途的压电复合材料。

2. 0-3 型压电复合材料

0-3 型压电复合材料是指在三维连通的聚合物基体中均匀填充压电陶瓷颗粒而形成的压电复合材料。在 0-3 型压电复合材料中，由于压电陶瓷相主要以颗粒状呈弥散均匀分布，因此它的电场通路的连通性明显差于 1-3 型压电复合材料，而且使得复合材料中不能形成压电陶瓷相的应力放大作用。这样，同纯压电陶瓷和 1-3 型压电复合材料相比，0-3 型压电复合材料的压电应变常数 d 就要低很多；但是，由于 0-3 型压电复合材料的介电常数极低，因此它的压电电压系数 g 仍然较高（PZT 的体积分数为 60% 的 0-3 型 PZT/环氧压电复合材料的压电电压系数要比压电陶瓷的高数倍），而且它的柔顺性也远比压电陶瓷的好，因此其综合性能要优于纯压电陶瓷。

0-3 型压电复合材料的制备工艺过程比较简单：首先将压电陶瓷制成粉末状（具体的制

备工艺可以采用共沉淀法、溶胶-凝胶法、混合氧化法等）；然后将陶瓷粉末与聚合物混合均匀并加入适量的溶剂搅拌均匀；待有机溶剂完全挥发后模压成型，再经固化、切割、镀电极、极化之后即形成 0-3 型压电复合材料。

影响 0-3 型压电复合材料性能的参数较多，其中，压电陶瓷的体积分数 ω 是一个重要的参数。研究表明：当 $\omega<60\%$ 时，复合材料的压电常数极低，只有当 ω 超过 60% 时复合材料的压电常数才会迅速增加，但是，如果 ω 值过大，复合材料则难以成型，因此，理想的 ω 值为 60%~70%。ω 对复合材料的介电常数 ε 也有较大的影响，随着 ω 的增大，ε 几乎线性地增大。压电陶瓷的粒径是影响 0-3 型压电复合材料性能的另一个重要参数，随着压电陶瓷粒径的增大，复合材料的压电常数也逐渐增大，但当压电陶瓷的粒径超过 $100\mu m$ 时，复合材料的压电常数则与粒径大小无关。另外，制备工艺方法对复合材料的性能也有一定的影响。实验证明，采用共沉淀法制备的复合材料的压电常数明显高于采用溶胶-凝胶法或混合氧化法等制备的复合材料的压电性能，原因可能是采用共沉淀法制作的压电陶瓷颗粒纯度高、大小均匀且颗粒形状近似于球形。

同 1-3 型压电复合材料相比，0-3 型压电复合材料的压电应变常数 d 和压电电压常数 g 不高，但是其柔韧性更好；其综合性能与 PVDF 不相上下，但其制备工艺却更简单，成本也更低，因此更适合批量生产。因此，0-3 型压电复合材料是一种在性能上可以替代压电陶瓷和 PVDF 而制造成本却更低的新型压电传感材料，将来必然会在智能材料结构中得到广泛的应用。

3. 3-3 型压电复合材料

3-3 型压电复合材料是指聚合物相和压电相在三维空间内相互交织、相互包络而形成的一种空间网络结构，一般聚合物相采用环氧树脂或硅橡胶。这种 3-3 型压电复合材料与传统的实心压电陶瓷相比，具有很多的优点。首先，3-3 型压电复合材料的静水压灵敏度特别高，其 g_h 值要比 PZT 压电陶瓷高几个数量级，其主要原因在于它具有较高的静水压电系数 d_h 和较小的介电常数 ε 值（$g_h=d_h/\varepsilon$）。其次，3-3 型压电复合材料具有较低的体积密度，当 PZT 陶瓷相的体积分数为 50% 时，3-3 型复合材料的体积密度就只有 $3.2 g/cm^3$。压电复合材料的低体积密度导致了它的低声阻抗率，从而改善了它与水（或其他低声阻抗介质）之间的声阻抗率匹配和耦合。另外，3-3 型压电复合材料还具有较低的机械品质因素和较高的耐机械冲击能力，从而大大地提高了其检测分辨率和抗机械冲击能力，鉴于上述的多种优良性能，3-3 型压电复合材料已在超声检测领域中获得了较为广泛的应用。

一般 3-3 型压电复合材料采用 BURPS（有机物烧去法）工艺制备，其步骤是：将塑料球粒与压电陶瓷粉末在有机黏结剂中均匀混合，烧结后形成多孔陶瓷框架网络；然后再填充聚合物，经固化、磨平、上电极后即形成 3-3 型压电复合材料。除此而外，制备 3-3 型压电复合材料的工艺还有珊瑚复制法、夹心式（Sandwich）、梯形格子（Ladder）以及光蚀造孔法等，采用不同的工艺方法，得到的复合材料的结构是不同的。

影响 3-3 型压电复合材料性能的参数主要是 PZT 压电陶瓷的体积分数和气孔率。以夹心式复合材料为例，如果气孔率大于 0.68，那么复合材料承受压力的能力大大下降，甚至不能承受超过 $10 kg/cm^3$ 的静压力。因此，一般要控制气孔率低于 0.64；而复合材料的压电常数随着 PZT 体积分数的增大而增大。

3.2 压电效应及压电复合材料的基本理论

3.2.1 压电效应与压电方程

压电效应是1880年居里兄弟在α石英晶体上首先发现的。它是反映压电晶体的弹性和介电性相互耦合作用的。压电常数是描述压电效应的物理量，它与晶体的点群对称性密切相关。压电方程是关于压电体中电位移 D、电场强度 E、应力张量 T 和应变张量 S 之间关系的方程组。它们是研究和应用压电材料的基础。

1. 压电效应及其表达式

（1）正压电效应　压电晶体在外力作用下发生变形时，在它的某些相对应的面上将产生异号电荷，这种没有电场作用，只是由于形变产生的极化现象称为正压电效应。

当发生正压电效应时，压电晶体所产生的电荷与应力成正比，若用介质电位移 D（单位面积的电荷）和应力、应变表达则为

$$D_m = d_{mj}T_j \tag{3-1}$$

$$D_m = e_{mi}S_i \tag{3-2}$$

式中　d_{mj}——压电应变常数，下脚 $m = 1$，2，3，$j = 1$，2，3，4，5，6，其中1，2，3，分别对应 x，y，z 三个方向；

　　　e_{mi}——压电应力常数，下脚 $m = 1$，2，3，$i = 1$，2，3，4，5，6，其中1，2，3，分别对应 x，y，z 三个方向。

其矩阵形式为

$$\begin{Bmatrix} D_1 \\ D_2 \\ D_3 \end{Bmatrix} = \begin{pmatrix} d_{11} & d_{12} & d_{13} & d_{14} & d_{15} & d_{16} \\ d_{21} & d_{22} & d_{23} & d_{24} & d_{25} & d_{26} \\ d_{31} & d_{32} & d_{33} & d_{34} & d_{35} & d_{36} \end{pmatrix} \begin{Bmatrix} T_1 \\ T_2 \\ T_3 \\ T_4 \\ T_5 \\ T_6 \end{Bmatrix} \tag{3-3a}$$

或

$$D = dT \tag{3-3b}$$

$$\begin{Bmatrix} D_1 \\ D_2 \\ D_3 \end{Bmatrix} = \begin{pmatrix} e_{11} & e_{12} & e_{13} & e_{14} & e_{15} & e_{16} \\ e_{21} & e_{22} & e_{23} & e_{24} & e_{25} & e_{26} \\ e_{31} & e_{32} & e_{33} & e_{34} & e_{35} & e_{36} \end{pmatrix} \begin{Bmatrix} S_1 \\ S_2 \\ S_3 \\ S_4 \\ S_5 \\ S_6 \end{Bmatrix} \tag{3-4a}$$

或

$$D = eS \tag{3-4b}$$

压电常数 d 和 e 都是三阶张量，它们是反映压电晶体的弹性和介电性耦合关系的物理量。

（2）逆压电效应　当在压电晶体上施加一电场时，不仅产生了极化，同时还产生了形变，这种由电场产生形变的现象称为逆压电效应。逆压电效应的产生是由于压电晶体受到电场作用时，在晶体内部产生了应力（此应力称为压电应力），通过它的作用产生压电应变。

当压电晶体在电场作用下发生逆压电效应时，其产生的应力、应变与所施加的电场强度成正比。逆压电效应的矩阵表达式为

$$S = d^T E \tag{3-5}$$
$$T = e^T E \tag{3-6}$$

式中　d^T、e^T——压电常数 d、e 的转置矩阵。

2. 压电方程

压电晶体总是被制成各种不同形状的元件来使用，由于应用状态或者测试条件的不同，它们可以处于不同的电学边界条件和机械边界条件，对于不同的边界条件，为了计算方便，常常选择不同的自变量和因变量来表示压电元件的压电方程。

（1）四类边界条件　压电元件存在机械边界条件和电学边界条件。机械边界条件有两种，一种是机械自由，另一种是机械夹持；电学边界条件也有两种，一种是电学短路，另一种是电学开路。利用两种机械边界条件和两种电学边界条件进行组合，就可以得到四类不同的边界条件，见表3-2。

表3-2　压电元件的四类边界条件

类别	名称	特点
第一类边界条件	机械自由和电学短路	$T=0,C;S\neq0,C;E=0,C;D\neq0,C.$
第二类边界条件	机械夹持和电学短路	$S=0,C;T\neq0,C;E=0,C;D\neq0,C.$
第三类边界条件	机械自由和电学开路	$T=0,C;S\neq0,C;D=0,C;E\neq0,C.$
第四类边界条件	机械夹持和电学开路	$S=0,C;T\neq0,C;D=0,C;E\neq0,C.$

（2）四类压电方程　对应四类边界条件，压电元件存在四类压电方程。当压电元件处于第一类边界条件时，以选择应力 T 和电场强度 E 为自变量，应变 S 和电位移 D 为因变量处理问题较为方便，相应的压电方程组称为第一类压电方程，如式（3-7）所示，即

$$S_i = s_{ij}^E T_j + d_{ni} E_n$$
$$D_m = d_{mj} T_j + \varepsilon_{mn}^T E_n \tag{3-7}$$

当压电元件处于第二类边界条件时，以选择应变 S 和电场强度 E 为自变量，应力 T 和电位移 D 为因变量处理问题较为方便，相应的压电方程组称为第二类压电方程，如式（3-8）所示，即

$$T_j = c_{ji}^E S_i - e_{nj} E_n$$
$$D_m = e_{mi} S_i + \varepsilon_{mn}^S E_n \tag{3-8}$$

当压电元件处于第三类边界条件时，以选择应力 T 和电位移 D 为自变量，应变 S 和电场强度 E 为因变量处理问题较为方便，相应的压电方程组称为第三类压电方程，如式（3-9）所示，即

$$S_i = s_{ij}^D T_j + g_{mi} D_m$$

$$E_n = -g_{nj}T_j + \beta_{mn}^{\mathrm{T}}D_m \tag{3-9}$$

当压电元件处于第四类边界条件时，以选择应变 S 和电位移 D 为自变量，应力 T 和电场强度 E 为因变量处理问题较为方便，相应的压电方程组称为第四类压电方程，如式（3-10）所示，即

$$T_j = c_{ji}^{\mathrm{D}}S_i - h_{mj}D_m$$

$$E_n = -h_{ni}S_i + \beta_{nm}^{\mathrm{S}}D_m \tag{3-10}$$

四类压电方程都与晶体的压电常数、弹性常数、介电常数有关。对于不同点群的压电晶体，由于点群对称性不同，这些物理常数的独立分量的数目及形式都不同，因此它们的压电方程的具体表示式也不同。如果再考虑到压电晶体的形状和边界条件，压电方程可进一步简化，不仅每个方程的项数大大减少，而且方程组的个数也将大大减少。

3. 压电方程中各常数的物理意义及相互关系

根据四类压电方程，可以得出：压电常数 d_{ni}、d_{nj}、g_{mi}、h_{mj} 是联系二阶对称张量（应变 S 或应力 T）和矢量（电位移 D 或对称 E）的三阶张量，弹性常数 s_{ij} 和 c_{ij} 是联系两个二阶对称张量的四阶张量，介电常数 ε_{mk} 和介电隔离率 β_{mk} 是联系两个矢量的二阶对称张量。各常数的物理意义和相互关系分述如下。

（1）压电方程中各物理常数的定义

压电方程中各常数的物理意义由它们所处的压电方程来确定。这些常数的物理意义见表3-3。表中凡是取负号的表达式，均表示分母和分子的物理量的变化是相反的。

表 3-3　压电方程中各常数的物理意义

名称	符号	边界条件	物理意义表达式	SI 单位
短路柔顺常数	s_{ij}^{E}	$E=0,C$	$(\partial S_i/\partial T_j)_E$	m^2/N
开路柔顺常数	s_{ij}^{D}	$D=0,C$	$(\partial S_i/\partial T_j)_D$	m^2/N
短路刚度常数	c_{ji}^{E}	$E=0,C$	$(\partial T_j/\partial S_i)_E$	N/m^2
开路刚度常数	c_{ji}^{D}	$E=0,C$	$(\partial T_j/\partial S_i)_D$	N/m^2
自由介电常数	$\varepsilon_{mn}^{\mathrm{T}}$	$T=0,C$	$(\partial D_m/\partial E_n)_T$	F/m
夹持介电常数	$\varepsilon_{mn}^{\mathrm{S}}$	$S=0,C$	$(\partial D_m/\partial E_n)_S$	F/m
自由介电隔离率	β_{nm}^{T}	$T=0,C$	$(\partial E_n/\partial D_m)_T$	m/F
夹持介电隔离率	β_{nm}^{S}	$S=0,C$	$(\partial E_n/\partial D_m)_S$	m/F
压电应变常数	d_{ni} d_{mj}	$T=0,C$ $E=0,C$	$(\partial S_i/\partial E_n)_T$ $(\partial D_m/\partial T_j)_E$	m/V
压电应力常数	e_{nj} e_{mi}	$S=0,C$ $E=0,C$	$-(\partial T_j/\partial E_n)_S$ $(\partial D_m/\partial S_i)_E$	N/Vm
压电电压常数	g_{mi} g_{nj}	$T=0,C$ $D=0,C$	$(\partial S_i/\partial D_m)_T$ $-(\partial E_n/\partial T_j)_D$	Vm/N
压电刚度常数	h_{mj} h_{mi}	$S=0,C$ $D=0,C$	$-(\partial T_j/\partial D_m)_S$ $-(\partial E_n/\partial S_i)_D$	V/m

（2）各物理常数的关系

弹性柔顺常数 s_{ij} 和弹性刚度常数 c_{ij} 间的关系以及介电隔离率 β_{mk} 和介电常数 ε_{mk} 之间

的关系分别表示为

$$c_{ij} = \frac{(-1)^{i+j}\Delta_{ij}}{\Delta}$$

$$\beta_{mk} = \frac{(-1)^{m+k}\delta_{mk}}{\delta} \tag{3-11}$$

式中　Δ——s_{ij} 矩阵的行列式；

Δ_{ij}——在 Δ 中去掉第 i 行和第 j 列所得出的子行列式；

δ——ε_{mk} 矩阵的行列式；

δ_{mk}——δ 的子行列式。

从 c_{ij} 矩阵求 s_{ij} 和从 β_{mk} 矩阵求 ε_{mk} 的关系式与之相类似。

根据四类压电方程和各压电常数的定义，可以得出各压电常数之间的关系如下：

$$d_{mi} = \varepsilon_{nm}^{T} g_{ni} = e_{mj} s_{ji}^{E} \tag{3-12}$$

$$g_{mi} = \beta_{nm}^{T} d_{ni} = h_{mj} s_{ji}^{D} \tag{3-13}$$

$$e_{mi} = \varepsilon_{nm}^{S} h_{ni} = d_{mj} c_{ji}^{E} \tag{3-14}$$

$$h_{mi} = \beta_{nm}^{S} e_{ni} = g_{mj} c_{ji}^{D} \tag{3-15}$$

3.2.2　压电元件的主要性能

在智能材料结构中，压电元件是当前理想的驱动元件。通常在压电元件某方向上施加电场：如果加上直流电压，则压电元件产生静应变；如果加上交流电压，则压电元件产生振动。通常将压电效应激发的振动分为纵波和横波两大类。纵波是粒子振动的速度方向与弹性波传播方向平行的一种波；横波是粒子振动的速度方向与弹性波传播方向垂直的波。当外加交流电压的频率与弹性波在压电体中传播的机械频率一致时，压电体便进入机械谐振状态成为压电振子（压电振子是最基本的压电元件）。表征压电效应的主要参数除前面介绍的压电常数、介电常数和弹性模量等材料常数外，还有表征压电元件的性能参数，如介质损耗，机械品质因数、机电耦合系数及频率常数等。

1. 介质损耗

介电体在电场作用下，由发热而导致的能量损耗称为介质损耗（又称为介电损耗或损耗因素），它是所有电介质的重要指标之一。在交变电场下，电介质所积蓄的电荷有两种分量：一种是有功电流 I_R（同相），由电导过程所引起的；一种是无功电流 I_C（异向），是由介质弛豫过程所引起的。介质损耗是异向分量与同相分量的比值，通常用损耗角正切值 $\tan\delta$ 表示，即

$$\tan\delta = \frac{I_R}{I_C} = \frac{1}{\omega CR} \tag{3-16}$$

式中　ω——交变电场的角频率；

R——损耗电阻；

C——介质电容。

$\tan\delta$ 无量纲，其值越大，材料性能就越差，所以介质损耗是衡量材料性能、选择材料和制作器件的重要依据之一。

2. 机械品质因数

机械品质因数 Q_m 表示压电晶体谐振时，克服内摩擦而消耗的能量，是衡量材料性能的一个重要参数。它等于压电振子谐振时存储的机械能 W_1 与一个周期内损耗的机械能 W_2 之比，即

$$Q_m = \frac{2\pi W_1}{W_2} \tag{3-17}$$

机械品质因数越大，能量的损耗越小。机械品质因数可根据特效电路来确定。当 Δf 很小时，可近似地按下式计算

$$Q_m \approx \frac{1}{4\pi C_t R_1 \Delta f} \tag{3-18}$$

式中　R_1——动态电阻（串联谐振电阻）；

C_t——测试频率远低于谐振频率 f_r 时，压电振子实测的自由电容，$C_t = C_0 - C_1$，C_0 为振子静电容（并联电容），C_1 为动态电容；

Δf——压电振子反谐振频率 f_H 与谐振频率 f_r 之差。

不同的压电器件对压电材料的 Q_m 值有不同的要求，多数陶瓷滤波器要求压电陶瓷的 Q_m 值要高，而音响器件及接收型换能器则要求 Q_m 值要低。

3. 机电耦合系数

若对压电体外加电场，则通过逆压电效应将一部分电能转换为机械能并输出给压电体机械负载。外电场做的总功中也只有一部分转换为机械能，其余被压电体极化并以电能形式存储在压电元件中。一般采用机电耦合系数 K 来表示压电体电能与机械能的耦合程度。通常将机电耦合系数的平方 K^2 定义为

$$K^2 = \frac{W_2}{W_1} \tag{3-19}$$

式中　W_1——表示输入的总能量；

W_2——表示转换获得的能量。

对于逆压电效应，K^2 为输出的机械能与输入的电能之比；对于正压电效应，K^2 则为输出的电能与输入机械能之比。

压电耦合系数和压电元件的振动模式有关。同一压电元件，不同的振动模式下 K 值是不一样的。因此式（3-19）中的 K 应标明相应的坐标。如代表圆片径向振动为 K_p、厚度振动为 K_t、纵向振动的机电耦合系数为 K_{3-3}、长方形薄片长度伸缩振动为 K_{3-1}、厚度剪切振动为 K_{1-3} 等。

4. 频率常数

频率常数 N 是指压电体的谐振频率 f_r 与振子主振动方向长度 L（或直径 d）的乘积，它是一个常数。

压电体的谐振频率不仅与串联性质有关，而且也与外形、尺寸有关，但频率常数 N 却只与材料性质及振动模式有关。由于压电振子材料和振动模式的不同，频率常数也有差异。例如，长度伸缩振动的长条形振子的频率常数为

$$N_t = f_r L \tag{3-20}$$

径向伸缩振动的圆片的频率常数为

$$N_d = f_r d \tag{3-21}$$

式中　f_r——谐振频率；

　　　L——长条形振子的长度；

　　　d——圆形振子的直径。

3.2.3　常用压电材料的结构和机理

在三十二种晶体点群中，有二十一种点群的晶体没有对称中心，其中有二十种点群的晶体具有压电效应。在具有压电效应的二十种点群晶体中，有十种点群晶体具有极性。有极性压电晶体，是指当外电场等于零时，内部的电偶极矩存在着有序的排列，压电晶体处于极化状态，这种极化状态称为自发极化。压电陶瓷和高分子压电材料就属于极性压电晶体。本节将主要介绍这两种压电晶体的结构和机理。

1. 压电陶瓷

目前应用最广泛的压电陶瓷主要有单元系压电陶瓷（如 $BaTiO_3$、$PbTiO_3$）、二元系压电陶瓷（如 $Pb(Zr_xTi_{1-x})O_3$，即 PZT）和三元系压电陶瓷（如 PCM、PMS 等），这些压电陶瓷晶体都属于钙钛矿型结构，它们的共同点是化学分子式的形式相同，都可以写成 ABO_3 的形式。一般当 B 离子的半径远小于氧离子半径，并且 A 离子半径与氧离子半径相近，才可能形成钙钛矿型结构。

单元系压电陶瓷的代表是 $BaTiO_3$，其制造工艺简单、容易批量生产、价格较低，现在还在广泛使用。但是，$BaTiO_3$ 压电陶瓷居里点只有 120℃，使用温度一般不能高于 80℃，而且由于受到 0℃ 附近第二相变点的影响，使各参数的温度稳定性很差，因此其使用受温度的影响较大。二元系压电陶瓷则从根本上改善了单元系压电陶瓷的性能，其代表是 $Pb(Zr_xTi_{1-x})O_3$。$Pb(Zr_xTi_{1-x})O_3$ 中存在铁电相和反铁电相，在铁电相区域，当 Ti 和比率为某一特定值时发生晶相转变，晶相转变的界线称为相界点。$Pb(Zr_xTi_{1-x})O_3$ 常温时的相界在 $x=0.52$ 附近。在相界附近，$Pb(Zr_xTi_{1-x})O_3$ 压电陶瓷的介电性和压电性都是最强的。同 $BaTiO_3$ 相比，$Pb(Zr_xTi_{1-x})O_3$ 具有居里点高、压电性更强、易改性和稳定性高等特点。为了不同的用途，还可以在 $Pb(Zr_xTi_{1-x})O_3$ 中添加多种微量元素，如通过 Sr^{2+}、Ca^{2+}、Ba^{2+}、Mg^{2+} 置换 Pb^{2+}，Sn^{4+} 置换 Ti^{4+} 或 Zn^{4+} 以及添加一些氧化物等改善材料的性能。

压电晶体具有多种等价结构，当温度由高温向低温变化时，压电陶瓷晶体的晶胞结构将随着发生变化：在居里点温度以上为立方顺电体，以下为四方铁电体。在四方铁电态时，自发极化的方向是与 c 轴平行的，所以各晶胞的自发极化取向也可能彼此不同。为了使晶体能量处于最低的状态，晶体中就会出现若干个小区域，各个小区域的晶胞的自发极化方向相同，与邻近的自发极化方向则不同。这些自发极化方向一致的小区域称为铁电畴，整个晶体包含了多个铁电畴。因为在四方结构时自发极化的方向只能是与原立方结构的三个晶轴中的一个晶轴平行，所以相邻两个铁电畴中的自发极化方向只能呈 90° 或 180°。相邻铁电畴的交界面分别称为 90° 或 180° 畴壁。

如果在一块多畴的压电晶体上施加足够高的直流电场，铁电畴就能够运动，自发极化方向与电场方向一致的铁电畴便不断增大，最后形成一个单畴，去除电场后这种状态仍然存在。这种在压电晶体上施加直流高压电场使晶体铁电畴极化方向排列整齐的过程称为极化，极化场的方向称为极化轴。为了利用压电效应，需将压电陶瓷晶体极化，通过外电场的作用迫使晶体内部的铁电畴转向，从而得到了具有压电效应的压电陶瓷。

2. 高分子压电材料

聚合物压电性的研究始于生物物质，后来扩大到合成高聚物。目前具有实用价值的高聚物压电材料是聚偏二氟乙烯（PVDF）。PVDF 是一种半结晶性聚合物，由重复单元为—CH_2CF_2—的长链分子构成，同一根分子链可穿过几个结晶和非晶区，相应于 2000 个重复单元或 0.5μ 伸直长度的 PVDF 的相对分子质量约为 10^5。PVDF 的结晶度在 50% 左右，非结晶相具有过冷液体的特性，其玻璃化温度 T_g 为 $-35℃$。

PVDF 目前已知至少有 5 种晶型，晶型的生成取决于加工制膜条件，晶型在一定条件下可以相互转化。最常见的晶型有三种：β 型、α 型和 γ 型，但只有 β 晶型才具有自发极化性。由于 PVDF 薄膜挤压出来时主要成分是非压电性、非极性的 α 晶相，因此此时不具有压电效应，必须经过一系列的处理之后才具有压电性：首先将 PVDF 薄膜进行拉伸处理，使 PVDF 由 α 晶型转变为 β 晶型，PVDF 薄膜的压电性能随着 β 晶型含量的增加而增加，拉伸后 PVDF 的结构如图 3-4a 所示；然后将 PVDF 薄膜附近加热到居里点温度并进行极化处理，极化后 PVDF 薄膜的结构如图 3-4b 所示。经过这样的处理之后 PVDF 薄膜就具有压电效应了。

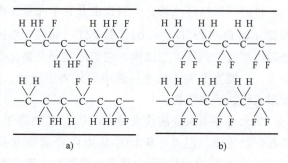

a)   b)

图 3-4 PVDF 薄膜结构

a) 未极化的 PVDF 薄膜结构 b) 极化后的 PVDF 薄膜结构

典型的 PVDF 压电薄膜的主要性能见表 3-4。与压电陶瓷相比，PVDF 压电薄膜的压电应变常数较低，机电耦合系数也较小，但压电电压 g 却很高，因而更适合用作传感元件。另外，由于 PVDF 压电薄膜的柔韧性好，可以制成任意形状，因此 PVDF 压电薄膜可以用于任何复杂形状构件的监测，而这一点压电陶瓷往往很难做到。

表 3-4 PVDF 压电薄膜的主要性能

压电应变常数/ （pC/N）		压电电压常数/ （Vm/N）		相对介电常数	机电耦合系数	熔点/ ℃	密度/ （g/cm³）	弹性模量/ GPa
D_{31}	D_{33}	G_{31}	G_{33}	$\varepsilon/\varepsilon_0$	K_{31}	T	ρ	TD
25	39	0.22	0.32	13	0.15	170	1.78	1.5

3.2.4 1-3 型压电复合材料的复合原理

1. 1-3 型压电复合材料基本原理

在压电陶瓷片上沿着厚度方向施加一电场，如果压电陶瓷片的极化方向与所施加的电场方向平行，那么压电陶瓷将产生长度方向的伸缩变形，这是压电陶瓷的横向压电效应；如果压电陶瓷片的极化方向与所施加的电场方向垂直，那么压电陶瓷将产生纯剪切变形，这就是压电陶瓷的厚度剪切压电效应。压电陶瓷的两种压电效应如图 3-5 所示。

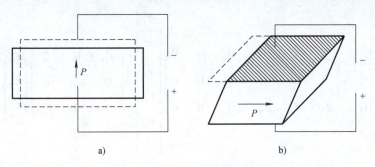

图 3-5 压电陶瓷的两种压电效应

a）横向压电效应 b）厚度剪切压电效应

1-3 型压电复合材料是由平行排列的一维压电陶瓷柱和三维连通的聚合物构成的两相压电复合材料。这种压电复合材料的如图 3-6 所示。在利用横向压电效应的 1-3 型压电复合材料中，每个压电陶瓷单元的极化方向与所施加的电场方向平行，都是沿着压电复合材料的厚度方向；在利用厚度剪切压电效应的 1-3 型压电复合材料中，每个压电陶瓷单元的极化方向是沿着压电复合材料的长度方向，而所施加的电场则沿着压电复合材料的厚度方向。

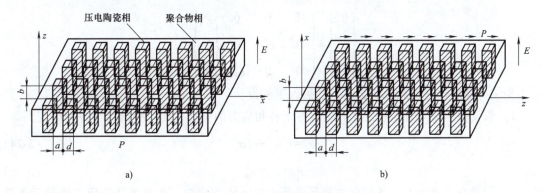

图 3-6 1-3 型压电复合材料

a）横向压电效应 b）厚度剪切压电效应

注：箭头 E 表示电场方向，箭头 P 表示极化方向

2. 利用横向压电效应的 1-3 型压电复合材料的本构关系

从图 3-6a 所示的压电复合材料中取出一个代表性体积单元进行研究。取坐标轴 z 与压电相的极化方向一致，xy 平面垂直于极化方向，复合材料的电极面为 xy 面，则压电相的本构关系可以表示为

$$
\begin{Bmatrix}
\varepsilon_x^z \\
\varepsilon_y^z \\
\varepsilon_z^z \\
\gamma_{yz}^c \\
\gamma_{zx}^c \\
\gamma_{xy}^c
\end{Bmatrix}
=
\begin{pmatrix}
S_{11}^E & S_{12}^E & S_{13}^E & 0 & 0 & 0 \\
 & S_{11}^E & S_{13}^E & 0 & 0 & 0 \\
 & & S_{33}^E & 0 & 0 & 0 \\
 & & & S_{44}^E & 0 & 0 \\
 & & & & S_{44}^E & 0 \\
 & & & & & S_{66}^E
\end{pmatrix}
\begin{Bmatrix}
\sigma_x^c \\
\sigma_y^c \\
\sigma_z^c \\
\tau_{yz}^c \\
\tau_{zx}^c \\
\tau_{xy}^c
\end{Bmatrix}
+
\begin{pmatrix}
0 & 0 & d_{31} \\
0 & 0 & d_{31} \\
0 & 0 & d_{33} \\
0 & d_{15} & 0 \\
d_{15} & 0 & 0 \\
0 & 0 & 0
\end{pmatrix}
\begin{Bmatrix}
E_1 \\
E_2 \\
E_3
\end{Bmatrix}
\tag{3-22}
$$

$$\begin{Bmatrix} D_1^c \\ D_2^c \\ D_3^c \end{Bmatrix} = \begin{pmatrix} 0 & 0 & 0 & 0 & d_{15} & 0 \\ 0 & 0 & 0 & d_{15} & 0 & 0 \\ d_{31} & d_{31} & d_{33} & 0 & 0 & 0 \end{pmatrix} \begin{Bmatrix} \sigma_x^c \\ \sigma_y^c \\ \sigma_z^c \\ \tau_{yz}^c \\ \tau_{xz}^c \\ \tau_{xy}^c \end{Bmatrix} + \begin{pmatrix} \varepsilon_{11}^T & 0 & 0 \\ 0 & \varepsilon_{11}^T & 0 \\ 0 & 0 & \varepsilon_{33}^T \end{pmatrix} \begin{Bmatrix} E_1 \\ E_2 \\ E_3 \end{Bmatrix}$$

$$\begin{Bmatrix} \varepsilon_x^P \\ \varepsilon_y^P \\ \varepsilon_z^P \\ \gamma_{yz}^P \\ \gamma_{zx}^P \\ \gamma_{xy}^P \end{Bmatrix} = \begin{pmatrix} S_{11}^P & S_{12}^P & S_{12}^P & 0 & 0 & 0 \\ & S_{11}^P & S_{12}^P & 0 & 0 & 0 \\ & & S_{11}^P & 0 & 0 & 0 \\ & & & S_{44}^P & 0 & 0 \\ & & & & S_{44}^P & 0 \\ & & & & & S_{66}^P \end{pmatrix} \begin{Bmatrix} \sigma_x^P \\ \sigma_y^P \\ \sigma_z^P \\ \tau_{yz}^P \\ \tau_{zx}^P \\ \tau_{xy}^P \end{Bmatrix} \qquad (3\text{-}23)$$

$$\begin{Bmatrix} D_1^P \\ D_2^P \\ D_3^P \end{Bmatrix} = \begin{pmatrix} \varepsilon_{11}^P & 0 & 0 \\ 0 & \varepsilon_{11}^P & 0 \\ 0 & 0 & \varepsilon_{11}^P \end{pmatrix} \begin{Bmatrix} E_1 \\ E_2 \\ E_3 \end{Bmatrix}$$

为了得到复合材料的本构关系，需做以下假设：

1）假设在 z 方向上，单元体的应力等于各相应力的叠加，而应变则等于各相应变，即

$$\overline{\sigma}_z = v_c \sigma_z^c + v_P \sigma_z^P \qquad (3\text{-}24)$$

$$\overline{\varepsilon}_x = \varepsilon_z^c = \varepsilon_z^P \qquad (3\text{-}25)$$

2）假设在 x 方向上，各相应力相等并等于单元体的应力，而单元体的应变则等于各项应变的叠加，即

$$\overline{\varepsilon}_x = v_c \varepsilon_x^c + v_P \varepsilon_x^P \qquad (3\text{-}26)$$

$$\overline{\sigma}_x = \sigma_x^c = \sigma_x^P \qquad (3\text{-}27)$$

由于 y 方向上的性质与 x 方向上的性质相似，因此可以做出类似的假设

$$\overline{\varepsilon}_y = v_c \varepsilon_y^c + v_{P y}^P \qquad (3\text{-}28)$$

$$\overline{\sigma}_y = \sigma_y^c = \sigma_y^P \qquad (3\text{-}29)$$

3）假设在 z 方向上，单元体的电位移等于各相电位移的叠加，即

$$\overline{D}_3 = v_c D_3^c + v_P D_3^P \qquad (3\text{-}30)$$

4）因为电极面为 xy 面，所施加的电场方向与极化方向一致，因此 $E_1 = E_2 = 0$，$E_3 \neq 0$，这样 4、5、6 方向上的性质就与所施加的电场无关。为了简化分析，可以假设 4、5、6 方向上的应力、应变为零，即 $\tau_{yz}^a = \tau_{zx}^a = \tau_{xy}^a = 0$，$\gamma_{yz}^a = \gamma_{zx}^a = \gamma_{xy}^a = 0$（a 表示压电相和聚合物相）。

根据假设，式（3-22）、式（3-23）可以重新写成，即

$$\begin{cases} \varepsilon_x^c = S_{11}^E \overline{\sigma}_x + S_{12}^E \overline{\sigma}_y + S_{13}^E \sigma_z^c + d_{31}\overline{E}_3 \\ \varepsilon_y^c = S_{12}^E \overline{\sigma}_x + S_{22}^E \overline{\sigma}_y + S_{13}^E \sigma_z^c + d_{31}\overline{E}_3 \\ \overline{\varepsilon}_z = S_{13}^E \overline{\sigma}_x + S_{13}^E \overline{\sigma}_y + S_{33}^E \sigma_z^c + d_{33}\overline{E}_3 \\ D_3^c = d_{31}\overline{\sigma}_x + d_{31}\overline{\sigma}_y + d_{33}\sigma_z^c + \varepsilon_{33}^T E_3 \end{cases} \tag{3-31}$$

$$\begin{cases} \varepsilon_x^P = S_{11}^P \overline{\sigma}_x + S_{12}^P \overline{\sigma}_y + S_{12}^P \sigma_z^P \\ \varepsilon_y^P = S_{12}^P \overline{\sigma}_x + S_{11}^P \overline{\sigma}_y + S_{12}^P \sigma_z^P \\ \overline{\varepsilon}_z = S_{12}^P \overline{\sigma}_x + S_{12}^P \overline{\sigma}_y + S_{11}^P \sigma_z^P \\ D_3^P = \varepsilon_{11}^P E_3 \end{cases} \tag{3-32}$$

联合式（3-24）~式（3-32），可以得到利用横向压电效应的 1-3 型压电复合材料的本构关系

$$\begin{cases} \overline{\varepsilon}_x = \overline{S}_{11}\overline{\sigma}_x + \overline{S}_{12}\overline{\sigma}_y + \overline{S}_{13}\overline{\sigma}_z + \overline{d}_{31}\overline{E}_3 \\ \overline{\varepsilon}_y = \overline{S}_{12}\overline{\sigma}_x + \overline{S}_{11}\overline{\sigma}_y + \overline{S}_{13}\overline{\sigma}_z + \overline{d}_{31}\overline{E}_3 \\ \overline{\varepsilon}_z = \overline{S}_{13}\overline{\sigma}_x + \overline{S}_{13}\overline{\sigma}_y + \overline{S}_{33}\overline{\sigma}_z + \overline{d}_{33}\overline{E}_3 \\ \overline{D}_3 = \overline{d}_{11}\overline{\sigma}_x + \overline{d}_{33}\overline{\sigma}_y + \overline{\varepsilon}_{33}\overline{E}_3 \end{cases} \tag{3-33}$$

式中

$$\overline{S}_{11} = v_c\left(S_{11}^E - \frac{(S_{13}^E)^2}{S_{33}^E}\right) + v_P\left(S_{11}^P - \frac{(S_{12}^P)^2}{S_{11}^P}\right) + \left(v_c\frac{S_{13}^E}{S_{33}^E} + v_P\frac{S_{12}^P}{S_{11}^P}\right)\left(\frac{\dfrac{v_c S_{13}^E}{S_{33}^E} + \dfrac{v_P S_{12}^P}{S_{11}^P}}{\dfrac{v_c}{S_{33}^E} + \dfrac{v_P}{S_{11}^P}}\right)$$

$$\overline{S}_{12} = v_c\left(S_{12}^E - \frac{S_{13}^{E^2}}{S_{33}^E}\right) + v_P\left(S_{12}^P - \frac{(S_{12}^P)^2}{S_{11}^P}\right) + \left(v_c\frac{S_{13}^E}{S_{33}^E} + v_P\frac{S_{12}^P}{S_{11}^P}\right)\left(\frac{\dfrac{v_c S_{13}^E}{S_{33}^E} + \dfrac{v_P S_{12}^P}{S_{11}^P}}{\dfrac{v_c}{S_{33}^E} + \dfrac{v_P}{S_{11}^P}}\right)$$

$$\overline{S}_{13} = \frac{\dfrac{v_c S_{13}^E}{S_{33}^E} + \dfrac{v_P S_{12}^P}{S_{11}^P}}{\dfrac{v_c}{S_{33}^E} + \dfrac{v_P}{S_{11}^P}}, \quad \overline{S}_{33} = \frac{1}{\dfrac{v_c}{S_{33}^E} + \dfrac{v_P}{S_{11}^P}}$$

$$\overline{d}_{31} = v_c\left(d_{31} - \frac{S_{13}^E}{S_{33}^E}d_{33}\right) + \left(v_c\frac{S_{13}^E}{S_{33}^E} + v_P\frac{S_{12}^P}{S_{11}^P}\right)\left(\frac{\dfrac{v_c S}{S_{33}^E}}{\dfrac{v_c}{S_{33}^E} + \dfrac{v_P}{S_{11}^P}}d_{33}\right)$$

$$\bar{d}_{33} = \frac{\dfrac{v_c S}{S_{33}^E}}{\dfrac{v_c}{S_{33}^E} + \dfrac{v_P}{S_{11}^P}} d_{33}$$

$$\bar{\varepsilon}_{33} = v_c \left(\varepsilon_{33}^T - d_{33}^2 \cdot \frac{v_P}{v_c s_{11}^P + v_P s_{33}^E} \right) + v_P \varepsilon_{11}^P$$

压电复合材料的压电应力常数可以根据式（3-14）求出

$$\bar{e}_{31} = \bar{d}_{31} c_{31} + \bar{d}_{31} c_{21} + \bar{d}_{33} c_{31}$$

刚度系数 $\bar{c}_{ij}$ 可根据式（3-11）由 $\bar{s}_{ij}$ 求出。

3. 利用厚度剪切压电效应的压电复合材料的本构关系

从图 3-6b 所示的压电复合材料中取出一个代表性体积单元进行研究，仍取 z 坐标轴方向为极化方向，而电极面为 yz 面，则压电相和聚合物相仍然具有式（3-22）、式（3-23）所示的本构关系。但是，由于压电复合材料的电极面为 yz 面，因此所作假设与利用横向压电效应的压电复合材料的不同。具体假设如下

1）假设在 x 方向上，单元体的应力等于各相应力的叠加，而应变则等于各相应变，即

$$\bar{\sigma}_x = v_c \sigma_x^c + v_P \sigma_x^P \tag{3-34}$$

$$\bar{\varepsilon}_x = \varepsilon_x^c = \varepsilon_x^P \tag{3-35}$$

2）假设在 y、z 方向上，各相应力相等并等于单元体的应力，而单元体的应变则等于各项应变的叠加，即

$$\bar{\varepsilon}_z = v_c \varepsilon_z^P + v_P \varepsilon_z^P \tag{3-36}$$

$$\bar{\sigma}_z = \sigma_z^c = \sigma_z^P \tag{3-37}$$

$$\bar{\varepsilon}_y = v_c \varepsilon_y^c + v_P \varepsilon_y^P \tag{3-38}$$

$$\bar{\sigma}_y = \sigma_y^c = \sigma_y^P \tag{3-39}$$

3）假设在 x 方向上，单元体的电位移等于各相电位移的叠加，即

$$\bar{D}_1 = v_c D_1^c + v_P D_1^P \tag{3-40}$$

4）电极面为 yz 面，所施加的电场方向与极化方向一致，因此 $E_3 = E_2 = 0$，$E_1 \neq 0$，进而 4、6 方向上的性质就与所施加的电场无关。为了简化分析，可以假设 4、6 方向上的应力、应变为零，即 $\tau_{yz}^a = \tau_{xy}^a = 0$，$\gamma_{yz}^a = \gamma_{xy}^a = 0$（a 表示压电相和聚合物相）。

假设在 5 方向上，单元体的应变等于各相应变叠加，而应力则与各项应力相等，即

$$\bar{\gamma}_{xz} = v_c \gamma_{xz}^c + v_P \gamma_{xz}^P \tag{3-41}$$

$$\bar{\tau}_{xz} = \tau_{xz}^c = \tau_{xz}^P \tag{3-42}$$

根据假设，式（3-31）、式（3-32）可以重新写成

$$\begin{cases} \overline{\varepsilon}_x = S_{11}^E \sigma_x^c + S_{12}^E \overline{\sigma}_y + S_{13}^E \overline{\sigma}_z \\ \varepsilon_y^c = S_{12}^E \sigma_x^c + S_{11}^E \overline{\sigma}_y + S_{13}^E \overline{\sigma}_z \\ \varepsilon_z^c = S_{13}^E \sigma_x^c + S_{13}^E \overline{\sigma}_y + S_{33}^E \overline{\sigma}_z \\ \gamma_{zx}^c = S_{44}^E \tau_{zx}^c + d_{15} E_1 \\ D_1^c = d_{15} \tau_{zx}^c + \overline{\varepsilon}_{11} E_1 \end{cases} \tag{3-43}$$

$$\begin{cases} \overline{\varepsilon}_x = S_{11}^P \sigma_x^P + S_{12}^P \overline{\sigma}_y + S_{12}^P \overline{\sigma}_z \\ \varepsilon_y^P = S_{12}^P \sigma_x^P + S_{11}^P \overline{\sigma}_y + S_{12}^P \overline{\sigma}_z \\ \varepsilon_z^P = S_{12}^P \sigma_x^P + S_{12}^P \overline{\sigma}_y + S_{11}^P \overline{\sigma}_z \\ \gamma_{zx}^P = S_{44}^P \tau_{zx}^P \\ D_1^P = \overline{\varepsilon}_{11} E_1 \end{cases} \tag{3-44}$$

联合式（3-28）~式（3-38），可以得到压电复合材料的本构关系如下

$$\begin{cases} \overline{\varepsilon}_x = \overline{S}_{11} \overline{\sigma}_x + \overline{S}_{12} \overline{\sigma}_y + \overline{S}_{13} \overline{\sigma}_z \\ \overline{\varepsilon}_y = \overline{S}_{12} \overline{\sigma}_x + \overline{S}_{33} \overline{\sigma}_y + \overline{S}_{23} \overline{\sigma}_z \\ \overline{\varepsilon}_z = \overline{S}_{13} \overline{\sigma}_x + \overline{S}_{23} \overline{\sigma}_y + \overline{S}_{33} \overline{\sigma}_z \\ \overline{\gamma}_{xz} = \overline{S}_{44} \overline{\tau}_{xz} + \overline{d}_{15} \overline{E}_1 \\ \overline{D}_1 = \overline{d}_{15} \overline{\tau}_{xz} + \overline{d}_{15} \overline{E}_1 \end{cases} \tag{3-45}$$

式中

$$\overline{S}_{11} = \frac{1}{\dfrac{v_c}{S_{11}^E} + \dfrac{v_c}{S_{11}^P}}, \quad \overline{S}_{12} = \frac{\dfrac{v_c E_{12}^E}{S_{11}^E} + \dfrac{v_P S_{12}^P}{S_{11}^P}}{\dfrac{v_c}{S_{11}^E} + \dfrac{v_P}{S_{11}^P}}, \quad \overline{S}_{13} = \frac{\dfrac{v_c E_{13}^E}{S_{11}^E} + \dfrac{v_P S_{12}^P}{S_{11}^P}}{\dfrac{v_c}{S_{11}^E} + \dfrac{v_P}{S_{11}^P}}$$

$$\overline{S}_{23} = v_c \left(S_{13}^E - \frac{S_{13}^E S_{12}^E}{S_{11}^E} \right) + v_P \left(S_{12}^P - \frac{(S_{12}^P)^2}{S_{11}^P} \right) + \left(v_c \frac{S_{12}^E}{S_{11}^E} + v_P \frac{S_{12}^P}{S_{11}^P} \right)^2 \left(\frac{1}{\dfrac{v_c}{S_{11}^E} + \dfrac{v_P}{S_{11}^P}} \right)$$

$$\overline{S}_{33} = v_c \left(S_{11}^E - \frac{(S_{12}^E)^2}{S_{11}^E} \right) + v_P \left(S_{11}^P - \frac{(S_{12}^P)^2}{S_{11}^P} \right) + \left(v_c \frac{S_{12}^E}{S_{11}^E} + v_P \frac{S_{12}^P}{S_{11}^P} \right)^2 \left(\frac{1}{\dfrac{v_c}{S_{11}^E} + \dfrac{v_P}{S_{11}^P}} \right)$$

$$\overline{S}_{44} = v_c S_{44}^E + v_P S_{44}^P$$
$$\overline{\varepsilon}_{11} = v_c \varepsilon_{11}^E + v_P \varepsilon_{11}^P$$
$$\overline{d}_{15} = v_c d_{15}$$

压电复合材料的压电应力常数可以根据式（3-14）求出

$$\overline{e}_{15} = \overline{d}_{15} \overline{c}_{55}$$

刚度系数 $\overline{c}_{ij}$ 可根据式（3-11）求出 $\overline{S}_{ij}$ 求出。

拓展阅读

用迷人的材料构造新世界——吴家刚

吴家刚，博士生导师，国家优秀青年科学基金获得者，牛顿高级学者基金获得者，主要研究方向为无铅压电材料的性能调控及器件研制，作为第一作者或（共同）通讯作者已在 Chem Rev、Prog Mater Sci、Chem Soc Rev、Nature Commun、J Am Chem Soc、Adv Mater、Energy Environ Sci 等期刊发表 SCI 收录论文 180 余篇、被 SCI 他引 8000 余次、9 篇论文入选 ESI 高被引论文；受邀在 Springer Nature 出版社独著全英文专著一本；作为负责人承担全校通识教育核心课程《迷人的材料：构造新世界》；获得全国宝钢优秀教师奖（2018 年）、Elsevier 年中国高被引学者（2018—2020 年）等荣誉或称号。

吴家刚教授带领的团队主要从事无铅压电材料与器件的研制。压电材料是可以将电能和机械能进行相互转换的一类材料，小到常见的打火机，大到飞机点火装置、航空航天上的压电加速器以及舰艇的声呐等都可以见到它的身影。无铅压电材料及器件具有环保和可持续发展的优点，势必成为未来的发展主流，引领其研究，就将在国际上掌握无铅压电材料与器件的话语权。

吴家刚教授的团队不断突破与创新，率先在铌酸钾钠基无铅压电陶瓷中提出了新型相界构建新思路与调控机理，实现了压电性能的连续突破，同时成功应用到其他无铅压电陶瓷体系中。此外，他们发现并证实块状铁电体中具有多极性拓扑结构的纳米尺度的泡状铁电畴结构。目前，团队正在将所研制的高性能无铅压电材料制作成各种原型器件，并且有望将其应用于电子信息、生物医学检测和治疗等领域。

1. 材料的迷人和魅力相辅相成

吴老师在 2021 年开展了一场名为"相界的魅力"的线上学术沙龙，当被问及为何选择"魅力"一词时，他表示："材料的研究魅力，就在于其性能变化多端、难以猜透。掺杂改性以及制备技术的革新，都将带来微观结构的奇异变化以及性能的改变，这也就是我选择材料研究的原动力。"正是因为被材料研究本身吸引，吴老师现在作为负责人开设了一门全校范围的核心通识课《迷人的材料：构造新世界》，他希望通过自己的热情让学生领略到材料的美及功用。

出于自身对材料的热爱，吴老师认为在科研中学生首先应该具备对本专业浓厚的兴趣。当喜欢自己的专业时，就会产生驱动力，主动、自发地进行学习和研究。吴老师提到自己在新加坡做博士后期间，导师给了他宽松的科研环境，可以自由支配时间，但出于对材料研究的热爱，无论是工作日还是周末，他都会按时出现在实验室。"在当时感觉自己比在读博士还要勤奋。而现在，我可能比学生都更专注，因为我对材料研究是真的热爱。"

除了兴趣，吴老师强调在科研中更重要的是具有坚韧不拔的毅力。他提到自己在科研上最困难的时候是从 2011 年回国初期的几年。作为一名青年学者，回国搞科研创新，各方面都是从零起步。当时无铅压电陶瓷领域发展到一定瓶颈，现有研究方式很难实现其压电性能的突破，特别在当时铌酸钾钠基无铅压电陶瓷的研究发展几乎停滞不前。当时吴老师团队就在思考如何才能发展与铅基压电陶瓷相比拟的高性能无铅压电陶瓷。"那年暑假，近两个月的时间里我和我的一个硕士研究生一起补充实验并且反复论证。终于，我们通过理论设计以及上百次的实验，在该类陶瓷中构建出一类新的相界并最终实现了压电性能的突破，并且直到现在我们发明的新型相界也是引领着该类材料的发展"，吴老师回忆道，"正是不断坚持做了上百次实验，才有了这样的突破。"

他总结道："我觉得兴趣和坚持比聪明更重要。这两样东西能够让你长久、持续地学习。"

2. 我们是学生的引路人

在川大求学期间，肖定全教授和朱建国教授对吴老师产生了极大的影响。"两位教授在学术创新、为人处世等方面对我影响很深，让我深知作为一名科研工作者，需要勤勤恳恳做事、踏踏实实做人。至今我都将两位恩师作为自己的榜样来学习。"吴老师还提到，博士毕业后自己本来没有继续出国深造的打算，但是在肖教授"趁年轻，多出去见识见识"指引下，最终选择去新加坡做博士后。

受到两位导师的影响，吴老师自己当了导师之后，也会结合学生的实际情况，选择更适合学生的研究方向。他认为，对于不同的学生要给予差异化的指导。"我们所做的一切都应该基于学生的更好发展，学生能够通过一个适合自己的项目得到提高是最好的。而毕业时，我也会根据学生的具体情况提出建议，希望他们在择业选择时少一份迷茫。"

吴老师还表示，教育要以"育人育德"为先。

一方面，营造良好的课题组氛围至关重要。"我们实验室的同学，但凡是有过生日的，我都会以团建的形式请大家聚餐。这样不仅同学和同学之前有更多交流，老师和学生之间也拉近了距离。我还会根据学生的家庭情况，酌情多发补助，尽量关爱到实验室的每一位同学。组内氛围好了，学生都会主动积极要求上进，这是个良性循环。"

另一方面，当学生面临压力时，导师与学生应该积极进行沟通。"研究生阶段的压力主要来源于学业、毕业和就业压力。当学生有这些压力时，作为导师，我希望学生能及时有效地和我进行沟通。另外平时还可以多参加体育锻炼。我平时缓解压力的方式，也是坚持每周定期跑步，以舒缓情绪。"

"我们是学生的引路人。在科研方面，我们严肃地讨论科研问题，但在生活中，我们也可以互相分享生活趣事，我觉得是这一种健康的关系。"吴老师开玩笑道，"希望我退休以后，还能和以前的学生做朋友。"

在团队的学生们眼中，吴老师同他们亦师亦友，吴老师的研究生魏晓薇对此感触很深，"对待科研，吴老师很严谨，这一点对我影响很大，他经常鼓励我们要敢于啃'硬骨头'。尽管平时吴老师工作很忙，但他都会抽出时间和我们讨论课题，认真指导我们实验。科研工作之余，吴老师也很关心我们的生活，主动和我们聊天谈心，解决我们的烦恼。组里的同学过生日吴老师也很重视，他都会抽出时间和大家一起庆祝。"

3. 一定要坚持走出去，还要坚定地走回来

针对目前国际上对中国在技术方面的打压，吴老师也对研究生提出了两点建议—坚持自我创新，建立国际视野。

首先，自力更生是中华民族自立于世界民族之林的奋斗基点，自主创新是攀登世界科技高峰的必由之路。"我们要更加积极地开展国际科技交流合作，用好国际和国内两种科

技资源。抓住新一轮科技革命和产业变革的重大机遇，就是要在新赛场建设之初就加入其中，甚至主导一些赛场建设，从而使我们成为新的竞赛规则的重要制定者、新的竞赛场地的重要主导者。"吴老师强调机会总是留给有准备的人，也总是留给有思路、有志向、有韧劲的人。我国能否在未来发展中后来居上，主要就看能否在创新驱动发展上迈出实实在在的步伐。

其次，研究生要具有国际视野，一定要走出去。研究生需要取长补短，学习别国的科研方法。"我去了新加坡以后，和当地的科研者有了交流，感受到他们的科研素养、科研理念以及不同的实验室管理等，有些是值得我们学习的。因此，我觉得不论是硕士生还是博士生，都应该趁年轻多出去见识见识，多学习学习，把好的东西带回到国内。"

吴老师认为，研究生在学术上眼界要宽广，多融入学科交叉领域，才会在未来的科技竞争中胜出。学生要打牢专业基础知识，不仅要看到"树枝"，更要看到"树叶"。要争做本领域的创新者，做真科研；敢于挑战学术权威，善于分析质疑。要端正治学态度，恪守学术规范，借科研培养基本素养。《荀子·修身》中："道虽迩，不行不至；事虽小，不为不成。"演化为"道阻且长，行则将至；行而不辍，未来可期"。

（素材来源：https：//www.sohu.com/a/512515336_121124305）

习　　题

1. 什么是压电效应？请画图说明正压电效应的产生机理和产生压电效应需要的条件。
2. 举例说明压电材料类别，高分子压电材料有何突出优点？
3. 压电单晶的生长法有哪些缺点？
4. 指出压电常数 d_{11} 和 g_{31} 的物理意义。
5. 机电耦合系数的意义是什么？压电陶瓷常用的机电耦合系数有哪些？
6. 与压电单晶材料相比，压电陶瓷有何特点呢？

第4章

电磁流变体

学习目标

1. 了解电流变液机理的研究进展。
2. 掌握电流变效应及其影响因素；掌握电流变液屈服应力形成机制与结构演化。
3. 掌握磁流变形的组成和效应特征。
4. 了解磁流变体的宏观和微观力学模型。
5. 掌握电、磁流变液的力学特性。
6. 了解电流变液和磁流变液的发展和应用。

4.1 电流变体的研究概况

电流变效应是指某些复杂液体在一定强度的电场作用下，在毫秒量级的时间内其流变性能发生急剧、可逆变化的效应。具有电流变效应的复杂液体统称为电流变液，它们可以是由分散粒子和某种液体共同构成的悬浮液，也可以是液晶溶液等。在几 kV/mm 的电场作用下，它们的黏度可在几毫秒的时间内提高几个数量级，材料表观上呈现出黏塑性固体材料的形态。撤去电场后，几乎马上恢复到黏度很低的液体状态。电流变液因其特殊的性能而具有广阔的应用前景，可以用来制造减振器、离合器、液压阀、激励器等器件及系统。尤其是近年来，智能材料及结构的研究方兴未艾，而电流变液能够针对环境条件的变化，通过调节施加在流体上的电场强度来调节表观黏度、屈服应力、剪切模量等材料参数，对环境的变化加以补偿。这样，电流变液就成为一种非常重要的智能材料。如将其埋入到某些材料或结构中，通过改变电场强度的大小就可以改变整个结构的阻尼、刚度等特性，再加入传感器和微处理器可以达到对材料或结构响应进行实时调整的目的。

尽管电流变体有着其他材料无法比拟的优点，然而到目前为止仍然没有商用的电流变体器件，主要局限在还未获得高性能的电流变液。目前，仍然未能获得理想的商用电流变体材料的一个很重要的原因是人们对电流变液在外部环境作用下的响应机制理解不透，尤其缺乏正确的理论模型，建立材料宏观性能同其微观结构参数之间定量的关系。理想的电流变液材料在工程中应用必须具备下述性能：较低电场下具有较大的剪切强度，零场时黏度尽可能小，使用温度、电流密度低，抗沉降性好，无污染。电流变液的性能同许多参数相关，如它依赖于所加的电场强度及频率、变形历史、温度以及组成的粒子及液体的性能、含量及其形状等微结构参数。作为智能结构的重要组成部分，电流变液已被用来同其他材料集成构成复合的智能结构。

4.1.1 电流变液相变机理研究进展

早在1896年，美国的Duff在研究静电力对某些绝缘油的机械性能影响的同时，也着重研究了外加电场对流体黏度的影响，发现蓖麻油对电场比较敏感，在电场作用下其黏度有明显变化。1935年，Bjornstahl研究了液晶在高温条件下（大于160℃）对电压的依赖性。他的结论是，对各向同性液体来说，施加电场，流体的黏度降低；而各向异性的液晶在电场的作用下，当电场强度小于100V/cm时，黏度呈增长的趋势；当电场大于100V/cm时，黏度趋饱和，不再随场强的增加而增加。Alcock在同一时期对某些极性和非极性流体进行研究的时候发现，极性流体的黏度在电场作用下有变化，而非极性流体的黏度不受电场作用的影响。从1935年到1946年期间的一系列研究结果表明，对于含有杂质离子或具有永久偶极的导电性流体来说，在电场作用下它们均发生电致变黏现象。1947年，美国的Winslow在他的专利中第一次提出了电流变效应这一现象。Winslow进行了系统的实验和理论研究，他在1949年发表的有关Johnsen-Rahbecle效应的研究成果标志着电流变学的诞生。

电流变液是由尺寸在微米级的固体颗粒分散在介电液体中形成的悬浮体系，在外加电场的作用下，它们的黏性、塑性、弹性等流变性能会发生显著的可逆变化，且当外加场强超过一临界值后，电流变体会在几个毫秒内从液态变为固态。在显微镜下可以观察到，在电场的作用下，电流变体的分散相颗粒结成了沿电场方向的链状结构，随着电场强度的增加，链的径向尺寸变大；随着剪切速率的增大，链会变细或切断，如图4-1所示。

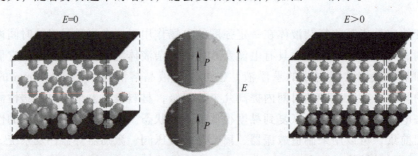

图4-1　电流变液相变过程示意图

因此，可以认为对于悬浮液型电流变体来说，其电流变效应的机理主要是由于在外加电场作用下，分散相颗粒形成沿电场方向的链状结构，当外加电场撤走后，链状结构解体又变回均匀的悬浮液。针对链状结构的形成，人们提出许多机理性模型加以解释这一现象。它们包括了介电极化模型、双电层变形模型、水桥模型、电泳模型等。其中介电极化模型解释了许多实验现象，并成为计算机模拟的基础，成为目前人们普遍接受一种机理。其他几种机理虽然没有被广泛接受，但曾经在一些特定体系中较好地解释了一些实验现象，在此也对它们进行简单的介绍。

1. 介电极化

介电极化机理是目前被广为接受的一种机理，它不仅合理地解释了一些实验现象，而且以它为基础发展出了一些微观模型和理论计算方法，如静电极化模型、Maxwell—Wagner模型、非欧姆电导模型、点偶极近似方法、多极展开方法、平均场理论、有限元方法、第一原理计算方法等。R. Tao等人根据该机理计算出了颗粒的柱状结构为体心四方结构，并在试验中得到了证实。另外，Tamura、See等人将介电极化机理和水桥机理结合起来解释了含水电流变液的电流变效应，发展成了介电极化机理和水桥机理。他们提出了电容器模型计算颗粒间水桥作用力大小的方法，同时考虑了颗粒间静电相互作用力、水桥作用力、流体阻力和远程斥力，通过计算机模拟发现水桥作用力对电流变液的剪切应力和微观结构有影响。

该机理将电流变效应归因于在电场作用下，分散相颗粒相对于分散介质发生极化。在电场作用下，颗粒因介电极化产生偶极子，当它们沿电场方向排列时相互吸引，垂直于电场方向时相互排斥，形成沿电场方向的链状结构，随着电场强度及颗粒浓度的增加，单链相互聚集进而形成柱状结构。此时，若要使电流变液流动，就要求链或柱变形、断裂，由于克服偶极子间的相互作用力做功，剪应力和表观黏度大大提高，即发生电流变效应。

2. 双电层

双电层变形机理是由Klass和Martinek提出的，通常认为一般界面存在的体系中就有双电层存在。双电层由以下两部分组成：①紧密吸附在微粒表面的单层离子；②延伸到液体中的扩散层。Klass和Martinek认为在电场作用下双电层诱导极化导致电荷不平衡分布，双电层发生形变，变形双电层间静电相互作用使流体发生剪切流动且使耗散的能量增加，因而强度增加。当双电层重叠时，静电相互作用更大。双电层机理的定性分析与这些实验结果一致，成功地解释了电流变液的流变性能与电场强度、分散相体积分数以及温度之间的关系。

双电层变形和交叠引起的悬浮液黏度增加分别称为第一电黏效应和第二电黏效应，许多研究者进行了该方面的研究并且得出了黏度与电场强度、分散相体积分数、介电常数、电导率等之间的关系式。但是，由电黏效应引起的黏度增加都不太大，一般在两倍以内，它与电流变效应有本质的区别。由此可见双电层的极化、变形和交叠确实可以引起体系的黏度增加，但并不是多数体系中电流变效应产生的主要原因。这一机理只是定性地解释了一些实验现象，并没有发展成为理论。双电层在电流变液中的存在是毫无疑问的，如果分散相颗粒表面带有相当数量的电荷而且分散介质中含有大量无机盐等，所形成的双电层对体系的稳定性和流变性能会产生较大的影响，所以，双电层的变形虽然不是电流变效应的本质原因，但在一些体系中有实际意义，尤其对研制稳定性良好的电流变液有一定的参考价值。

3. 水桥

Stangroom提出了电流变效应的水桥机理。早期的电流变液分散相中都含有水，水的含量对电流变效应有显著的影响，当它低于某一定值时体系不再发生电流变效应，但在该值以上时，电流变效应随水含量的增加而增加，达到某一最大值以后呈下降趋势。对于水活化电流变液，水是引发电流变效应不可缺少的条件。Stangroom提出了电流变效应的水桥机理，他认为体系具有电流变效应的基本条件为：①分散介质为憎水性液体；②分散相为亲水性且多孔的微粒；③分散相必须含有吸附水且含量显著影响电流变液的性能。分散相颗粒孔中存在可移动的离子，这些离子与周围的水相结合，聚集在颗粒一端的水在颗粒间形成水桥，若要使电流变液流动，必须破坏水桥，撤去外电场，诱导偶极消失。水的存在限制了电流变液的使用温度，并且会引起高能耗、介电击穿、设备腐蚀等问题，因而出现了无水电流变液。显然，水桥机理不能解释无水电流变液电流变效应产生的原因。但它可以定性地解释含水电流变液中水的含量、固体颗粒的多孔性和电子结构等对电流变效应的影响，对于含水电流变液的研究是有意义的。

4. 电泳

悬浮液中的颗粒带有静电荷就会向着带有异号电荷的电极移动，即发生电泳现象。在稀悬浮液中，颗粒电泳到达电极后，由于离子迁移出颗粒或者发生电化学反应，颗粒改变电性并向着另一个电极移动，就这样在电极间往复运动。颗粒的运动速度与介质的流动速度不同，介质对颗粒施加力的作用使其产生额外的加速度，能量消耗增加，导致电流变液黏度增加，这就是电流变效应的电泳机理。但是，当分散相浓度增加或者外加交流电场的频率足够高时，颗粒的这种往复运动消失，而在这些条件下仍然会产生电流变效应，可见颗粒的电泳并不是产生电流变效应的必要条件。但是电流变液中的电泳现象已经被实验所证实，有的研究者认为电泳也会引起负电流变效应。

建立电流变液微观模型的主要目的在于建立材料的组合、微结构等参数同其宏观性能之间的定量关系。基于粒子极化模型，目前应用最广泛的方法是利用分子动力学仿真及布朗动力学仿真技术，利用计算机模拟预报在外电场作用下，电流变液微结构的转变过程及其宏观性能。当外加载荷满足小雷诺数的流动条件下，单个粒子的运动由如下牛顿方程式给出

$$M\frac{\mathrm{d}v}{\mathrm{d}t} = F_p + F_{hyd} \tag{4-1}$$

式中　M——粒子的质量；

　　　v——粒子的速度矢量；

　　F_{hyd}——液体作用于粒子上的水动力；

　　F_P——静电力等除水动力以外的所有力。

式（4-1）的左边代表了粒子的惯性力，上述模型也被定义为 Stokesian 动力学模型。为了简化计算，人们通常不计水动力及粒子惯性力的影响，在这种假设条件下，运动方程简化为

$$\frac{\mathrm{d}r_i}{\mathrm{d}r} = v^{\infty}(r_i) + \frac{1}{3\pi\mu\sigma}F_{i,\text{total}} \tag{4-2}$$

式中　r_i——球形粒子的位冒；

　　$v^{\infty}(r_i)$——r_i处液体的流速；

　　$F_{i,\text{total}}$——作用于粒子上的合力，它包括了静电力、近距离的排斥力以及布朗力。

Gast、Zukoski 和 Jordan、Shaw 考虑到粒子布朗运动效应，推广了诺贝尔物理奖得主 De Genes 及 Pincus 关于铁电流体模型，研究了稀疏粒子分布情况下链的成形过程，在强电场的作用下，链的长度近似由下式确定

$$\frac{L}{d} \approx \frac{1}{1 - \frac{\phi}{6\lambda^2}e^{4\lambda}} \tag{4-3}$$

式中　L——链的长度；

　　d——粒子直径；

　　ϕ——粒子的体积含量；

　　λ——静电作用与热作用的比值，即

$$\lambda = \frac{\pi \varepsilon_0 \varepsilon_c \alpha^3 \beta^2 E_0^2}{2kT} \tag{4-4}$$

由式（4-2）可以发现，链的平衡长度由静电力与热运动相互作用确定。Adriani 及 Gast 利用平衡态统计力学研究了电流变液在小电场强度作用下的平衡结构，随后他们又研究了电流变液在电场及剪应力场共同作用下的双折射及二色性能。电场导致的电流变液结构相变行为也得到了人们很大的重视。Tao 及 Jaggi 等人发现，当外加电场强度超过某一临界值时，粒子形成连续的固体网络。将球形粒子当成点分布的偶极子的情况下，预报的临界电场强度如下

$$E_c = \frac{\rho_p - \phi}{\rho} \sqrt{\frac{2kT}{c_p p_p \overline{V} \varepsilon_c}} \tag{4-5}$$

式中 ρ_p——粒子的质量密度；

$\overline{V}$——粒子的体积。

采用式（4-5）计算的结果同实测吻合得很好。

考虑到布朗运动效应，利用分子动力学模拟也预报了电流变液结构相变行为。对于体积含量 $\phi = 0.31$ 条件下，当临界值 $\lambda \approx 0.5$ 时，粒子将聚集形成连通的固体网络，并且该种相变是可逆的。Halsey 及 Toor 利用静电极化模型解析研究了粒子集束的平衡形状。他们认为，在一定的外部条件下，粒子将聚集形成椭球状的微滴。他们利用体积及表面静电能的平衡关系确定了平衡态椭球微滴的长径比，并通过实验结果进行了验证。

综上所述，研究电流变液相变机理多数采用的是分子动力学的计算机仿真方法，一些有限解析模型主要是采用平衡态的静态分析方法确定链状结构的尺寸。实际上，在电场作用下，粒子聚集的过程是一个动力学过程，如果能够建立一个解析模型揭示其中的响应规律，对于学术研究及工程都具有深远的意义。

4.1.2 电流变液本构方程的研究进展

电流变液的结构及其流变本构性能取决于静电力、液体动力及热运动等之间的相互作用，对于稳态剪切流动，人们选用了如下几组无量纲的参数来反映不同作用的大小。液体动力与静电极化力相互作用的比值定义为 Mason 数

$$M_n = \frac{\eta_c \dot{\gamma}}{2\varepsilon_0 \varepsilon_c \beta^2 E_0^2} \tag{4-6}$$

式中 $\dot{\gamma}$——剪切应变速率；

η_c——电流变液在零电场时的黏度。

液体动力与热力的比值定义为 Peclet 数。

$$P_e = \frac{3\pi a^3 \eta_c \dot{\gamma}}{kT} \tag{4-7}$$

静电极化力同热力的比值用参数 λ 表示

$$\lambda = \frac{\pi \varepsilon_0 \varepsilon_c a^3 \beta^2 E_0^2}{2kT} \tag{4-8}$$

1. Bingham 液体本构方程

在稳态剪切流动中，无电场作用时，电流变体呈现出牛顿流体的特性，即切应力与剪切速率呈线性关系，在零剪切速率时切应力为零。加上电场之后，液体的力学性能发生明显的变化，表现出黏性固体的特性，有明显的屈服强度。一些研究者采用 Bingham 本构模型描述电流变体的流变特性，即

$$\tau(\dot{\gamma}, E_0) = \tau_d(E_0) + \eta_p \dot{\gamma} \quad \tau > \tau_d$$

$$\dot{\gamma} = 0 \qquad \tau > \tau_d \qquad\qquad (4-9)$$

式中 E_0——外加电场强度；

      $\dot{\gamma}$——剪切应变速率；

      τ_d——屈服应力；

      η_p——是塑性黏度。

试验中发现，屈服应力 τ_d 一般与电场强度 E_0 的平方成比例。一般来说，塑性黏度 η_p 随剪切应变速率的增强而下降，表现出黏性流体的特性。

2. 电流变体流变性能的研究进展

Marshall 等研究了有机玻璃颗粒与加氯烃组成的电流变体的流变性能。他们发现，保持粒子的体积含量不变，黏度系数与 Mason 数呈反比关系，即

$$\frac{\eta}{\eta_\theta} = \frac{M_n^*}{M_n} + 1 \qquad M_n > 0 \qquad\qquad (4-10)$$

式中 M_n^*——为材料常数。

只有剪切变形速率非常大的条件下（即 M_n 较大时），黏性系数才趋于常值。

人们采用静电极化模型，利用计算机模拟了电流变体的稳态剪切性能。Meirose 及 Heyes 发现 Casson 黏塑性模型更能准确地描述他们的数据

$$\tau^{1/2} = \tau_d^{1/2} + (\eta_p \dot{\gamma})^{1/2} \qquad\qquad (4-11)$$

Takimoto 利用二维计算机仿真技术发现粒子束的平均尺寸与 $M_n^{-\frac{1}{2}}$ 成正比。

电流变体越来越广泛地用于制备智能复合材料及结构，其所受到的外载往往是复杂多向载荷，所受到的电场分布也较复杂。为了能够正确预报含电流变体结构的响应，必须首先建立电流变体的三维本构方程。如果能够建立电流变体的宏观本构性能同微结构参数之间的定量关系，将能够指导研制高性能的电流变体。

4.2 电流变液的性能研究

4.2.1 电流变材料

绝大多数电流变液都是由以下三部分组成：可极化的固体颗粒为分散质，绝缘油作为分散剂，以及少量电流变活化剂。

理想的分散剂往往是由低黏度、绝缘性能好的油构成，如矿物油、硅油、变压器油、液状石蜡等。尽管增加母液的黏度可以减少固体颗粒的沉降速度，却无助于提高电流变液的屈

服应力，反而会增加零电场剪切黏度，因而分散剂的黏度应该越小越好。分散质固体颗粒的尺寸是微米量级，从 $0.1 \sim 100 \mu m$ 不等，这类颗粒具有较高的绝缘常数及适当的电导率。早期的固体颗粒包括硅石，淀粉以及纤维素和离子交换剂等。为了减少粒子的沉降速度、加大电流变效应，加入一定量的活化剂对某些电流变液是必需的。

电流变液主要分为两大类："含水"型电流变液（Hydrous ER Fluids）及"无水"型电流变液（Anhydrous ER Fluids）。早期的电流变液一般是"含水"型电流变液，这类电流变液必须吸附一定量的水分才可以显示明显的电流变效应。尽管水分在"含水"电流变液中起着非常大的作用，但正是因为水分的存在限制了这类"含水"型电流变液的进一步发展，甚至导致电流变液研究的停滞不前。因为"含水"型电流变液具有无法克服过多的热耗散、有效温度范围窄、电腐蚀等缺点。"无水"电流变液的发现与使用重新掀起了科技界对电流变技术研究的热潮。与"含水"型电流变液相比，"无水"型电流变液具有以下比较明显的优点：低电流、低热耗散、工作温度范围宽、温度稳定性好、耐腐蚀、无毒性等。常用的"无水"型电流变材料可以分为以下四大类：离子导体类（Ionic Conductors），半导体类（Semiconductors），高聚物（Polyelectrolytes），溶液（Solutions）。除此之外，一种称为"负"电流变液的材料也引起了大家的兴趣，这种材料的表观黏度随着场强的升高而降低。

4.2.2 电流变液屈服应力形成机制

图 4-2 直观地描述了粒子的静电极化原理。Klinbenberg 等运用最简单的点偶极子模型计算出粒子之间的作用力

$$F_{ij} = \frac{3}{16} \pi \varepsilon_0 \varepsilon_f \alpha^2 \beta^2 E_0^2 \left(\frac{\alpha}{R_{ij}}\right)^4 \left[(3\cos^2\theta_{ij} - 1)e_r + (\sin 2\theta_{ij})e_\theta\right] \tag{4-12}$$

式中　α——粒子半径；

　　　E_0——场强；

　　　ε_0——真空介电常数，$\varepsilon_0 = 8.05 \times 10^{-12} \text{F/m}$；

　　　β——每个粒子的相对极化率，$\beta = (\varepsilon_p - \varepsilon_f)/(\varepsilon_p + 2\varepsilon_f)$；

　　ε_p，ε_f——颗粒及母液的介电常数。

参考图 4-2 并结合式（4-12），表明当两偶极子：①同电场方向平行排列时为引力；②同电场垂直排列时为斥力；③同电场成一夹角 θ_{ij} 时，总有一力矩作用使其趋向与电场同向排列。

4.2.3 电流变液的结构演化

早在 20 世纪 40 年代，Winslow 就提出了电流变液在加电后会沿电场方向形成链状结构。近年来人们利用一些光学技术直接观察电流变液静态和动态条件下的结构形成及演化规律。

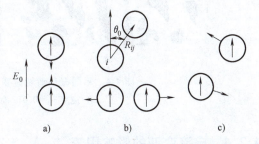

图 4-2　两偶极子相互静电作用示意图

a）引力作用　b）斥力作用　c）旋转与对齐

1. 静态结构

Conrad 等用显微镜观察 $2.7 \mu m$ 玻璃球在硅油中形成的电流变液随着直流电场的变化情况，实验发现当电场低于 0.5kV/mm 时，颗粒无法在两电极间形成完整的链；电场超过

0.5kV/mm 时，可以形成完整的链。链的平均尺寸与电场强度无关，而只与颗粒体积浓度有关。Smith 与 Fuller 研究由两种尺寸 49nm、130nm 的石英球分布在环己烷（Cyclohexane）中形成的电流变液，通过测量双折射条纹，发现两种电流变液的结构演化时间分别是 0.1s 及 0.05s，并且当电场为 1kV/nm 时，结构很快达到稳态几乎不再发生变化。图 4-3 所示为 Wen 等观察玻璃球/硅油电流变液在恒定电场下内部结构的形成及演化规律，发现内部颗粒结构存在以下三个转变状态：①随机空间链结构；②链与亚稳态柱共存；③稳定的柱状结构。

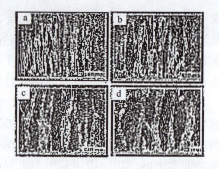

图 4-3　玻璃球/硅油电流变液的
内部结构随时间演化

a）180ms　b）420ms　c）900ms　d）1420ms

$E = 1.2\text{kV/mm}$，体积分数 $\phi = 0.092$

2. 动态结构

在动态变形条件下（如剪切、振荡以及管道流动时），电流变液的结构特征也是人们关心的焦点，因为实际的电流变器件往往工作在类似的情况下。Sprecher 等利用置于旋转圆盘间的光学显微镜观察了电流变液在剪切状态下的结构变化，发现低剪切率时，链状结构的破坏与重组比较均匀而且多发生于链的中部，而在高剪切率时这一过程将复杂化。运用散射光技术，Martin 等发现散射光斑和电场的夹角与应变率的立方根成正比，这一点与有关的理论分析相一致。在振荡剪切时，电流变液的结构特征与振幅大小密切相关。小应变振幅时，固体颗粒聚集成长轴垂直于振动方向的结构（图 4-4a），而大应变振幅时，出现平行与振荡方向的条状结构（图 4-4b）。Tang 等利用同心筒振荡剪切方式也观察到类似的结构变化。

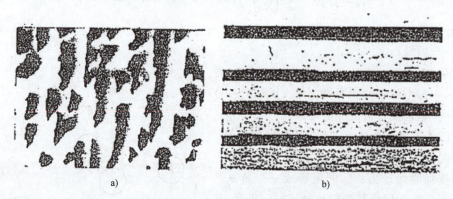

a)　　　　　　　　　　　b)

图 4-4　不同振荡剪切应变条件下电流变液内部结构演化
a）应变 $\gamma_0 = 0.01$，频率 60Hz　b）应变 $\gamma_0 = 1$

4.2.4　电流变液的影响因素

1. 电场的影响

电场的大小、方向及频率对电流变液都有影响。电流变液的屈服应力 τ_y 与电场成指数关系即 $\tau_y = AE^n$，n 值不仅与材料参数有关，而且受电场强弱影响。对于一般的电场强度，$n = 2$；而对于相对较高的电场，n 值往往小于 2；对于相对较低的电场，n 值则大于 2。

一般说来，在几百赫兹的电场频率之内电流变液均有良好的响应，而连续增加频率将导致电流变效应的迅速减弱。

另外，电场的方向也将影响到电流变液的剪切响应。当电场与剪切方向不垂直时，不同方向的剪切流动将导致不同的表观黏度。

2. 体积分数的影响

电流变液的屈服应力还是体积分数 ϕ 的函数，当 ϕ 很小时（$\phi<0.1$），一般不产生明显的电流变现象；屈服应力随体积分数的增加呈指数上升，即 $\tau_y=B\phi^m$，直到饱和。一般认为当 $\phi>0.3$ 时就出现饱和。

3. 温度的影响

温度对电流变液的影响比较复杂。温度的变化将改变固液两相材料的介电常数和导电率，同时还会使"含水"电流变液吸附水的含量发生变化。

交变电场下钛酸锶"无水"电流变液剪切应力与温度的关系曲线如图4-5所示，随着温度的升高，屈服应力首先增加到一个最大值然后下降。

4. 固相颗粒电导率（σ_p）的影响

研究表明：在直流或低频交流电场下，屈服应力首先随着颗粒电导率的升高而升高，达到最大值后下降。Boissy 等认为这种现象来源于粒子成链时间尺度（σ_c）与电荷转移特征时间（σ^*）的竞争。Wu 和 Conrad 通过实验验证了这一现象。值得一提的是"负电流变效应"（Negtive ER Effect）颗粒的电导率小于母液的电导率（$\sigma_p<\sigma_f$）。

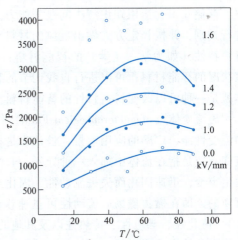

图4-5 交变电场下钛酸锶"无水"电流变液剪切应力与温度的关系曲线

5. 固相颗粒大小和形状的影响

Shih 和 Conrad 分别研究了由三种平均尺寸 $6\mu m$、$27\mu m$ 及 $100\mu m$ 玻璃球分散于硅油中构成的电流变液在低剪切率下的流变特性，发现屈服应力随着粒子尺寸的增大而增大。Asako 等也从实验中发现了类似的结果。

考虑多种颗粒尺寸的混合分布，Ota 和 Miyamoto 通过理论计算发现电流变液的颗粒为单一分布式将产生最大的屈服应力。Wu 和 Conrad 通过实验验证了这一结论。

Kanu 与 Shaw 研究了长细比分别为 2、4 和 10 的椭球形状颗粒形成的电流变液，发现电流变液的屈服应力随着颗粒长细比的增大而增大。

6. 母液油电学特性的影响

目前绝大多数研究都是针对固体颗粒的特性，然而母液油电学特性对电流变液的影响也不能忽视。Conrad 及其合作者通过研究多种母液油发现：①母液的介电常数与电导率有一定的关系；②电导率随着水含量的增大而增大；③温度升高导致屈服应力的升高，部分原因是水含量随着温度升高而引起的热扩散。

4.3 磁流变液

材料、信息和能源并列为人类赖以生存、现代文明赖以发展的三大支柱。人类历史经历了石器时代、青铜时代以及后来的铁器时代等，每一个时代的发展和变迁都伴随着材料科学技术的进步。20世纪初，合成材料尤其是复合材料的出现，使材料科学的发展取得了突破性进展。20世纪80年代以来，人们对所使用的材料提出了越来越高的要求，传统的结构材料和功能材料已不能满足这些技术的要求，材料科学的发展由传统单一的、仅具有承载能力的结构材料或功能材料向多功能化、智能化的结构材料发展。20世纪80年代以来，受到自然界生物具备某些能力的启发，美国和日本的一些科学家首先将智能概念引入材料和结构领域，提出了智能材料和结构的新概念。一般认为，智能是相对人和动物而言的，是一种能获取、存储知识，运用知识解决问题的能力。顾名思义，智能材料是一种对所给的特别激励能进行判别，并按预定方式做出反应的材料。智能材料按材料的智能特性可以分为：可以改变材料特性（如力学、光学）的智能材料；可以改变组分结构的智能材料；可以监测自身健康状况的智能材料；可以进行自我调节的智能材料；可以改变材料功能的智能材料。磁流变体就是一种可以改变材料特性的智能材料。

磁流变体（Magneteroheogical Fluid）作为一种智能材料，因其独特的磁流变效应、良好的流变性能、广阔的应用前景，被认为是材料科学领域最具有发展潜力的新型智能材料。磁流变效应是指在流体中加入一种导磁、非溶性介质，在外部磁场的作用下，流体的流变性质发生突变，迅速固化而失去流动性，固化是一个瞬变过程，在毫秒内即可能完成，同时又是可逆的，即在撤去磁场后流动性可迅速恢复。这种转换使材料的流变性（弹性、塑性、黏性）、磁化性、导电性、传热性以及其他的机构性质和物理学性质皆发生显著的改变。液态和固态的转换是可逆的、可控的，并且这种转换的能量消耗低、温度稳定、安全可靠。磁流变体独特的流变特性使得其在航空、航天、汽车工业、液压传动等领域具有十分广阔的应用前景。

4.3.1　磁流变体的组成

目前，普遍应用的磁流变体主要是两相多组分的悬浮液体。它主要由以下三部分组成：①作为分散相的固体粒子（Particle）；②作为载体的基液（Base Oil）；③为了改善磁流变体性能而加入的添加剂，其中包括促进磁流变效应的表面活性剂和防止粒子凝聚的分散剂以及防止沉淀的稳定剂等。不同的组分使得这种液体具有不同的性能。

1. 固体粒子

磁流变体的固体粒子在磁场作用下的极化，是磁流变体产生磁流变效应的核心，因此，固体粒子材料的性质，对磁流变体的性能优劣起着决定性的作用。根据磁流变效应的机理研究结论，在选择固体粒子的材料时，一般应遵循以下原则：

1）固体粒子应具有高的磁化率和低的磁滞率。固体粒子材料的极化强度和极化率，即极化后产生的感应磁偶极矩与磁化率有密切关系。磁化率越高，则极化强度越高，磁流变效应也越强。

2）固体粒子要有与基液相适应的比重，以防止固体粒子在基液中沉淀过快。

3）适当的固体粒子大小和合理的粒子形状。一般是$0.5 \sim 5 \mu m$球形粒子。

4）稳定的化学性能和物理性能，以保证磁流变体有较长的工作寿命和磁流变效应的稳定性。

5）耐磨、无毒，对其接触材料无腐蚀性。

固体粒子一般使用软磁材料，其特征是：①高磁化率，即材料对磁场的敏感度高；②低矫顽力，即材料既容易受外加磁场磁化，又容易受外加磁场或其他因素退磁，磁滞回线窄，磁化功率和磁滞功耗低；③高饱和磁感应强度，在低功率应用中较易获得高磁化率和低矫顽力；在高功率应用中（高饱和磁感应强度）意味着存储和转换的比磁能高，故对高功率应用尤其重要；④低磁损耗，即材料的矫顽力低以降低磁滞损耗，涡流及其他磁损耗的损耗低；⑤良好的稳定性，即材料对环境因素如温度和振动等的稳定性好。

目前，使用的固体粒子主要有碳基铁粉和铁合金粉。表 4-1 所列为几种不同固体粒子磁流变体在 25℃、体积分数为 25% 时的屈服应力。

表 4-1 几种不同固体粒子磁流变体的屈服应力

样品	固体粒子	屈服应力/kPa	样品	固体粒子	屈服应力/kPa
样品 1	碳基铁粉	32	样品 4	48%铁、50%钴	48
样品 2	92%铁、8%镍	40	样品 5	25%铁、75%钴	38.2
样品 3	38%铁、42%镍	26			

2. 基液

基液的作用是将固体粒子均匀地分散在其中，这种分散作用能保证在零磁场时，磁流变体仍保持有牛顿流体的特性，而在有磁场作用时使粒子在其中形成链状结构，产生抗剪屈服应力，并使磁流变体呈现黏塑性（Bingham）流体的特性。基液不仅起到固体粒子的分散作用，更重要的是磁流变体的磁流变效应是磁场作用于基液和固体粒子所形成的两相悬浮液体的整体行为。常用的基液有：矿物油、各种硅油和机油。

一般来说，对基液的要求如下：

1）基液具有高的沸点和低的凝固点，在整个磁流变体的工程应用温度范围内不挥发、不凝固，一般工作温度范围为 $-50 \sim 150℃$。

2）零场黏度低，以保证磁流变体在零磁场时有良好的流动性，一般希望黏度低于 $50 \sim 150 Pa \cdot s$。

3）密度大，尽可能与分散相固体粒子的密度相匹配，以防止过快的沉淀。

4）良好的化学稳定性，即在高的工作温度范围内长期使用和存放时，不分解、不氧化变质。

3. 添加剂

添加剂是磁流变体的第三个组成部分，它在改善磁流变体的性能方面起着很重要的作用。一般在磁流变体中加入添加剂的目的是：①吸附于粒子表面上的表面活性剂能提高粒子的磁化率，增强粒子的极化能力，促进磁流变效应的加强；②利用添加剂改善基液与固体粒子表面的"润湿"性能，良好的润湿性可提高粒子在基液中分散的均匀性，因为润湿好，粒子之间的黏结少，在零磁场时不会自动凝聚，可提高粒子在基液中的分散性；③起稳定剂作用，以防止粒子的沉淀。因为常用的添加剂是"立体式"的，它能够增加悬浮固体粒子的稳定性，使粒子不沉淀也不絮凝，使磁流变体处于一种凝胶态，即粒子与基液形成一个亚粒子群，在粒子群的空隙中含有大量的基液。

常用的添加剂有：磺酸盐、油酸、偶联剂、烷基胺磷酸酯、溴化烷基甲基胺、烷氧基硫代磷酸盐、聚乙二醇、Tween80、OP-10、SiO_2 及其他非离子型添加剂。

4.3.2 磁流变效应的特征

磁流变效应是指磁流变体在磁场作用下，流体的表观黏度（或流动阻力）发生了巨大的变化，甚至在磁场强度达到某一临界值时，流体停止流动而达到固化，并具有保持流体自身形状或具有一定的抗剪能力，还表现出固体所特有的屈服现象。磁流变效应作为一种特殊的物理现象，一般具有以下特征：

1）在磁场的作用下，磁流变体的表观黏度可随磁场强度的增大而增大（或变稠），甚至在某一磁场强度下达到停止流动或固化，但当磁场消除后磁流变体又可恢复到原始的黏度。磁流变体表观黏度随磁场强度变化而变化的过程是连续的和无级的，磁场作用的响应十分敏感，一般其响应时间为毫秒级。

2）在磁场作用下，磁流变体的属性由液态至固态的转换是可逆的、可控的并且能耗低。

4.3.3 磁流变体的微观结构

如图 4-6a 所示，在没有外加磁场时，流体为牛顿流体。从 Mark. R. Jolly（1996 年）所摄的 SEM 相片中可清楚地看到，没有磁流变体中的粒子在基液中随机分布。在外加磁场作用下，磁性粒子沿磁场方向排成链状结构，如图 4-6b 所示。可见在外加磁场作用下磁流变体中的粒子在沿磁场方向排成链状。

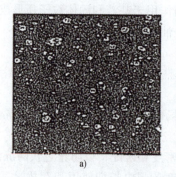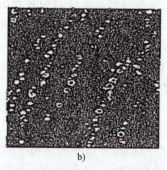

a) b)

图 4-6 磁流变体的分布

从图 4-7 中可看到磁流变体在外加磁场变化时，其外观上的变化。当外加磁强度 $H = 0$ 时，可观察到磁流变体为黑色悬浊液状，流动性很好（图 4-7a）。随着外加磁场强度 H 增加，可观察到磁流变体明显变稠，流动性逐渐变差。当 H 达到一定值时，可观察到磁流变体外观上成固体状，在自由面上可看到针状突起（图 4-7b），在重力作用下根本不能流动。

磁流变体的磁流变效应关键是在磁场作用下磁流变体的极化成链，即固体粒子在磁场作用下出现的磁偶极子现象。固体粒子极化后形成的偶极子，在外加磁场和相邻偶极子的作用下产生运动，如图 4-8 所示，即所有偶极子在磁场作用下，都使自身偶极矩的方向与外磁场的方向一致，导致所有粒子形成的偶极子沿磁场呈定向排列，即使粒子从无序状态向定向的有序状态变化。

粒子极化后在磁场及粒子之间相互作用下的有序化运动，最终形成的结果与单位体积内粒子的数目（即固体粒子的百分率）和磁场强度有密切关系。同时，这种运动很明显也受到粒子在基液中布朗运动（热运动）的干扰和粒子在基液中运动的摩擦阻力影响，在链化过程中必然对磁流变体的力学性能产生影响。

根据固体粒子的体积分数不同，在磁流变体中可能有四种形态的粒子聚集方式，如图4-9所示。

1）通链。这种链是由许多粒子紧密联结而成，跨越于两极板之间，形成一个粒子构成的实体，这种实体就称为通链。

2）支链。这种链的一端从一个极板开始，或黏附于一个极板之上，而另一端则终止于两极板之间的某一位置，这种链不是通链，不能跨越两极板之间。

3）孤立链。它的两端与任何一个极板都不联结，孤立链漂浮在基液中，类似一个有序排列的粒子集团。

4）由通链聚集而成的束链或柱。可以想象，当固体粒子的体积分数达到一定数量时，这种束链的出现是必然的。

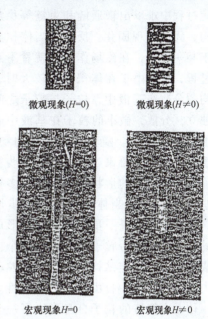

微观现象(H=0)　　微观现象(H≠0)

宏观现象H=0　　　宏观现象H≠0

a)　　　　　　　　　b)

图 4-7　磁流变体形态

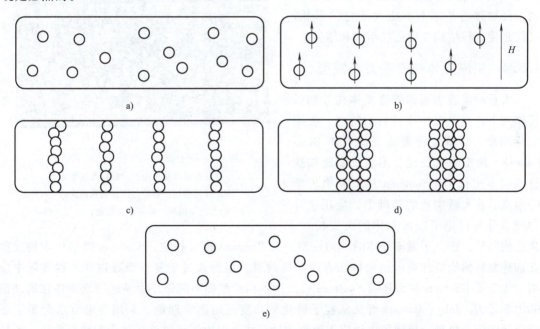

a)

b)

c)

d)

e)

图 4-8　磁流变体链化过程

a）$H = 0$ 时，粒子无序分布　b）外加 H，$t = 0$，产生偶极子　c）$t = 0.1s$，粒子成链
d）增加 H，$t = 1s$，磁链增加　e）去除外磁场，材料复原

大量的实验表明，当磁流变体的体积分数低于某一值时（一般为 $\Phi < 10\%$），很多磁流变体即使在很强的磁场下也得不到明显的磁流变效应，即得不到固化和抗剪屈服应力的明显提高。这主要是由于磁流变体中固体粒子的数目太少，粒子极化后的相互作用微弱，特别是

链化过程中难以出现通链和束链等稳定的结构，无法实现固化。反之，当体积分数高于某一值时，在磁场作用下就看不到链化过程，这是由于在体积分数较大时，粒子均匀分散在基液中，粒子与粒子之间相对独立、分散，微小的粒子在基液中能自由地做布朗运动。随着体积分数的增加，粒子之间产生了凝聚过程，形成一些粒子团，这种粒子团的形状可以是多种多样的（包括链和球）。当体积分数进一步增大时，粒子团可以进一步聚集扩大，形成更大的粒子团，最后粒子团大到使整个体系形成一个具有固定结构的网络，使粒子完全失去了在基液中自由运动的可能性。此时，体系中拥挤的粒子自身形成了一个三维稳定网状结构，处于一种固化状态，在外加磁场作用下将看不到粒子的重新排列，外加磁场基本上不能改变它的形状，仅仅是使这种结构变得更加牢固和结实。

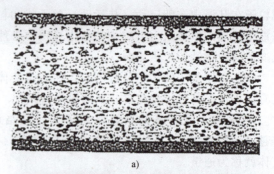

a)

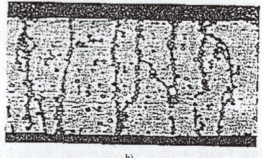

b)

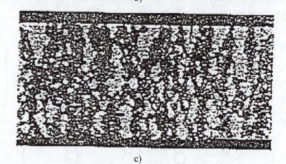

c)

图 4-9　粒子极化后的有序运动和排列

a）没有外遇磁场作用时，颗粒无规律分布

b）外加磁场，颗粒按序排列相接成链

c）增大外加磁场，链的数量增加，直径变粗

4.3.4　磁流变体的宏观力学模型

大量的实验表明，磁流变体在外加磁场作用下，表现出固体材料的特性。根据实验现象，简单地将磁流变体当作 Bingham 体，由于简化处理，不能真实地描述材料的本构行为。Shulman 从微观物理学的角度，在大量实验的基础上，应用统计物理学分析讨论了磁流变体的流变特性，微结构特征，建立了磁流变体的本构模型。与 Bingham 模型相比，Shulman 微结构本构模型在描述材料的流变性质、结构特征方面有所改善，但形式过于复杂而难以在工程实际中应用。无论是 Bingham 模型还是 Shulman 微结构本构模型都不能很好地描述磁流变体在流动前的力学行为。Jolly、Carlson 等又从粒子链化的角度运用磁学理论，采用能量方法分析了磁流变体的流变机理，得到了磁链应力大小的计算式，但由于将磁流变体作为弹塑性体，不能很好地描述材料的本构行为。

本节基于简单的机械模型，通过考虑磁场强度对磁流变体的黏塑性性能影响，在小变形、小变温、塑性不可压缩的假设下，提出磁流变体的一种本构模型，演示了磁流变体的力学行为，能够描述磁流变体的基本试验现象。

1. 本构模型

早在 20 世纪 60 年代，Lwan 就提出了采用由弹性和塑性元件组成的类似 Maxwell 模型的并联来描述材料的塑性行为。本文将其推广为图 4-10 所示的简单机械模型以获得磁流变流体对塑性的宏观响应。

图 4-10 中弹性元件 $E^{(r)}$ 与随机内部微结构相联系（$r=1，2，\cdots，m$），$E^{(r)}$ 对应于塑性变形开始时，由于变形不均匀所引起的弹性变形，塑性阻尼器 $D^{(r)}$（其宏观平均塑性阻尼系数 $c^{(r)}$）用于描述第 r 种塑性耗散机制。γ 为偏应变张量，$Q^{(r)}$ 为第 r 个内变量 $q^{(r)}$ 对应的广义力，它们满足耗散不等式

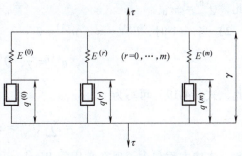

图 4-10　简单机械模型

$$\mathrm{d}q^{(r)} \geq 0 \tag{4-13}$$

假设材料初始各向同性、塑性不可压缩，考虑等温小变形，材料的剪应力响应 τ 为图 4-10 所示模型中各支路的广义摩擦力 $Q^{(r)}$ 之和

$$\tau = \sum_{r=0}^{m} Q^{(r)} \tag{4-14}$$

对应于剪应变 γ，广义摩擦力 $Q^{(r)}$ 和 $E^{(r)}$ 弹性元件满足

$$Q^{(r)} = E^{(r)} \xi(\gamma - q^{(r)}) \tag{4-15}$$

式中　ξ——材料的极化率。

同时，假设广义摩擦力 $Q^{(r)}$ 同其他对应的内变量 $q^{(r)}$ 满足如下简单的线性现象学关系

$$Q^{(r)} = c^{(r)} \frac{\mathrm{d}q^{(r)}}{\mathrm{d}z}$$

$$\mathrm{d}z = a^{(r)}\,\mathrm{d}\xi + b^{(r)}\,\mathrm{d}t, \mathrm{d}\xi^2 = \mathrm{d}\gamma : \mathrm{d}\gamma \tag{4-16}$$

$$\mathrm{d}q^{(\gamma)} = \frac{Q^{(\gamma)}}{c^{(\gamma)}}(a^{(\gamma)}\,\mathrm{d}\xi + b^{(\gamma)}\,\mathrm{d}t) \tag{4-17}$$

式中　$c^{(r)}$——广义阻尼系数；

　　　　z——描述材料耗散过程的广义时间；

$a^{(r)}$，$b^{(r)}$——反映材料特性的常数。

由式（4-15）有

$$\mathrm{d}Q^{(r)} = E^{(r)}\,\mathrm{d}\gamma - Q^{(r)}\,\mathrm{d}x + \frac{1}{E^{(r)}}Q^{(r)}\,\mathrm{d}E^{(r)} \tag{4-18}$$

由于 $E^{(r)}$ 是反映材料特性的参数，仅与极化率有关。极化率是随外加磁场强度动态变化的，同时与粒子大小、体积分数等因素有关。对于任意一种磁流变体，在一定的磁场强度下，$\mathrm{d}E^{(r)}=0$。因此，式（4-18）可简化为

$$\mathrm{d}Q^{(r)} = E^{(r)}\,\mathrm{d}\gamma - Q^{(r)}\,\mathrm{d}x \tag{4-19}$$

式（4-19）为磁流变体微分形式的本构方程。

下面，就式（4-19）进行讨论。

1）当 $r=0$ 时，$E^{(r)}=\infty$，$b^{(0)}=0$

则 $q^{(0)}=\gamma$，$Q^{(0)}=\dfrac{c^{(0)}}{a^{(0)}}\dfrac{\mathrm{d}\gamma}{\mathrm{d}\xi}$

由于 $d\xi = |d\gamma|$，$\dfrac{c^{(0)}}{a^{(0)}} = \text{const}$ 常数

因此，$Q^{(0)} = \pm\tau_0$

2）当 $r = 1$ 时，$E^{(1)} = \infty$，$a^{(1)} = 0$

则
$$q^{(1)} = \gamma, \quad Q^{(1)} = \frac{c^{(1)}}{a^{(1)}}\frac{d\gamma}{dt} = \eta\dot{\gamma}$$

因此，式（4-19）可写为

$$\tau = \sum_{r=0}^{m} Q^{(r)} = \tau_0 + \eta\dot{\gamma} + \sum_{r=2}^{m} Q^{(r)} \tag{4-20}$$

因此，本构方程包含了现在常用的 Bingham 模型。

2. 增量形式的本构方程

由式（4-19）

$$dQ^{(r)} = E^{(r)}d\gamma - Q^{(r)}dx$$

解得 $\quad Q^{(r)} = \displaystyle\int_0^x E^{(r)}e^{-(x-x')}\frac{d\gamma}{dx'}dx'$

$$Q^{(r)} = \int_0^{x_n} E^{(r)}e^{-(x-x')}\frac{d\gamma}{dx'}dx' + \int_{x_n}^{x} E^{(r)}e^{-(x-x')}\frac{d\gamma}{dx'}dx'$$

$$= \int_0^{x_n} E^{(r)}e^{-(x-x_n+x_n-x')}\frac{d\gamma}{dx'}dx' + \int_{x_n}^{x} E^{(r)}e^{-(x-x')}\frac{d\gamma}{dx'}dx'$$

$$= e^{-x_n}\int_0^{x_n} E^{(r)}e^{-(x_n-x')}\frac{d\gamma}{dx'}dx' + E^{(r)}\int_{x_n}^{x} E^{(r)}e^{-(x_n-x')}\frac{d\gamma}{dx'}dx'$$

$$= e^{-\Delta x}Q_n^{(r)} + E^{(r)}\frac{d\gamma}{dx}(1 - e^{-\Delta x})$$

式中
$$Q_n^{(r)} = \int_0^{x_n} E^{(r)}e^{-(x_n-x')}\frac{d\gamma}{dx'}dx'$$

因此，有

$$\Delta Q^{(r)} = Q^{(r)} - Q_n^{(r)}$$

$$= e^{-\Delta x}Q_n^{(r)} - Q_n^{(r)} + E^{(r)}\frac{\Delta\gamma}{\Delta x}(1 - e^{-\Delta x})$$

$$= (e^{-\Delta x} - 1)Q_n^{(r)} + E^{(r)}\frac{\Delta\gamma}{\Delta x}(1 - e^{-\Delta x})$$

$$= k^{(r)}E^{(r)}\Delta\gamma - Q_n^{(r)}\Delta x$$

式中

$$k^{(r)} = \frac{1 - e^{-\Delta x}}{\Delta x}$$

$$\Delta x = \alpha^{(r)}\Delta\xi + \beta^{(r)}\Delta t$$

$$\Delta Q^{(r)} = k^{(r)}E^{(r)}\Delta\gamma - k^{(r)}Q_n^{(r)}(\alpha^{(r)}\Delta\xi + \beta^{(r)}\Delta t) \tag{4-21}$$

$$\Delta t = \sum_{r=0}^{m} \Delta Q^{(r)} = A\Delta\gamma - B\Delta\xi + C\Delta t$$

式中

$$A = \sum_{r=0}^{m} k^{(r)} E^{(r)}$$

$$B = \sum_{r=0}^{m} k^{(r)} \alpha^{(r)} Q_n^{(r)}$$

$$C = \sum_{r=0}^{m} k^{(r)} \beta^{(r)} Q_n^{(r)}$$

经研究表明，随着应变的增加，应力也相应增大，当应变达到某一值时，应力不再随应变的增大而变化；在一定的磁场强度下，随着应变率的增加，应力没有明显的增大；随着磁场强度的增大，宏观应力也相应增大，当磁流变体达到磁饱和，磁场强度的增加应力不再有变化，增大外加磁场强度能够提高材料的力学强度；随着体积分数的增加，宏观应力也相应增大；粒子直径的增加，相同磁场强度和剪应变率所对应的切应力也相应增大，亦即磁流变效应相应增强。

4.3.5　磁流变体的微观力学模型

磁流变体的剪切屈服应力代表着其固化强度的大小，在实际工程应用中具有重要的作用，是评价这种材料性能的主要指标之一。因此，如何建立模型来计算磁流变体的剪切屈服应力也自然成为理论研究者关心的焦点。

本节从磁流变体在磁场作用下，固体粒子极化形成磁链的微观结构出发，探讨磁流变体中固体粒子的相互作用机理。基于磁性物理学的理论，建立一种微观力学模型，可以预言磁流变体在外加磁场作用下屈服应力的大小，并揭示磁流变效应的微结构机理。

1. Maxwell 基本方程组

真空中的电磁现象可由以下两个场量来描述：一个是电场，另一个是磁场。电场由电场强度 E 来表征，电位移矢量由 D 来表征，当磁场由永久磁铁产生时，由磁场强度 H 来表征，当磁场由电流产生时，由磁感应强度 B 来表征。在真空中

$$B = \mu_0 H, D = \varepsilon_0 E \tag{4-22}$$

式中　μ_0，ε_0——两个恒量，它们的关系为 $\mu_0 \varepsilon_0 = c^{-2}$，$c$ 是真空中的光速。

对受电磁场作用的静止物体，Maxwell 的基本方程为

$$\begin{cases} \nabla \cdot B = 0 \\ \nabla \cdot B + \partial B / \partial t = 0 \\ \nabla \cdot D = I \\ \nabla \times H = \partial D / \partial t + J \end{cases} \tag{4-23a}$$

式中　I——自由电荷密度；

J——自由电流密度。

对线性各向同性材料，D，J，H 与 E，B 的关系由下列方程组给出

$$D = \varepsilon E, B = \mu H, J = \gamma E \tag{4-24}$$

式中　ε——介电常量；

μ——磁导率，在真空中 $\varepsilon = \varepsilon_0$，$\mu = \mu_0$；

γ——电导率。

对于非线性刚性材料，电磁场满足下列方程

$$D = D(E), \quad B = B(H), \quad J = J(E) \tag{4-25}$$

其中，D，J，B 是一般的矢量函数。

Maxwell 方程组中的各量不是完全独立的。从式（4-23）不难导出电荷守恒方程

$$\nabla \cdot J + \partial I / \partial t = 0 \tag{4-23b}$$

通常式（4-23）可取为对未知变量 E，B 和 I 量的一组独立方程。

通常把电场强度 E 和磁感应强度 B 看作真空中电磁场的基本变量，引入变量极化强度 P（单位体积的电矩）和磁化强度 M（单位体积的磁矩），且满足如下方程

$$B = \mu_0 (H + M), \quad D = \varepsilon_0 E + P \tag{4-26}$$

因此，由 E，B，P 及 M 表达的 Maxwell 方程为

$$\nabla \cdot B = 0$$

$$\nabla \cdot E + \partial B / \partial t = 0$$

$$\varepsilon_0 \nabla \cdot E = I - \nabla \cdot P \tag{4-27}$$

$$\mu_0^{-1} \nabla \cdot B - \varepsilon_0 \partial E / \partial t = \partial P / \partial t + J$$

式（4-27）右端的项可看成电和磁的源。$\nabla \cdot P$ 是极化电荷，$\partial P / \partial t$ 是极化电流，$\nabla \cdot M$ 是磁化电流。本构方程可写为

$$P = \hat{P}(E), \quad M = \hat{M}(B), \quad J = \hat{J}(E) \tag{4-28}$$

尽管在物体内变量 E，B，D，H，P 及 M 没有一个能被测量，式（4-23）或式（4-27）形式的 Maxwell 方程仍可用作为稳定介质或静止刚体中的电与磁的真实规律。

2. 磁流变体的基本方程

磁流变体在外加磁场作用下，假设固体粒子是均匀的、非线性的磁化颗粒，对于静磁场，Maxwell 的基本方程组为

$$\nabla \cdot B = 0 \tag{4-29}$$

$$\nabla \cdot H = 0 \tag{4-30}$$

式中　B——磁感应强度；

　　　H——磁场强度。

B，H 两者满足

$$B = \mu^0 (H + M) = \mu^0 \mu_r H$$

式中　μ^0——真空磁导率，$\mu^0 = 4\pi \times 10^{-7} \mathrm{H/m}$；

　　　M——磁化强度；

　　　μ_r——相对磁导率，在非线性磁化中，相对磁导率 μ_r 依赖于磁场强度，即 $\mu_r = \mu_r(H)$。

根据 Frohlich-Knennelly 方程

$$\mu_r(H) = 1 + \frac{(\mu_0 - 1) M_s / H}{(\mu^0 - 1) + M_s / H} \tag{4-31}$$

式中　μ_0——零磁场时的相对磁导率；

　　　M_s——饱和磁化强度。

磁流变体置于磁场中，固体粒子磁化后，其局部磁场强度一般不等于外加磁场强度，两者的关系可表示为

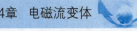

$$H_0 = A(H)H \tag{4-32}$$

式中 H_0——局部磁场强度；

$\quad$ A——修正系数，是外加磁场强度的函数，根据 Shkel 有

$$A(H) = \frac{3}{\mu_r(AH) + 2} \tag{4-33}$$

$$\mu_r(AH) = 1 + \frac{(\mu_0 - 1)M_s/(AH)}{(\mu^0 - 1) + M_s/(AH)} \tag{4-34}$$

将式（4-34）代入式（4-33），解得

$$A(H) = \frac{3(\mu_0 - 1)A(H) + 3M_s/H}{3(\mu_0 - 1)A(H) + 3M_s/H + (\mu_0 - 1)M_s/H} \tag{4-35}$$

3. 固体粒子的磁化率和磁化强度

磁化率是表示物质磁化能力的物理量，固体粒子的磁化率用 χ 表示

$$\chi = \mu_r - 1$$

真空时，$\mu_r = 1$，$\chi = 0$；对顺磁材料，$\mu_r > 1$，$\chi > 0$。

固体粒子在外加磁场作用下，其磁化率为

$$\chi = [\mu_r(H_0) - 1] = [\mu_r(AH) - 1] \tag{4-36}$$

将式（4-34）代入式（4-36）中，解得

$$\chi = \frac{(\mu_0 - 1)M_s/[A(H)H]}{(\mu_0 - 1) + M_s/[A(H)H]} \tag{4-37}$$

固体粒子在外加磁场作用下，其磁化强度 M 为

$$M = \chi H_0 \tag{4-38}$$

置于磁场中的固体粒子，极化后形成的偶极子，其偶极矩为

$$j = \frac{4}{3}\pi r^3 \chi H_0 \tag{4-39}$$

因此，固体粒子极化后，其磁极大小为

$$m = \frac{j}{R} = \frac{\frac{4}{3}\pi r^3 \chi H_0}{2r} = \frac{2}{3}\pi r^2 \chi H_0 \tag{4-40}$$

4. 力学模型

大量的实验表明，零磁场时磁流变体中的固体粒子随机分布。在外加磁场作用下，粒子由于磁化受力而沿磁场方向排列成链状。正是由于粒子间相互作用力的磁力使得极化后的粒子处于某种稳定结构，从而使得磁流变体具有抗剪屈服应力。

粒子在磁场作用下极化后有序排列，并形成稳定的磁链结构，所形成的链是附着于极板间的通链。流体中所有的粒子均在稳定的链中占据一个固定位置，所形成的每条链由单列粒子依次沿磁场方向排列，链与磁场方向平行，链的长度等于两极间的距离。所有链在几何上是相同的，故对任一条链的分析结果能够代表所有其他链。链中任意两个粒子间的作用力都是相同的，并且代表着链的抗拉强度。

在静磁学中，Michell 和 Coulomb 建立了在 x 处的磁极 p 和在 x' 处在磁极 p' 之间的力的平方倒数定律。作用在 p 上的力为

$$f(x) = pH(x)$$

$$H(x) = \frac{p'}{4\pi\mu_0} \cdot \frac{x-x'}{|x-x'|} \tag{4-41}$$

固体粒子为大小均匀的球形颗粒，在外加磁场作用下，每个粒子发生了相同的磁化，将固体粒子作为一个磁极 m，因此粒子间的静磁作用力为

$$f_p = K \frac{m^2}{R^2} \tag{4-42}$$

其中，$K = \dfrac{1}{4\pi\mu^0}$，R 为两相邻粒子间的中心距离。在稳定的结构式链中，设 $R = 2r+\delta$

将式（4-40）代入式（4-42），得到两粒子间作用力为

$$f_p = \frac{1}{4\pi\mu^0} \cdot \frac{\left(\frac{2}{3}\pi r^2 \mu^0 \chi H_0\right)^2}{(2r+\delta)^2}$$

$$= \frac{1}{\mu^0} \cdot \frac{\pi r^2 \mu^{0^2} \chi^2 H_0^2}{9(2r+\delta)^2} \tag{4-43}$$

$$= \frac{\pi}{9(2r+\delta)^2} r^4 \mu^0 \chi^2 H_0^2$$

若单位面积内极化后形成稳定的链条结构，其链条数为 N

$$N = \frac{\dfrac{\varphi V}{4\pi r^3/3} \Big/ \dfrac{L}{2r+\delta}}{S} = \frac{3\varphi(2r+\delta)}{4\pi r^3} \tag{4-44}$$

式中　V——两极板间磁流变体的体积；

　　　S——两极板的面积；

　　　L——链长或极板间的距离；

　　　r——固体粒子的半径；

　　　δ——粒子之间的间距；

　　　φ——固体粒子在磁流变体中的体积分数。

在剪切过程中，链被拉长，如图 4-11 所示，此时，颗粒之间的距离 $R = \dfrac{2r+\delta}{\cos\gamma}$。

因此，单链的屈服应力 τ_0 为

$$\tau_0 = f\sin\gamma$$

$$= \frac{\pi}{9(2r+\delta)^2} r^4 \mu^0 \chi^2 H_0^2 \cos^4\gamma\sin\gamma \tag{4-45}$$

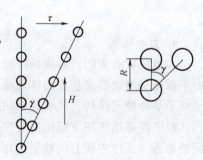

图 4-11　磁链变形示意图

磁流变体总的应力为

$$\tau_0 = Nf\sin\gamma$$

$$= \frac{3\dot\varphi(2r+\delta)}{4\pi r^3} \cdot \frac{\pi}{9(2r+\delta)^2} r^4 \mu^0 \chi^2 \varphi H_0^2 \cos^4\gamma\sin\gamma$$

$$\tau_0 = \frac{1}{12(2r+\delta)}\mu^0 r \chi^2 \varphi H_0^2 \cos^2\gamma\sin\gamma \tag{4-46}$$

根据上述公式可以计算，在磁场作用下固体粒子极化成稳定结构时的抗剪屈服应力。

该模型是基于分析磁流变体在磁场作用下极化后形成磁链结构，根据磁性物理学的理论得到了磁单链的作用力，从磁单链作用力总和作为在剪切方向上的分量，得到了磁流变体的抗剪屈服应力。与 Lemaire、Rosenweig 和 Tang 的二维层状模型相比，该模型微结构物理特征更为清晰，物理概念明确，进一步表达了磁流变效应的力学机理。

4.4　电、磁流变液的力学特性

电流变液和磁流变液具有相似的力学性质，因而把它们放在一起讨论。电、磁流变液的力学性质与其应用密切相关。在不同的加载方式下，电、磁流变液的流变特性，如表观黏度、弹性、塑性会发生相应的变化，因而研究电、磁流变液的全面流变特性对其实际应用有很大的指导意义。

4.4.1　后屈服阶段的力学特性

稳态剪切（应变率恒定）条件下，电、磁流变液应力、应变关系如图 4-12a 所示。当剪应变超过某一临界值（屈服应变 γ_y）后，此时剪切应力不再依赖于剪应变而只是剪应变率 $\dot{\gamma}$ 和场强的函数（图 4-12b）。根据剪应变或剪应力是否超过屈服应变或屈服应力，人们把电、磁流变液的全面流变特性分为：预屈服阶段和后屈服阶段两部分。目前，有关电、磁流变液稳态剪切条件下的力学特性研究较成熟。稳态剪切下，电、磁流变液的本构关系常用宾汉模型来描述

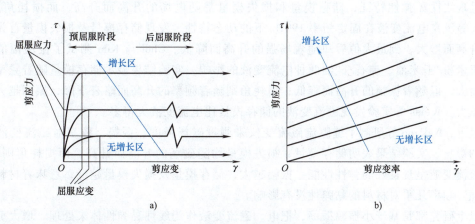

图 4-12　稳态剪切条件下电流变液
a）剪应力与剪应变　b）剪应力与剪应变率关系

$$\tau = \tau_y \mathrm{sgn}(\dot{\gamma}) + \eta\dot{\gamma} \qquad |\tau| \geqslant \tau_y$$

$$\dot{\gamma} = 0 \qquad |\tau| < \tau_y \tag{4-47}$$

式中　τ——剪切应力；

η——零场黏度；

τ_y——电（磁）流变液的屈服应力；

$\dot{\gamma}$——剪应变率。

另外，电、磁流变液在静态条件下往往表现为触变性（Thixotropic）和蠕变（Creep）性。剪切致稀（Shear Thinning）性质无论在实验上还是理论上都可发现。电、磁流变液的表现黏度 $\eta \propto \gamma^{-\delta}$，实验测得 $0.68 < \delta < 0.93$，而理论上则计算得到 $\delta = 2/3$。因为宾汉模型无法反映电、磁流变材料的剪切致稀现象，Wang 等运用 Herschel-Bulkley 模型很好地解释了这一现象。再者"壁面效应"也是电、磁流变液应该注意到的现象之一。"壁面效应"就是剪切从电、磁流变液体本身传输到壁面的传输功率。实验表明，在离合器传输力矩的电极表面附加一层纤维材料可以提高一倍以上的传输功率。

4.4.2 预屈服阶段的力学性质

尽管宾汉模型可以有效地模拟电、磁流变液在稳态剪切下后屈服阶段的力学特性，但是未涉及预屈服阶段材料的流变特性。而实际的电、磁流变器件往往工作在材料的预屈服区域，因而研究电、磁流变液预屈服阶段的力学特性对电、磁流变液的实际应用具有很大的指导意义。

电、磁流变液在小振幅振荡剪切中表现为黏弹性特征，其储存模量 G'、损失模量 G'' 与损耗角 δ 均为电场强度、应变幅值、体积分数和振荡频率的复杂函数。G' 反映材料的储能性质，与材料的刚性密切相关，G'' 反映材料的阻尼性质，δ 反映应力超前应变的程度。

目前还没有专门的测量设备来研究电、磁流变液的动态特性，但人们常常通过改装剪切式流变仪研究电、磁流变液在振荡剪切下的力学特性。Gamota 和 Filisco 研究了硅酸铝/液状石蜡电流变液在高频振荡下（$300 \sim 400\text{Hz}$）的动态特性，发现材料在 $0.0 \sim 3.0\text{kV/mm}$ 的电场下呈现线性黏弹性特征，储存模量和损失模量都随电场的升高而升高，而损耗角下降。Brooks 等研究电流变液在固定频率 190Hz 下的动态特性，发现储存模量及损失模量首先随场强的升高而增大，到最大值后却随着场强的升高而降低。Choi 与 Kim 测试了振荡幅值和频率对玉米粉/玉米油、沸石/硅油两种电流变液的影响，实验结果显示储存模量随着频率的升高而增大，但随着振幅的升高而降低；损耗角则随着频率的升高而略有下降，振幅越大，损耗角越大。Weiss 等实验发现磁流变液的储存模量比电流变液大得多。

最近，Nakano 等研制了缝隙流磁流变仪来测量磁场强度、振幅、频率对磁流变液动态特性的影响。实验结果表明储存模量、损失模量均随磁场的升高而升高，而损耗角则下降，此时磁流变液呈现良好的弹性性能；振幅越大，储存模量及损失模量越低，意味着材料的黏性越强。频率几乎对材料的黏弹性没有影响。

以上研究都是基于小振幅振荡，把电、磁流变液作为线性黏弹性体来处理。增大剪应变幅值，电流变液的力学特性会由线性黏弹性转变为非线性黏弹性及黏弹塑性，高阶谐波也同时出现，这也就意味着电流变液已经从预屈服阶段进入了后屈服阶段。Gamota 及 Filisco 利用傅里叶变换计算出了材料的第一阶黏弹性模量（G_1'、G_1''）随电场的变化关系。

除了直接测量电、磁流变液的黏弹特性，另外一个途径是把电流变液作为控制结构的一个元件，通过研究结构的力学特性来间接得到电流变液的动态力学特征。比较典型的是通过研究夹层梁的振动特性来研究电流变液的动态特性。Choi 等研究了电流变液夹层梁自由振动及受迫振动的力学响应。实验结果表明，随着场强增加，电流变液器件的储存模量及损失模量都显著增加。其他一些人的研究也得到了相似的结果。

4.5　电流变液及磁流变液的应用

4.5.1　电、磁流变器件的基本设计模式

电、磁流变器件总体上采取三种基本的设计模式：①管道流模式；②剪切模式；③挤压流模式（图4-13）。

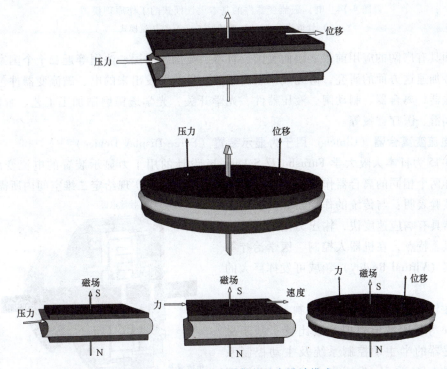

图 4-13　电、磁流变器件的基本设计模式

管道流模式是将电、磁流变液置于两固定的平行极板间，靠阀两端的压力差来驱动电、磁流变液。液压控制、伺服阀、阻尼器及减振器往往采用这种模式。

剪切模式是将电、磁流变液置于可以相对移动的两极板间。剪切式电、磁流变装置包括离合器、制动器、阻尼器、锁紧装置等。

挤压流模式只能用于微小运动、大阻尼力场合。

三种基本设计模式的工作原理模拟图如图4-14所示。

4.5.2　电、磁流变液的应用

作为智能材料家族的一个重要分支，电、磁流变液以其快速可逆响应、良好的机电耦合等特性越来越受到科技界及工业界的重视，应用范围也越来越广泛，有些已经商品化。简言之，电、磁流变液在能源传输、航空航天技术、结构主动控制、机器人控制系统、生物医学

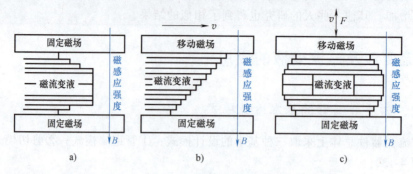

图 4-14　电、磁流变器件的基本设计模式的工作原理模拟

a）管道流模式　b）剪切模式　c）挤压流模式

工程方面具有广阔的应用前景，因而美国、日本、英国、德国、法国等近二十个国家投入巨大的资金加速这方面的研究，研究成果层出不穷。目前开发出来的电、磁流变器件包括阻尼器、吸振器、离合器、制动闸、液压器件、光学开关、光学透镜磨制加工工艺、智能支座、密封、润滑、医疗器械等。

1. 电流变离合器（Clutch）用于力显示装置（Force Display Device）

图 4-15 为日本大阪大学 Furusho 及 Sakaguchi 设计的用于力显示装置的电流变离合器。利用这样两个相同的离合器作为作动器来调节输出力矩从而实现给定二维空间内所需要的作用力。实验表明：与传统的作动器相比，电流变作动器具有响应速度快，输出力矩与惯性比率高等显著特点，在机器人控制、医学治疗等虚拟现实（Virtual Reality）领域可发挥巨大的作用。

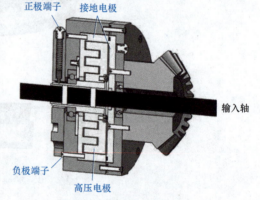

图 4-15　电流变离合器

2. 磁流变阻尼器用于地震控制

Dyke 等利用数值模拟方法比较了基于磁流变阻尼器的半主动控制系统及主动控制系统，如图 4-16 所示，发现半主动控制系统不仅可以完全达到主动控制系统所达到的目的，而且所消耗的能量只是主动控制系统的几分之一。不同磁场下阻尼器的力与速度的关系曲线如图 4-17 所示。

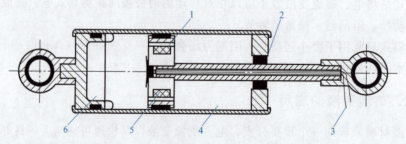

图 4-16　用于地震控制的线性磁流变阻尼器

1—节流孔　2—密封与导向件　3—线圈引线　4—磁流变液体　5—线圈　6—氮气蓄压器

4.5.3 电流变液和磁流变液主要性能比较

1. 屈服应力

电流变液的屈服应力一般在 5kPa 以下，电流变液的电压也不能给太高，因为高电压可能会击穿电流变液使其完全失效。相比较而言，磁流变液的屈服应力是电流变液的 20 ~ 50 倍，其在 240kA/m（300Oersted）时可以达到 100kPa。另外，磁流变液的屈服应力受磁饱和的影响，其极限值在磁流变液内部离子完全达到饱和后可以得到。

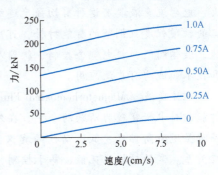

图 4-17　不同磁场下阻尼器的力
与速度的关系曲线

2. 温度工作范围

对于含水电流变液而言，由于水的熔点和沸点的影响，其温度工作范围一般为 +10 ~ 90℃。尽管无水电流变液可以扩大温度工作范围，但其真正实用的电流变液的工作范围较窄，因为现有电流变液的屈服应力和电流密度对温度比较敏感，温度的变化可能引起电流变液的全面恶化乃至失效。磁流变液不仅可工作温度范围大，而且温度稳定性好。美国 Lord公司生产的 MRF-132LD 磁流变液在 -40 ~ 150℃ 之间其屈服应力变化不超过 10%。

3. 稳定性

磁流变液对生产和应用中经常遇到的污染和杂质不敏感，因为磁流变液的磁化机制不受表面活性剂和添加剂的影响，电流变液则无法忍受杂质的影响，其性质可能因为掺杂而完全变性。

4. 响应时间

磁场的建立是通过电磁线圈而产生的，尽管磁流变液本身的力学响应时间可在毫秒以内，但其上升时间受磁场上升时间所限制。磁流变液的典型响应时间是 10 ~ 100ms。相比之间，电流变液的响应时间一般是 1ms 左右。

5. 场源

电流变液需要高电压电源（量程一般 5kV 以上），但对电极的形状没有特殊要求。与此相比，磁流变液只需要 12 ~ 24V 直流电源即可，但要产生相当强的磁场必须要设计一个或多个驱动线圈以及适当的磁路，因而可能给设备增加很大的质量及较大的空间。

6. 所需体积及功耗

Carlson 提出了一个控制参数 η_p/τ_y^2 作为衡量电、磁流变液的一个量。其中 η_p 为零电场黏度、τ_y 为屈服应力。这个值越小，说明要达到同样的控制效果需要的流体体积越小。磁流变液的参考值比电流变液小 2 ~ 3 个数量级，意味着要取得同样的控制比率所需的电流变液体积比磁流变液体积大 100 ~ 1000 倍，而两者达到同样的控制效果所需的功耗基本一样。

拓展阅读

刚柔并济，变化自如——磁流变智能结构

电磁流变液是由纳米至微米尺度的颗粒与液体混合而成的复杂流体，在电场或磁场作用下切变强度可发生几个数量级的变化，从类似液体变为类似固体，其切变强度随场强增

大。电磁流变液具有这种剪切强度连续可调、快速响应和可逆转变的奇特性质，是独一无二的软硬程度可调节的智能材料，可用于离合器、阻尼系统、减震器、制动系统、无级变速、液体阀门、机电耦合控制、机器人等，可实现机电一体化智能控制，在几乎所有工业和技术领域均有广泛应用。

磁流变液（Magnetorheological Fluid，简称 MR 流体）属于流动性可控的新型流体，是智能材料中研究较为活跃的一支。在外部无磁场时呈现低黏度的牛顿流体特性。在外加磁场时呈现为高黏度、低流动性的宾汉流体（Bingham）。液体的黏度大小与磁通量存在对应关系。这种转换能耗低、易于控制、响应迅速（毫秒级）。

现今对磁流变效应现象的解释多采用磁畴理论，即把磁性颗粒当成磁性单元体，邻近单元体间通过强交换耦合作用致使粒子磁矩成列，逐渐产生磁化饱和区域，即磁畴。基于磁流变材料自身独特的性质以及大量相关的基础研究的进行，磁流变技术被越来越多地被应用于解决实际工程问题，其应用相对广泛、成熟的主要集中在离合器、阻尼器、军事等领域。

1. 磁流变液离合器

磁流变液离合器主要由主动件、被动件、线圈和磁流变液 4 部分组成，如图 4-18 所示。磁流变液作为工作介质，充满主动件和被动件之间的空腔。

当线圈中无电流通入时，主动件和被动件之间只靠液体的黏性剪切力传递扭矩，这个值一般很小，不足以带动被动件转动，此时离合器处于分离状态；当线圈中通入电流时，使磁流变液发生"固化"反应，剪切屈服应力增加，主动件和被动件之间传递的扭矩增大，当增大到一定值时，主动件通过磁流变液带动被动件转动起来，直至最终两者同步转动，实现离合器的接合；当切断电流后，作用于磁流变液的磁场消失，磁流变液迅速恢复原状，离合器又回到分离状态。

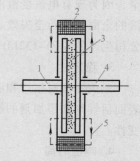

图 4-18　磁流变液离合器
1—主动件　2—线圈
3—磁流变液　4—被动件
5—磁力线

2. 磁流变液减震器

磁流变阻尼器是一种利用磁流变效应工作的新型智能减振器件，已广泛应用于汽车、桥梁、建筑等领域。图 4-19 所示为基于剪切模式和流动模式的汽车单筒充气型磁流变减振器的结构示意图。

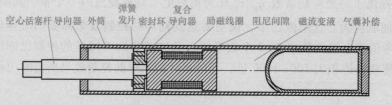

空心活塞杆 导向器 外筒　弹簧发片 密封环 复合导向器 励磁线圈 阻尼间隙 磁流变液 气囊补偿

图 4-19　磁流变减振器结构

减振器主要包括油缸、空心活塞杆，密封总成、复合导向器、活塞总成，气囊等元件。活塞总成将工作油缸分为两个腔，油缸内部充满磁流变液。电磁线圈绕在活塞的工字形铁芯上，线圈引线从空心活塞杆引出。活塞上设置的两级环形阻尼通道串联，线圈产生的磁场垂直于环形阻尼通道，通过输入不同的电流改变磁场的大小，从而改变磁流变液的流动特性，实现阻尼力可控。双线圈磁流变阻尼器如图4-20所示。

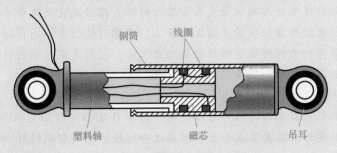

图4-20 双线圈磁流变阻尼器

3. 磁流变液力矩伺服系统

分层式磁流变装置如图4-21所示，其传动部分主要有：主动轴5、主动转子3、从动转子4和从动轴12。主动轴通过螺栓与左右两片外转子固定连接，从动轴通过楔形键与左右两片内转子固定连接，磁流变液均匀分布在两片内转子与外转子之间的工作间隙中。当加载励磁电流时，产生磁流变效应，主从转子黏合，转矩通过主从转子剪切磁流变液进行扭矩传递；当撤去励磁电流时，磁流变液迅速恢复牛顿流体状态，主从转子断开，转矩传递过程结束。转矩传递的过程中可以通过改变激励电流的大小改变励磁线圈的磁感应强度，达到改变磁流变液剪切屈服应力的效果，最后改变输出转矩。

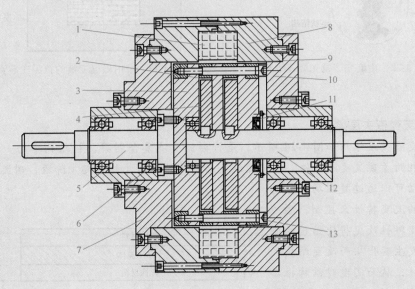

图4-21 分层式磁流变装置

1—励磁线圈 2—磁流变液 3—主动转子 4—从动转子 5—主动轴 6—轴承 7—左端盖
8—磁轭 9—隔磁环 10—右端盖 11—油封 12—从动轴 13—螺栓

4. 磁流变抛光技术

在磁流变抛光中，通过磁流变液体流动产生的流体动力来实现材料的去除。与传统抛光相比，抛光力是通过可以精确控制的表面剪切应力提供的。由于这种转化，磁流变液的黏度和刚度等流体特性随外加磁场强度的增强而增强。用磁流变液体作为抛光介质，需要加入合适的磨粒，使这些磨粒附着在磁性粒子上。在磨削过程中，高剪切强度的薄层接近工件表面，这种强剪切力能够使非磁性磨粒抛光工件，起到了微观切削的作用。

磁流变液抛光微观结构如图4-22所示。

5. 磁流变液软模成形工艺

如果软模材料性能在成形过程中可以适应于成形件变形过程应力状态的变化而变化，会有利于成形件的变形，提高其成形性。根据这一问题，采用智能材料——磁流变液作为成形软模，通过施加外加磁场条件改变磁流变液的性能，调节磁流变液的传力特性，控制成形过程的加载曲线，提高板材的成形性和零件的成形质量。采用磁流变液的拉深成形实验原理如图4-23所示。

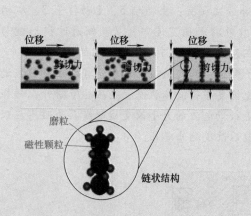

图 4-22　磁流变液抛光微观结构

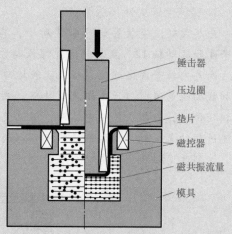

图 4-23　采用磁流变液的拉深成形实验原理

6. 磁流变液夹层梁

磁流变液夹层结构如图4-24所示，是将磁流变液复合到梁、板结构中的一种智能材料结构。相对于磁流变液器件，磁流变液夹层结构的研究才处于起步阶段，磁流变液夹层结构的振动可以通过随磁场改变的磁流变液的流变特性来控制，磁流变液的流变特性改变将使结构的刚度、阻尼发生变化从而改变结构的动力学特性，从而实现对结构振动特性的控制，这对于控制飞行器、汽车以及机械结构的工作性能有着重要的应用价值。

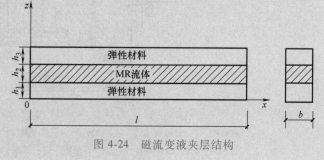

图 4-24　磁流变液夹层结构

7. 磁流变液双质量飞轮

双质量飞轮作为传动系扭振控制的一个有效手段，经过 LUK 公司推广后，已得到了全世界范围内的汽车公司广泛应用，并有逐步取代离合器扭振减振器的趋势。磁流变液双质量飞轮的设计，主要分为弹性部分的设计和阻尼部分的设计。其中，弹性部分选择双质量飞轮使用最多的长弧形弹簧式结构，而阻尼部分则采用励磁线圈电流控制磁场强度，进而控制磁流变液流变特性的思路进行。因其产生的阻尼可根据不同工况的需求进行调节，从而抑制了双质量飞轮对传动系扭振的控制效果。双质量飞轮结构如图 4-25 所示。

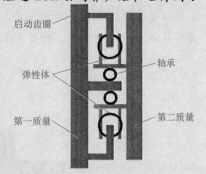

图 4-25 双质量飞轮结构

8. 磁流变液润滑浮环轴承

如图 4-26 所示，磁流变液通过齿轮泵从油箱中抽出，经油管通过轴承进油孔（4）进入轴承，并通过周向油槽经轴瓦周向上四个进油孔（9）进入轴瓦与浮环外表面间的轴承外间隙，形成外油膜。磁流变液充斥外间隙后，由于泵压的作用，其会再经浮环上四个进油孔（8）进入浮环内表面与轴颈表面形成的轴承内间隙，形成内油膜。至此，浮环轴承完成了在内外油膜上的润滑。在整个过程中，磁流变液通过内外油膜两端产生端泄，经由端盖上的回油孔流回油箱。由于轴承存在内外两间隙，当轴旋转后，轴颈表面与浮环内表面形成内油膜，同时内油膜传递的摩擦转矩带动浮环转动，而后浮环外表面与轴瓦表面形成外油膜。若此时通过励磁系统给浮环轴承提供外磁场，则可控制轴承，特别时轴承外油膜的刚度阻尼，实现可控轴承的目的。

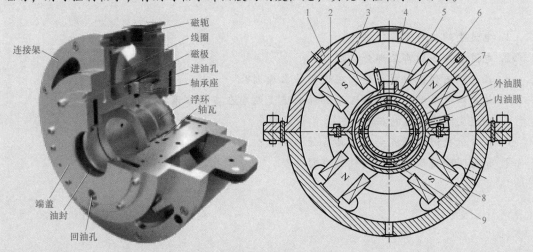

图 4-26 可控浮环轴承实物结构

1—磁轭 2—磁极 3—线圈 4—轴承进油孔 5—轴承座 6—浮环 7—轴瓦
8—浮环进油孔 9—轴瓦进油孔

9. 磁流变液柔顺关节

基于磁流变液的上述可控黏度特性，将磁流变液填充于主、从动部件之间，主、从动部件之间并不直接连接，仅利用磁流变液的黏性在主、从动部件之间传递力矩，由电动机输出作动力矩，通过填充有磁流变液的传动部件传输力矩驱动负载，通过电磁线圈提供外磁场来调节磁流变液的黏性，进而改变其传输力矩的能力，由于磁流变液黏塑性体的黏性是可以通过励磁电流主动调控的，因此这一传动过程表现出传动刚度主动可调，进而使该关节具备主动柔顺特性，如图 4-27 所示。

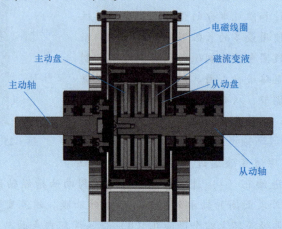

图 4-27　采用磁流变液的机器人柔顺关节传动结构

（素材来源：百度百科）

习　题

1. 电流变效应有哪些特征？
2. 电流变液体由哪三部分组成？
3. 在选择固体微粒材料时，应遵循什么原则？
4. 试用双电层畸变及交叠理论解释电流变效应在多相体系中发生的原因。
5. 磁流变液有什么特征？
6. 试分析良好的磁流变液应具备什么性能？
7. 试说明磁流变体的应用领域有哪些？

第5章

智能纤维材料

学习目标

1. 了解纤维材料的发展过程。

2. 掌握智能纤维材料的常见种类和特点，结构的工作原理；了解智能材料的主要发展趋势。

3. 了解基于光纤传感技术的土木工程结构健康监测。

纤维制造技术有着悠久的历史和传统，从单体到缝制的漫漫进程中出现了各种各样的新技术，并被广泛应用于通信、建筑、环境、航空、医疗等领域，与国家的重点科学技术领域紧密相连。除服装类外，我们还应该对应用于高新产业领域的新纤维材料进行开发。纳米技术、生物技术制造的高性能纤维，高功能及高感性纤维材料都是开发该领域的基础材料。目前，已经开发并上市了将细长的一维材料组成二维、三维的多层化构造，然后将其制成具有保湿、吸湿、透湿、防水、防油、制电、导电、防污、除菌、除臭、芳香、遮挡紫外线、阻燃、防灾、不变形等功能的纤维产品。下面就智能纤维材料的种类及其研制进行介绍。

5.1 导电纤维

导电纤维可大致分为电子传导纤维、离子传导纤维、感应性（介电质性）纤维。电子传导纤维又分为合成纤维和纤维自身中具有电子的非定域化和电荷移动络化物的导电性纤维。这种合成纤维是指铜、镍、银等金属纤维或将上述金属、碳和碳纳米管等电子传导性粉末混合后的纤维，它可根据导电粒子间的距离和形成纤维黏结层间的界面控制来其导电性。图 5-1 所示为用于可穿戴智能纺织品的复合导电纤维。

具有活性物质的智能纤维被广泛用于电子传导功能的灵感元件、电场效果、半导体管、开关、蓄电功能元件、电池等方面，而作为具有高智能的纤维原材料，在未来的时间里，导电性高分子自身就可成为纤维材料。

聚乙烯、聚丙烯纤维等浸透电解液用于电池分离。目前，人们期待着高性能的高分子电解质作为燃料电池的电解质膜。为此，具有高离子传导性、温度依赖性小、电位窗宽、离子迁移率符合要求且成型性良好、力学强度大等条件的高分子纤维的开发非常必要。

心率检测

风传感器

电子皮肤

柔性数字键盘

脉冲监测

能量收集器

手势识别

智能假肢

触觉感知分析

计步器/速度表

智能鞋垫

运动跟踪

压力监测

睡眠监测

智能地板

跌倒监测

图 5-1　用于可穿戴智能纺织品的复合导电纤维

5.2　感应（介电质）性纤维材料

几乎所有的纤维材料都是电绝缘体，一般作为绝缘体来使用。实际上目前已有很多正在开发控制纤维带电的制电化技术。绝缘体具有感应（介电质）性、驻极体（永久极化的电解质）、电压性、焦电性等特点。纤维在加热状态下，一旦临界电界内部就立刻分级，在电界状态下冷却即被永久分极，即驻极体（永久极化的电解质）现象。例如，把丁基酚醛甲醛树脂浸泡到羊毛中的纤维作为驻极体（永久极化的电解质）。

在聚氨基甲酸酯、聚氯乙烯之类的通用绝缘体聚合物的胶凝或胶片上施加电场（如500V），就会产生与生物本身相匹敌的应对性以及 100% 以上的大变形，其已作为新自律应对材料而受到瞩目。由于电流为 $10\mu A$ 左右，与以往的自律应对系统相比，能源损失明显减小。另外，除弯曲变形以外还产生类似慢行、滞缓、变形虫样生物运动。可考虑应用于微型管、微型阀等方面。根据非离子性通用聚合物的纳米纤维、中空纤维等，可向进一步提高变形效果和分离膜的新自律应对智能纤维系统发展。

5.3　光纤及光纤传感技术

5.3.1　光纤的结构

光纤是光导纤维的简称，最早用于通信领域，根据组分材料的不同，可以分为石英玻璃光纤和多组分玻璃光纤。根据国际电报电话咨询委员会（CCITT）提出的 G651 和 G652 建议，用于通信的光纤几何形状、尺寸以及技术要求已经标准化。光纤构造通常为图 5-2 所示的同轴圆柱体，从内层到外层依次为纤芯、包层和涂覆层。光波在纤芯内沿轴向传播，包层对纤芯中传输的光波起约束作用，同时对纤芯起保护作用，涂覆层则对包层和纤芯起保护作用。按传输模式可以将光纤分为单模光纤和多模光纤，标准的单模光纤纤芯直径为 $8 \sim 10 \mu m$，多模光纤纤芯直

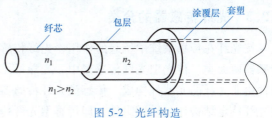

图 5-2　光纤构造

径约为 $50 \mu m$，标准的单模和多模光纤包层直径则均为 $125 \mu m$。

光纤传输光波的基本原理是基于光的全反射现象。光纤纤芯折射率为 n_1，包层折射率为 n_2，n_1 略大于 n_2。由几何光学易知，当光线从纤芯入射到纤芯-包层接口时，临界角 θ_0 为 $\arcsin(n_2/n_1)$，入射角小于临界角 θ_0 的光线将成为辐射模在包层内逐渐耗散掉，入射角大于临界角 θ_0 的光线则全部被约束在纤芯内，沿光纤轴向稳定传播。随着光纤制造工艺的不断改进和发展，目前光信号在光纤中传输的损耗已经能够达到 $0.2dB/km$ 以下。单模光纤折射率沿横截面径向分布呈阶跃型，多模光纤按其折射率沿横截面的分布状况可分为阶跃型和梯度型两种，阶跃型光纤的纤芯折射率是固定不变的，梯度型光纤纤芯折射率则呈近似平方分布。光纤纤芯和包层折射率的差异一般很小，在石英系光纤中可以通过在石英材料内混入少量的添加剂以达到调节折射率的目的。

5.3.2　光纤传感原理

光纤传感器是随着光纤通信技术的蓬勃发展而涌现出来的一种先进的传感器。光纤传感器以光测量技术为基础，采用光作为信息的载体，光纤作为传递信息的媒质，不仅可应用于传统的测量领域，测量应力、应变、温度、位移等多种物理量，也可用于高温、易燃、易爆、强电场及强磁场等苛刻环境中。

光纤传感系统一般由光发送器（光源）、敏感组件、光接收器、信号处理系统以及光传输线路组成，一个完整的光纤传感系统如图 5-3 所示，系统中的敏感组件可以是光

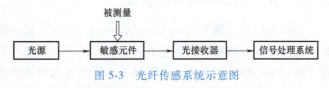

图 5-3　光纤传感系统示意图

纤，也可以是其他形式的能量转换装置。作为敏感组件的各种结构形式的光纤，就是光纤传感器。光纤传感器能够把被测量信号转变为可测量的随被测量信号变化而变化的光信号。其基本工作原理是利用光调制技术，将被检测的信号通过不同的方式叠加到通过光纤纤芯传输的载波光波上，在光调制区域内，外界信号作用于载波光波，调制过程就是载波光波的振幅、相位、偏振态、波长、光谱特性等参数随被检测信号变化而改变的过程。调制过程结束后，载有被测参数信息的信号光，再经接收光纤耦合到光探测器，使光信号变为电信号，最后经信号分析系统处理得到被测量信号。

与传统的各种传感器比较，光纤传感器具有众多优点，它集体积和质量小、灵敏度高、损耗低、频带宽、抗电磁干扰、耐蚀性、电绝缘性好、防爆、光路可挠曲、便于与计算机连接、结构紧凑等优点于一身，能够传感多种物理量和化学量，工作可靠，被认为是一类具有良好发展前途和市场前景的传感器。

5.3.3　光纤传感器的分类

　　按光纤在传感系统中所起的作用，光纤传感器可以分为传光型光纤传感器和传感型光纤传感器两大类。传光型光纤传感器中，光导纤维仅仅是传输光的媒质，起着导光作用，敏感组件由非光纤的元器件构成。传感型光纤传感器是利用能对被测量变化做出反应的特种光纤或光纤特定结构作为敏感组件，即传感型光纤传感器的敏感组件和光信号传输线路都由光纤构成。

　　按被调制的光波参数不同，光纤传感器可以分为强度调制光纤传感器、相位调制光纤传感器、偏振调制光纤传感器、频率调制光纤传感器和波长调制光纤传感器。强度调制光纤传感器是利用被测参数改变光纤中传输的光波光强的变化，通过检测光强的变化实现对被测量信号的测量。相位调制光纤传感器的基本传感机理是通过被测量的作用使光纤内传播的光波相位发生变化，然后再用干涉测量技术把相位变化转换为振幅变化，从而还原所检测的物理量。偏振调制光纤传感器是利用许多物理效应能影响或改变光的偏振状态的现象实现外界参数测量的，其中包括普克耳效应、磁光效应、旋光效应和光弹效应等。频率和波长调制光纤传感器中的光纤一般只是起着传输光信号的作用，而不是作为敏感组件，属于传光型光纤传感器范畴，但利用光纤的非线性特性如受激布里渊散射、喇曼散射等效应也可以实现光波的频率调制。强度调制光纤传感系统结构简单、经济，但容易受干扰，测量精度比较低。其他几种类型的传感器测量精度较高，但光接收和信号解调系统复杂，导致整个测量系统的成本较高。

　　按被测量的外界参数不同，光纤传感器可以分为光纤温度传感器、光纤位移传感器、光纤应变传感器、光纤振动传感器、光纤电流传感器、光纤流速传感器、光纤浓度传感器等。据报道，光纤传感器已经能够实现70多种物理量和化学量的测量。

5.3.4　光纤布拉格光栅传感器

　　光纤布拉格光栅（Fiber Bragg Grating，FBG）是一种新型的光子器件，可以改变和控制光波在光纤中的传播。国际上普遍认为，光纤光栅技术已引发光纤光学领域的一场革命，光纤光栅技术是继掺铒光纤放大器技术之后在光纤技术领域内所取得的又一极为重要的技术进步，光纤光栅的出现将使全光纤器件的研制成为可能，从而可能实现全光纤一维光子集成，进而对包括光纤通信、光纤传感、光纤计算和光纤信息处理等整个光纤领域产生深远的影响。

　　根据光纤光栅的空间周期是否均匀，可以将光纤光栅分为均匀周期光纤光栅和非均匀周期光纤光栅两大类。光纤布拉格光栅属于均匀周期光纤光栅，其光栅周期与折射率调制均为常数，光栅波矢方向与光纤轴线方向一致，是一种性能优异的窄带反射滤波器件。其他种类的光纤光栅包括闪耀光纤布拉格光栅、长周期光栅、啁啾光纤光栅和莫尔光栅等。目前光纤光栅制作方法主要包括相位掩模法、全息曝光法和逐点写入法，其中相位掩模法是较为常用的方法。相位掩模法是用紫外激光照射相位掩模板或振幅掩模板，利用掩模板后的正负1级衍射光干涉形成的周期性明暗相间的直条纹对光纤进行曝光成栅。对光纤则预先采用高压载氢技术提高它的光敏性，成栅后加热退火以提高稳定性。相位掩模成栅法的优点是对入射光相干性要求低，有利于大批量的生产。

光纤布拉格光栅是在一段光导纤维纤芯中建立起的一种空间周期性的折射率分布，它是一种波长选择反射器，所反射的光波波长称为布拉格中心波长，布拉格中心波长 λ_B 与光纤纤芯有效折射率 n_{eff} 以及光纤光栅呈周期性变化的纤芯折射率一个周期的长度 Λ 相关，它们有如下关系：

$$\lambda_B = 2n_{eff}\Lambda \tag{5-1}$$

从式（5-1）可知，光纤纤芯有效折射率 n_{eff} 和光栅折射率周期 Λ 的变化都可以导致布拉格中心波长的变化，这种变化称为波长漂移。中心波长可以产生漂移的性质使得光纤布拉格光栅可作为换能组件使用，用于传感多种物理量和化学量。典型的光纤光栅传感系统如图 5-4 所示，光纤光栅周围的温度和作用在光纤光栅上的应变是两个能够直接导致布拉格中心波长漂移的物理量。应变导致波长漂移是由于光纤光栅周期的变化及由此产生的弹光效应改变了有效折射率，温度导致波长漂移则是由于热光效应和光纤的热膨胀。由解调系统测得布拉格中心波长的漂移，根据光纤光栅的应变灵敏系数和温度灵敏系数，即可以得到应变或温度变化量。除温度和应变外，借助于能量转换装置，光纤布拉格光栅还可以测量压力、振动、声波、磁场、加速度、热膨胀系数以及电流等多种物理量。

光纤布拉格光栅用作传感器时除具有普通光纤传感器的全部优点外，还拥有其独特的优势：其信息对波长绝对编码使它不依赖系统光源光强和光纤、耦合器的连接损耗以及其他器件的插入损耗；光纤光栅传感器是自参考的，测量的是绝对值而不需要初始参考；在波分或时分复用情况下，只用一根光纤就可以构建传感数组或传感网络，实现精准分布式测量；测量精度高，经过改进后能够测量三维应变。

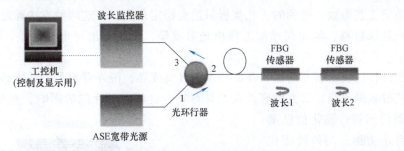

图 5-4 光纤布拉格光栅传感系统

5.4 光纤智能复合材料的研究

5.4.1 光纤传感器监测复合材料固化

1. 光纤对复合材料力学性能的影响

复合材料具有多组分及可设计的特点，十分适合传感组件和作动组件的融入，形成具有感知和驱动能力的"智能复合材料"。智能材料与结构的研究最早也正是在复合材料领域展开的，主要的研究内容包括应用光纤传感器对复合材料的制造和服役过程进行监测两个方面。

埋入光纤传感器对复合材料制造和服役过程进行监测，首先应该保证复合材料不会因光纤的埋入而产生力学性能的显著退化，即光纤传感器必须不能明显降低复合材料的力学性能。通过对埋有光纤的复合材料试件进行力学性能试验发现，光纤对复合材料结构弹性模量和抗拉强度影响较小，平均在3%以内；而对抗压强度和压缩模量有较大的影响，如果光纤平行于载荷方向铺设，则抗压强度下降相对较小，最多为20%，当光纤垂直载荷方向时，抗压强度下降相对较大，最多为30%，当光纤同时也垂直于增强纤维时，抗压强度下降最大，可能达到70%。

多种的光纤、材料以及光纤铺设方向的力学性能测试结果反映的趋势基本一致，试验结果表明，在复合材料层合板中埋入光纤会对材料的力学性能造成一定影响，特别是对垂直光纤铺设方向的材料强度有较大影响。但同时这种影响可以通过对光纤直径、包层模量、包层厚度与铺设方向的优化而大大减小。虽然目前尚未给出最佳优化设计准则，但可以得出几点一般性的结论：

1）应尽量选用小直径光纤。

2）光纤包层的模量应较大，但应小于基体材料的模量。

3）光纤包层的厚度不宜过大。

4）光纤的铺设方向应尽量平行于载荷方向。

2. 光纤传感器监测复合材料固化

树脂基复合材料的固化过程是树脂与催化剂由小分子通过交联反应聚合形成大分子的过程。复合材料的质量和力学性能与材料固化工艺过程密切相关，目前在实际生产中，主要靠试验法和经验法来确定工艺过程参数。前者通过对形状简单的小型试件进行多次试验，并结合有限的定性分析设计操作工艺，不适用于尺寸较大及形状复杂的产品；后者则是基于经验的固定规范确定工艺参数，得到的工艺规程只适合特定范围。由这两种方法确定的成型工艺是静态的，一旦原材料、添加剂或加工环境稍有波动，就暴露出可重复性差、废品率高的缺点。

随着对光纤传感技术研究的深入及其技术的日益成熟，国外开始了光纤传感器监测复合材料成型工艺过程的研究，研究内容涉及光纤对复合材料力学性能的影响、光纤埋入技术、光纤固化监测传感器、固化信息提取与评价等各个方面。与传统固化监测技术相比，光纤传感器具有明显的优势，它与复合材料基体结合良好，几乎不影响材料力学性能，能够直接获得材料内部信息，实现成型工艺过程的在线监测。光纤传感器监测复合材料固化工艺过程，多是利用它体积小、敏感度高的特点，预先埋于预浸料铺层中来测量工艺过程参数，整个监测系统如图5-5所示。

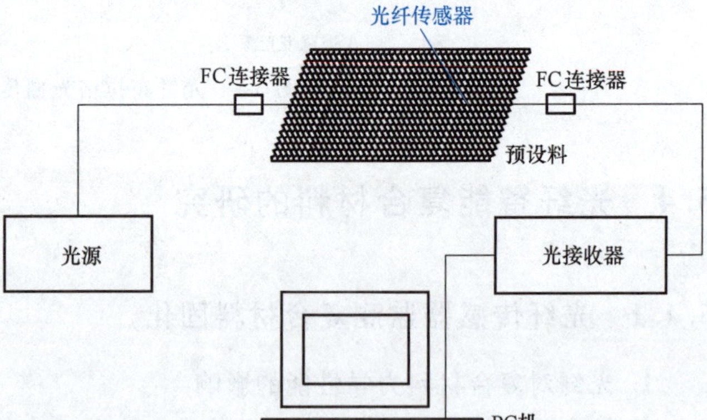

图 5-5　光纤传感器监测复合材料固化

基于不同的光纤固化监测机理，形成了不同种类的复合材料固化监测光纤传感器。可用于树脂基复合材料固化过程监测的光纤传感器主要包括光纤折射率传感器、光纤微弯传感器、光纤红外传输谱传感器、光纤布拉格光栅传感器以及光纤 Fabry-Perot 传感器。

　　复合材料固化工艺过程中，树脂基体分子键发生重组，小分子通过交联反应聚合成体形网状结构的大分子。随着交联反应的进行，树脂折射率逐渐增大，通过跟踪树脂折射率变化即可实现固化过程监测。

　　光纤红外传输谱传感器根据树脂固化反应中特定功能基团化学键类型及其浓度的变化，结合光谱分析技术获得固化度信息。化学键类型决定了光吸收峰波段，功能基团浓度的变化则反映了固化反应的程度。通过对间隔一定时间所采集的一系列树脂红外吸收光谱的分析，即可以定量地获得环氧、氢氧以及氨基等功能基团的浓度，确定固化反应的速度和程度。

　　光纤折射率传感器监测固化过程的研究开展得最早，整个测量系统结构简单，光接收端只需要测得光功率的变化，经济实用，但多数情况需采用高折射率纤芯的特种光纤，并且只能定性地反映固化过程，限制了它更高层次的应用。光纤微弯传感器适用于复合材料的热压工艺，传感器结构简约，所需仪器设备简单，测量的重复性较好，适于工业现场的应用。基于树脂红外吸收光谱分析的光纤红外传输谱传感器是根据复合材料固化过程中的化学行为测量固化度，其优点在于可以获得固化化学反应的直接信息，并且不受温度、压力等因素的干扰，但其无法获得非化学反应因素，如树脂流动对固化质量的影响，而且光谱分析设备较为昂贵。光纤布拉格光栅传感器测量精度较高，经过改进后能够测量三维应变，但存在温度应变交叉敏感问题，而且目前传感器制造工艺复杂，波长探测系统昂贵，导致整个测量系统的成本较高。

5.4.2　光纤传感器监测复合材料结构服役

1. 传统的损伤检测方法

　　复合材料构件在使用过程中，将受到设计载荷以及各种突发性外在因素的作用。其中，在不断重复载荷作用下材料的疲劳是导致结构失效的重要原因之一。疲劳过程是材料或结构在循环载荷作用下损伤逐步产生、积累直到破坏失效的过程。复合材料疲劳破坏机理十分复杂，基体开裂、分层、界面脱黏和纤维断裂四种损伤形式可能单独或组合在一起发生，哪一种或几种损伤破坏模式占支配地位主要取决于材料体系中基体、纤维、界面三者的相对强度、刚度、纤维取向以及铺层设计等条件。

　　在复合材料结构服役过程中，由疲劳导致的损伤往往在很长时间内都处于隐蔽的状态，致使很多损伤不能及时发现，为突发性事故埋下隐患。目前复合材料结构的损伤检测主要采用一些传统无损检测方法，主要包括超声检测法、X 射线检测法、声发射检测法、激光全息（散斑）无损检测法以及涡流检测法等。超声检测法主要是利用复合材料本身或其缺陷的声学性质对超声波传播的影响来检测材料内部和表面的缺陷。X 射线检测法是根据穿透材料的X 射线强度分布情况来检测材料内部的缺陷。声发射检测法的基本原理是根据复合材料构件在承载时，其内部的应力会导致原有损伤扩展及新损伤的产生，这二者均产生声信号，通过对声信号的分析定性评价复合材料构件的内部损伤情况。激光全息无损无损检测法的基本原理是对被检测构件施加一定载荷后，构件表面的位移变化与材料内部是否存在分层缺陷及构件的应力分布有关，激光全息无损检测法可全面检测复合材料构件承载状况下的应力分布情况。涡流检测法通过测量阻抗的变化得到复合材料试样电导率、磁导率等内部信息，这种方法只适用于能导电的复合材料。

2. 疲劳过程实时监测

多数传统复合材料无损检测方法成本较高，精度较低，依赖于较复杂的设备和仪器，难以实现在线监测结构的疲劳状态和复杂结构的内部监测，无法及时探测到损伤的出现。为了保证复合材料结构的安全服役，迫切需要建立具有在线损伤监测能力的手段和方法，从而能及时地探测到损伤的形成以及损伤的位置，对结构的疲劳状态进行评价，对疲劳寿命以及失效做出预报，防止突发性事故的发生。

3. 光纤光栅监测复合材料服役

光纤智能复合材料研究工作的开展为复合材料结构服役期的监测提供了一种新的思路。光纤传感器在实现复合材料固化监测后，一般仍然保持良好的传感能力，光纤布拉格光栅即是其中的一种，可以继续用于复合材料结构服役期的内部应变监测，为结构在整个服役过程中的损伤监测、剩余疲劳寿命预报以及断裂失效预警提供信息。

5.5 基于光纤传感技术的土木工程结构健康监测

结构的健康监测是指应用无损传感技术获取结构的损伤和退化等信息，并在此基础上确定损伤的位置，评估损伤的程度，进而预报结构的剩余寿命。传感网络是结构健康监测系统的重要组成部分，对于土木工程结构健康监测系统来说，传感器不仅应能适应建筑施工粗放性的特点，还应能够长期稳定可靠地工作。随着智能复合材料研究工作的深入开展，光纤传感器显示出的小巧、柔软、灵敏度高、抗电磁干扰等优点以及在结构服役期工作状态监测、安全评估等方面的潜力，使它的研究和应用逐渐扩展到土木工程结构健康监测领域。

钢筋混凝土是土木工程领域应用最为广泛的材料，通过对钢筋混凝土内部应力、应变的监测，能够获得构件的强度储备信息以及构件所受实际载荷的状况，所以应力、应变监测成为光纤传感器在土木工程结构健康监测中最主要的应用。用于应变、应力测量的光纤传感器主要有以下三种类型：①利用双光束干涉技术的光纤迈克尔逊（Michelson）传感器和光纤马赫——泽德（Mach-Zehnder）传感器；②利用多光束干涉技术的光纤法布里——珀罗（Fabry-Perot）传感器；③光纤布拉格光栅传感器。

5.6 形状记忆纤维

形状记忆纤维是指热成型时（一次成型），能记忆外界赋予的形状（初始形状），冷却时可任意形变，并在更低的温度下将此形变固定下来（二次成型），当再次加热时能可逆的恢复原始形状的纤维。最普遍的形状记忆纤维是镍铅合金纤维。目前，形状记忆合金纤维已被用于智能结构、医疗矫形、防烫伤服装和新型记忆服装。如意大利一家服装公司发明了一种衬衣，当你觉得热时，它还会自动卷起袖子。这种衣服的纤维是由尼龙和一种叫镍铅铁的合金物质织造而成。当四周气温升至某一温度时，袖子即可变短。生产商称，此种服装的纤维是由5条尼龙线绕上一条镍铅铁合金织造而成，可以当一般衣服清洗，同时也不会使人产生过敏反应。

5.7 变色纤维

变色纤维是一种具有特殊组成或结构，在受到光、热、水分或辐射等外界刺激后可逆、自动改变颜色的纤维，主要有光敏变色纤维和热敏变色纤维两种。用变色纤维做成的服装在不同温度、光线下呈现出色彩的变化。士兵穿上它在不同的地方会变成环境的颜色，不易被敌方发现，达到隐蔽自己的目的。变色纤维还适合于制作舞台服装、童装等。

5.8 调温纤维

调温纤维能根据外界环境温度变化，伴随纤维中所包含的室温相变物质发生液—固可逆相变，或从环境中吸收热量存储于纤维内部，或放出纤维中存储的热量，在纤维周围形成温度相对恒定的微气候，从而在一定时间内实现温度调节。由蓄热调温纤维加工成的纺织品除具有常规纺织品的静态保温作用外，还具有由于相变物质的吸放热引起的动态保温作用。目前，该纤维主要用在滑雪衫、靴、手套、袜、帽、体育运动服装等方面。

5.9 智能抗菌纤维

人体皮肤表面生长有各种各样的细菌，皮肤表面细菌过多或完全没有细菌，都会引起各种各样的问题，如过敏、产生臭味或生病等。美国 Nylstar 公司制造出一种"智能聚酰胺纤维"，抗菌剂包藏于纤维内部，而不是黏附于纤维表面，所以不必担心其中的成分会引起皮肤的过敏，而且可以耐 30 次的洗涤。这种纤维区别于一般抗菌纤维之处在于，无论是轻微活动还是剧烈运动都可以控制皮肤表面细菌的数量维持在正常水平。

> **拓展阅读**
>
> **朱美芳院士：深耕纤维领域三十余载，为中国纤维"领跑"地位奋斗！**
>
> 自古以来，纤维就与人类生活密切相关，人类与纤维的亲密接触可谓是 365 天 24 小时不间断。最早，人类衣禽兽之羽皮，治麻丝以为布帛，去皮服布，广泛使用棉、麻、丝、毛等天然纤维。随着科学技术的进步，人造纤维、合成纤维应运而生，化学纤维工业得到快速发展，纤维日益深刻地改变着人们的生活。现今，纤维学科正经历着革命性的进步和发展，纤维材料逐渐超越穿衣和美感等传统概念，朝着超性能化、智能化、绿色化方向迅猛发展，纤维的应用领域得到进一步拓展，不仅影响人们的生活，对科技、产业、国家的发展都有着举足轻重的作用。
>
> 朱美芳院士作为中国纤维业界带头人，深耕纤维领域三十余年，取得了系统的创新性成果。朱美芳院士长期从事纤维材料的功能化、舒适化和智能化研究。主持国家重点研发计划、国家自然科学基金重点项目等国家及省部级科研任务 30 余项。她提出并建立了热塑性聚合物纤维功能化设计思路和全流程功能化技术体系，解决了合成纤维兼具功能性和舒适性的难题，创建了介观诱导制备智能纤维的新方法，推动了我国纤维质量"由低到

高"、产业"由大到强"的重大进步。成果在全国30多家企业实现了产业化，取得了显著的社会和经济效益。

所谓"接地气的科研"，朱美芳院士叫它"顶天立地"中的立地科研。"顶天"是要求学生们要有超前的思维和国际化的视野，"立地"是要有实践能力。毛主席说过"没有调查研究就没有发言权"。问题从实践中提出，而不是从文章中得来。朱美芳院士带学生到工厂实训，是为了在生产一线找到研究的方向，如果只是坐在教室里研读文献或者只是在实验室做实验，确实能理清一定思路，但是找不到最终答案。她一直坚信，大学是培养人的地方，而科研是培养人的手段，当年老师培养她，现在她要培养学生，这就是薪火相传。她一直坚信做科研，最终的成果不是一件衣服、一种材料，而是人才。

1. 命运的转折点

说起为什么从事纤维改性研究工作，朱美芳院士清楚地记得那是1989年1月，在她入职后的第5天，就跟着当时的系主任陈彦模老师，坐大货车去了张家港涤纶厂，到企业找问题。这也是她从事纤维改性研究工作的起点。

为了解决实验室科研成果向企业转化难题，不知多少次，她和学生索性睡在车间。开始进展不顺利，设备运转连续化差，经常要停机调试。到后半夜工人师傅扛不住了，她就带着学生站到生产线上动手操作，"你们是大学生吗？这么肯做？"工人们惊讶地问。随着我国教育水平的提高，当代大学生只有甘于到一线奋斗的精神，才能成就"大国工匠"的伟业。

2. 奋斗终生的事业

30年来，朱美芳院士带着肯做肯干的团队将"杂化材料"概念植入纤维世界，通过创新合成方法和纳米复合技术，对有机、无机材料进行多尺度、多维度和多组分复合。让不同材料在纳米的微观世界中合而为一，变身为性能可控、功能更强的新材料。

朱美芳院士始终坚守着一个理念：在纤维世界，高性能纤维有着独特的地位。例如，一根看上去如头发丝的碳纤维被称为"黑色黄金"，它是经1000℃以上的高温烧制、碳含量在90%以上的纤维材料，相对密度只有钢的四分之一，抗拉强度是高性能钢的四倍，导电性能是铝的十分之一，热导率是银的两倍以上，在惰性氛围下可耐受3000℃以上的高温。作为重要的结构材料，在国防、航空、航天、汽车、高铁、建筑等领域，对高性能纤维及复合材料均有迫切需求。朱美芳院士坦言：高性能纤维的研发能力如何，直接体现了国与国之间的竞争实力。她毕生为此奋斗，希望能见证中华民族的伟大复兴。

3. 机遇和挑战

近年来，朱美芳院士团队始终聚焦国家重大战略和地方经济社会发展需求，通过纤维与纳米、生物、仿生等学科的交叉融合，在化学纤维理论和技术方面不断突破，重点研发与航天航空、国防军工、生命科学、信息和环保技术、新能源等相关的多功能、高性能纳米纤维材料，在医用材料、石墨纤维、智能水凝胶等领域均有建树，促进了我国化纤材料的高功能化、纳米化及智能化发展。

朱美芳院士说，我国正在向纤维强国、科技强国迈进，还有很多"卡脖子"的核心技术有待攻坚突破，我们科研工作者尤其要有忧患意识，瞄准奋斗方向，丝毫不能放松。要让中国从"纤维大国"走向"纤维强国"，这是每个人的责任。

　　大纤维不是一个单一技术，也不是一个单一行业，而是代表了许多不同技术领域的交叉融合以及一个新兴的巨量产业集群。大纤维技术同时具有前沿性、基础性、战略性，必将成为下一次技术产业革命的重要使能手段。未来，大纤维的发展将帮助我们更好地实现人体世界、物理世界和虚拟世界的无缝融合，将促进人类进入更加和谐美好的智能社会。

（素材来源：百度百科）

习　题

1. 导电纤维可以分为几种？电子传导纤维又可分为几种？
2. 按传输模式光纤可分为哪几种？其直径分别是多少？
3. 光纤传感系统由什么组成？与传统的各种传感器比较有何优点？
4. 简述光纤传感器的分类。
5. 光纤光栅制作方法包括哪些？
6. 光纤对复合材料力学性能的影响有哪些？
7. 温度变化历程在材料的整个疲劳过程中可分为哪三个阶段？

智能高分子材料

6.1 高分子材料的智能性

智能高分子材料能够对环境刺激产生响应。其中环境刺激因素有温度、pH 值、离子、电场、溶剂、反应物、光或紫外光、应力、磁场等，对这些刺激产生有效响应的智能高分子的自身性质如相、形状、光学、力学、电场、表面能、反应速率、渗透速率和识别性能等随之会发生变化。智能高分子材料的发展日新月异，21 世纪可望向模糊（Fuzzy）高分子材料发展。模糊材料是指其刺激响应性不限于一一对应，材料本身能判断，依次发挥其调节功能，像动物的脑那样能记忆和判断。

1. 具有形状记忆智能体系的高分子材料

高分子材料挤出成型时，在模具出口处会出现膨胀，这是高分子材料的形状记忆智能。科学家发现，记忆塑料与记忆合金有异曲同工之妙。经过辐射交联反应的塑料（如聚乙烯等），加热到结晶熔融温度以上时，施加外力使之变形并加以冷却会产生再结晶，将这种变形固定下来。如果将形变后的试样再次加热到熔融温度以上，若不施加外力，则这个内存的变形就会因结晶消失而恢复到原来的形状。利用高分子材料的这种形状记忆智能，可以制造出热收缩空管和热收缩膜等。人们用它制造电动机线圈，不仅缩小了体积，而且减轻了质量。日本纺织行业在棉纤维内部的纤维素非晶区内架上高分子桥键，制成了防皱、不缩水、免熨烫的形状记忆棉纤维织物。

2. 液晶聚合物

聚合物的黏度比较大，主链型比 P 链段运动困难，响应速度比较慢（几分钟甚至几十分钟），且对温度的依赖性大。盘状液晶正逐渐受到重视，它适合制备自增殖材料和功能性分子聚集体。

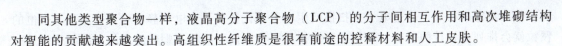

同其他类型聚合物一样，液晶高分子聚合物（LCP）的分子间相互作用和高次堆砌结构对智能的贡献越来越突出。高组织性纤维质是很有前途的控释材料和人工皮肤。

3. 作为智能延长载体的高分子材料

由于计算机技术的高速发展，对数据存储技术提出越来越高的要求。除软盘和光盘外，当前正在研究的多数据存储媒体，由于其奇特的构思和它们存储数据的巨大潜力，将会受到世人的瞩目。在带有液晶侧链的高分子链上连接特定的染料分子，利用染料吸收入射光线产生热量以达到分子的晶态/液态转变，而其中数据存储也是通过晶态/液态来实现，以光线照射读出。由于染料与高分子不可分离，所以提高了反差和存储密度。这种液晶材料可用作显示材料，利用染料分子在聚合物中不同环境的作用产生的线宽扩展，可以制作三维存储器，其第三维是光照射频，是通过光化学"孔烧"原理实现的。三维存储器的存储密度可以达到 10^{11} 数量级，而目前使用的计算机软盘的存储密度小于 10^5 数量级。

4. 高分子凝胶

高分子凝胶是大分子链经交联聚合而成的三维网络或互穿网络与溶剂（通常是水）组成的体系。当环境的 pH 值、离子浓度、温度、光照、电场或特定化学物质发生变化时，凝胶的体积也发生变化，有时还出现相转变、网络孔眼（网孔）增大、网络失去弹性、凝胶相区不复存在、体积急剧溶胀（高达数百倍）等变化，并且这种变化是可逆的、不连续的。凝胶的收缩—溶胀循环过程适用于化学阀、吸附分离、传感器和记忆材料等。循环提供的动力可应用为"化学发动机"或"人工肌肉"，网孔的网控性适于蛋白质和肉类片剂药物的智能性药物释放体系（DDS）和人工角膜。

6.2 智能高分子材料的设计原理及合成方法

6.2.1 设计原理

智能材料功能的实现为信息流（能量流）的传递、转换和控制，其基本原理是物质和场（物理场或化学场）之间的交互作用，首先明确材料的应用目标，随之分析控制目标的具体要求，确定智能复合材料控制输入和输出的形式（表现为物理场或化学场），这里最关键的问题是为了实现系统的自适应控制，必须运用材料科学的成就和知识以及自动控制原理，根据物—场相互作用的原则，构想中间能量传递形式，选择中间场。借助于中间场，通过几个物理（化学）效应的结合来实现控制目标。

智能材料的设计模式有以下两种：第一种模式是将各种功能融为一体，类似生物体的神经元，如凝胶的 LB 膜等；第二种模式则是利用离子工程、激光烧蚀、激光加工等技术控制原子、分子的有序程度，形成功能性超薄膜的累积膜，可控制各层的结合状况，材料内部可自由传递信息。

6.2.2 合成方法

当前的合成方法主要有以下三种：

1. 粒子复合

具有不同功能的材料颗粒按特定的方式进行组装，可构制出新的具有多功能特性的材料，如在特定的衬底上通过电子束扫描产生电子气化花样，在电子静电引力作用下，带电的颗粒就会排列成设计的花样，重复这种操作就可构成由不同粉末颗粒组成的三维结构。这一技术将使微粒组装多功能材料成为可能。

2. 薄膜复合

将两种或多种机敏材料以多层次的薄膜复合可获得优化的多功能特性，如将铁弹性的形状记忆合金与铁磁或电驱材料复合，把热驱动方式变成电或磁的驱动方式，可拓宽响应频率范围，提高响应速度。

3. 纳米粒子及分子的组装

近年来，人们已能直接对纳米粒分子、原子实施搬迁操作，可以控制纳米或原子团簇尺寸上的精细结构，成为研创智能材料的途径之一。将具有光敏、压敏、热敏等各种不同功能的纳米粒子复合在多孔道的骨架内，可灵活地调控纳米粒子大小、纳米粒之间及其与骨架之间的相互作用，具有良好的可操作性，能得到兼有光控、压控、热控以及其他响应性质的智能材料。例如，在沸石分子筛中（具有纳米级空笼和孔道）组装半导体纳米材料可做电控元件；组装纳米光学材料可做光控元件。

6.3　医用智能高分子材料

6.3.1　概述

随着科学技术的发展，智能高分子材料进一步渗透到医学研究、生命科学和医疗保健各个部门，起着越来越重要的作用。用聚酯、聚丙烯纤维制成的人工血管可以替代病变受伤而失去作用的人体血管；用聚甲基丙烯酸甲酯、超高密度聚乙烯、聚酰胺可以制成头盖骨或骨关节，用于外伤或病疾患者，使之具有正常的生活与工作能力；人工肾、人工心脏等人工脏器也可以由智能高分子材料制成，移植在人体内以替代失去功能的脏器。除此以外，人工血液的研究、高分子药物开发和药用包装材料应用都为医疗保健的发展带来新的革命，医用黏合剂的出现为外科手术新技术的运用开辟了一条新的途径，高分子材料在治疗、护理等方面的一次性医疗用品的应用中更为广泛，达数千种之多。

现代医学的发展，对高分子材料的性能提出了复杂而严格的多功能和智能化要求，金属材料和无机材料难以满足，而合成高分子材料与作为生物体的天然高分子有着极其相似的化学结构，因而可以合成出医用智能高分子材料，可以部分取代或全部取代生物体的有关器官，这已从临床和动物试验的实际中得到充分的证明。

医用智能高分子是涉及多学科的边缘科学，在发展医疗保健事业、探索生命的起源方面有着越来越重要的作用，引起了世界医学界、生物学界、生理学界、遗传学界工作者的巨大重视。医用高分子是近年来在精细化工方面为人们日益重视的领域。医用高分子除了可直接用于生物体自身功能调节和靠药物的辅助作用无法治愈的场合外，还作为处置用品间接地起到了保障医术的可靠性、医务人员的健康与卫生、医疗的合理性及简单化等方面的作用，也符合人类生活要求和健康的愿望。

6.3.2　医用高分子材料设计基础

虽然从理论上来说，很多高分子材料都可以作为医用材料用于人造器官制备，但是由于这些人造器官需要与人体细胞和体液长期接触，因此除要求该类材料具有必需的特种功能外，还要求材料具有安全无毒、稳定性好和良好的生物相容性，因此能应用的材料并不多。关于安全性问题，由于多数高分子本身对生物体并不产生不良作用，毒害作用的来源多为高分子材料生产时加入的添加剂，如抗氧剂、增塑剂、催化剂和聚合不完全造成的低分子聚合物等。为了消除上述问题，除了对添加剂需要进行仔细选择之外，对合成的高分子人造器官还应该进行生物测定，在接近使用条件下检查毒性和生物反应。人造器官使用前需经过仔细灭菌也是必须强调的关键步骤。用于制造人造器官的高分子材料的稳定性是材料选择的关键，在正常使用条件下材料不能发生类似于水解、降解和氧化等反应。生物相容性良好对于人造器官非常重要，特别是用于人造内脏和人造血浆等与生理活性关系密切的材料的相容性更为重要。

作为医用高分子材料，必须从原料开始，精密细致地、严格地专门制造，医用高分子原料必须满足以下基本条件：

1）在化学上是不活泼的，不会因为与体液接触而发生变化。

2）对周围组织不会引起炎症和异物反应。

3）不会致癌。

4）不会发生变态反应性的过敏反应。

5）长期埋植在体内也不会丧失拉伸强度和弹性等物理机械性能。

6）具有抗血栓性，即不会在表面产生凝血。

7）能经受必要的消毒措施而不产生变性。

8）易于加工成所需要的形状。

6.3.3　高分子药物

高分子药物大体上可分为以下两大类：一类是只有整个高分子链才显示出医药活性，称为药理活性的高分子药物，它们相应的低分子模型化合物一般，无药理活性；另一类为高分子载体药物，它们是一些小分子药物通过共价键与高分子母体相结合或以离子交换、包理、吸附等形式形成的高分子药物。当高分子载体药物进入人体后，可以缓慢地、持久释放出低相对分子质量药物，可以制成可控制释放药物，持久释放药物以及能把药物送到体内特定的部位，这样可以降低用药剂量，避免频繁地服药，在体内保持恒定的药物浓度，使药物的活性持久，提高疗效。

6.3.4　医用高分子材料

医用高分子材料是指在医学上用于治疗作用的高分子材料。高分子材料在医疗方面的应用较多，按照功能分类可以有以下几类：

1. 高分子人造器官

（1）人工喉　因喉癌将喉头切除后，人便失去了发声能力，呼吸不畅，患者十分痛苦。人工喉过去曾用聚乙烯管，但引起副作用，聚氨酯材料在肌体内老化较快，聚四氟乙烯易渗唾液，因而这些材料都不理想，而硅橡胶被认为是制造人工喉最理想的材料。

天津市第一医院与天津橡胶工业研究所研制成了硅橡胶人工喉，济南大学用硅橡胶做的人工喉发声膜已在临床使用。山东大学与山东医学院研制的以硅橡胶为发声元件的全人工喉，经临床使用均能达到发声、吃饭、呼吸通畅的正常功能。

（2）人工气管　为了根治肺癌或者医治意外的伤害事故而切除气管甚至部分支气管时，需要由人工气管来取代。它必须满足以下两点要求：①能与相连的组织愈合或组织长入；②能产生来自周围组织压力所能造成的变形。人工气管制成网状管比较合适。一般是用聚乙烯、聚四氟乙烯纤维织成网状圆管，它富有一定的弹性，能满足气管功能的要求。

（3）人工食道　食道癌的患者将食道切除后，需要植入人工食道，临床曾用过聚乙烯、聚四氟乙烯编织的管，硅橡胶管，或用氟树脂膜卷成管状，再以聚四氟乙烯、涤纶增强。因为高分子材料制作人工食道的缺点是没有蠕动作用，又易发生渗透和感染，故需要进行研究和改进。沈阳第四人民医院与沈阳橡胶制品研究所将狗的食管切开，接以硅橡胶和涤纶复合制成人工食管，手术后食道组织不断爬生，生成了新的组织，手术后 20～28 天人工食道自然脱落，经 3～6 个月排出体外，新生的食道仅留 5cm 的疤痕，没有发现食道明显变窄。

（4）人工血管　人工血管的研制工作是从 1952 年开始的，1955 年以来已有尼龙、聚丙烯腈、涤纶和聚酯纤维等多种高分子材料用于人工血管的试验，1958 年，美国、日本都相继用涤纶、聚四氟乙烯纤维制作人工血管。人工血管按编织方法的不同分为机织或针织两大类，标准人工血管得到了广泛应用。由于细小血管和静脉血管中血液流动慢，人工血管易造成凝血，所以人工血管主要用于 3mm 以上的大动脉。

很多人工血管是用合成纤维编织而成的，凝血将 85%～90% 的孔眼堵住而生成一层生物膜，其余 10% 左右的孔眼让机体组织长入而将其凝固。临床表明，用涤纶、聚四氟乙烯制成的皱纹型人工血管应用效果较好。要求编织血管手术时避免漏血，又要有促进与组织结合的作用，前者要求孔眼小，后者要求孔眼大，为解决这一矛盾，已制出特殊加工处理的复合人工血管，采用易被人体吸收的纤维（如胶原、肠衣与合成纤维复合）纺编织。使用初期，结构比较致密，暂时无网状结构，待胶原或肠衣被吸收以后，就出现了网状结构，生物学的效性能可增加 100 倍。

为了改进抗凝血性能，以聚氨酯丝绒为基质，外涂能产生生物电的聚氨酯橡胶，使其与人体血管的电性极为相近。

（5）人工胆管　人工胆管的研究试用正在进行中，研究者们曾用人体本身的静脉、动脉及高分子材料的人工血管等来代用胆管，但总是因为有炎症、产生胆结石等原因而未取得长期的良好效果。

（6）人工膀胱　膀胱受损伤后，若膀胱排尿神经失去了控制，人体的膀胱便失去了排尿作用。积极的治疗措施是在硅橡胶中封入一只起搏器，埋入体内，用电来刺激膀胱，使之适时排尿，实质上是一个辅助的排尿装置。

（7）人工尿管　曾用过聚四氟乙烯管和硅橡胶管等，也有人进行过硅橡胶配上聚四氟乙烯制的阀门以防止尿液的倒流研究，但经过一段时间后，会引起尿管变窄、炎症等后果，并不太理想。有人用亲水性的甲基丙烯酸羟乙酯水凝胶（Hydron）制成人工尿管，并装有精巧的单向阀，效果较好，但聚甲基丙烯酸羟乙酯的强度较差，要用涤纶纤维编织成网状物进行增强。

目前，人工脏器的研制已涉及人体内脏的绝大部分领域。研制的方向正向着小型化、体内化和与人体长期适应方面发展。具有复杂功能的人工子宫等也正在研究中。高分子材料在人工脏器方面的应用前景非常广阔。

2. 高分子材料在五官科、骨科、创伤外科和整形外科上的应用

高分子材料在齿科、骨科和整形外科上的应用已有相当长的历史。由于合成高分子材料与生物体天然高分子有着极其相似的化学结构，因此可合成出具有近似的化学与物理特性的物质，部分或全部取代生物体的有关器官。随着高分子化学和医学的发展及功能性材料的出现，人造器官的制造也出现了质的变化，即由单纯的假器官发展成为人工的"真器官"，成为具有一定功能的生物有机体，如眼科材料、齿科材料、骨科材料、人造肌肉、人工皮肤、整容材料及人工假体等。

用于治疗高分子材料主要包括牙科用材料、眼科用材料、美容用材料和外用治疗用材料。对这种材料的基本要求首先是稳定性和相容性好，无毒、无副作用，其次才是机械性能和使用性能。制作人工角膜和接触眼镜（隐形眼镜）主要以高分子材料为主，因为眼睛的特殊条件，对于制造人工角膜、接触眼镜的材料要求非常严格。人的角膜上没有血管组织，需要通过泪液从空气中吸入氧气进行新陈代谢，因而需要人工角膜和接触眼镜具有良好的透气性。聚甲基丙烯酸甲酯，聚甲基丙烯酸硅烷酯和乙酸丁酸纤维素是制作硬式镜片的主要材料。聚甲基丙烯酸-β-羟乙酯、聚丙甲基硅氧烷和聚乙烯吡啶是制备软式镜片的主要材料。

牙齿的黏合和修补需要使用多种功能高分子材料，其中α-氰基丙烯酸丁酯是常用的医用黏合剂，不仅用于牙科，还可以用于骨骼的黏合和人工关节的固定，聚甲基丙烯酸甲酯与其相应单体混合也可以作为生物黏合剂。使用时让其单体充分渗入牙组织，然后聚合，用于牙的矫正和黏结。

双酚-S-双（3-甲基丙烯酰氧基-2-羟丙基）醚也同时具有亲水基团和疏水基团，由于其聚合时放热少，体积收缩小，生成的聚合物耐磨，膨胀系数小，可以作为补牙复合封底材料。除此之外，硅橡胶被大量用作隆胸的美容材料，高吸水性高分子材料用于外用医疗护理。

3. 人造血液

随着外科手术的进步，手术范围的不断扩大，输血用血液日益不足，特别是由于输血引起的血清肝炎的防治也极端困难，交叉感染给患者带来更大的痛苦，因而长期以来一直希望能进行人工血液的开发。

人造血液是由水溶性高分子辅以其他输液组成的，是具有血浆蛋白渗透压的物质。最早利用明胶、阿拉伯胶为原料组成，第二次世界大战中开发应用聚维酮，但由于不易在体内代谢，目前已被葡聚糖（右旋糖酐）所取代。血液的其他组分如脂肪、糖类、电解质等都可通过在血管中输液直接解决。

4. 高分子药物包装材料

任何一种药物，除了它本身所应具备的特殊的物理或化学性质以外，还必须具备以下几个基本条件：要有适合于药物性质和治疗要求的形态，要有适宜于保存和在一定外界条件下的稳定性，要有高安全性和使用方便性等，这实际上就是药物制剂学的任务。在今天药品制剂的加工中，已经使用了很多合成高分子化合物，它对人体的影响主要有毒性和安全性等问题。

6.4　智能高分子材料的应用与开发

6.4.1　碳纤维与功能复合材料

1. 碳纤维

碳纤维（Carbon Fiber，简称 CF）的开发历史可追溯到 19 世纪末期美国科学家爱迪生发明的白炽灯灯丝，而真正作为有使用价值并规模生产的碳纤维，则出现在 20 世纪 50 年代末期。

碳纤维是由有机纤维经固相反应转变而成的纤维状聚合物炭，是一种非金属材料。它不属于有机纤维范畴，但从制法上看，它又不同于普通无机纤维。碳纤维性能优异，不仅质量轻、比强度大、模量高，而且耐热性以及化学稳定性好。其制品具有非常优良的 X 射线透过性，阻止中子透过性，还可赋予塑料以导电性和导热性。以碳纤维为增强剂的复合材料具有比钢强比铝轻的特性，是一种目前最受重视的高性能材料之一。它在航空航天、军事、工业、体育器材等许多方面有着广泛的用途。

2. 碳纤维的分类

当前已商品化的碳纤维种类很多，一般可以根据碳纤维的性能、原丝类型和碳纤维的功能进行分类。

（1）根据碳纤维的性能分类

1）高性能碳纤维。在高性能碳纤维中有高强度碳纤维、高模量碳纤维、中模量碳纤维等。

2）低性能碳纤维。这类碳纤维有耐火纤维、碳质纤维、石墨纤维等。

（2）根据原丝类型分类　碳纤维分为：聚丙烯腈基纤维、黏胶基碳纤维、沥青基碳纤维、木质素纤维基碳纤维，以及其他有机纤维基（各种天然纤维、再生纤维、缩合多环芳香族合成纤维）碳纤维。

（3）根据碳纤维功能分类　碳纤维分为：受力结构用碳纤维、耐焰碳纤维、活性碳纤维（吸附活性）、导电用碳纤维、润滑用碳纤维和耐磨用碳纤维。

3. 碳纤维的制造

碳纤维是一种以碳为主要成分的纤维状材料。它不同于有机纤维或无机纤维，不能用熔融法或溶液法直接纺丝，只能以有机物为原料，采用间接方法制造。制造方法可分为气相法和有机纤维炭化法两种类型。

气相法是在惰性气氛中，小分子有机物（如烃或芳烃等）在高温下沉积成纤维。用这种方法只能制造晶须或短纤维，不能制造连续长丝。

有机纤维炭化法是先将有机纤维经过稳定化处理变成耐火纤维，然后再在惰性气氛中于高温下进行焙烧炭化，使有机纤维失去部分碳和其他非碳原子，形成以碳为主要成分的纤维状物。此法可制造连续长纤维。

天然纤维、再生纤维和合成纤维都可用来制备碳纤维。选择的条件是加热时不熔融，可牵伸，且碳纤维产率高。

无论由何种原丝纤维来制造碳纤维，都要经过五个阶段：

1）拉丝。可用湿法、干法或者熔融状态三种方法中的任意一种方法进行。

2）牵伸。在室温以上，通常是 $100\sim300℃$ 内进行，W. Watt 发现结晶定向纤维的拉伸极限，而且这控制着最终纤维的模量。

3）稳定。通过 $400℃$ 加热氧化的方法。$400℃$ 的氧化阶段是 A. Shindo's 在工艺上做出的贡献。这显著地降低了所有的热失重，并因此保证高度石墨化和取得更好的性能。

4）炭化。在 $1000\sim2000℃$ 内进行。

5）石墨化。在 $2000\sim3000℃$ 内进行。

4. 碳纤维的结构与性能

（1）结构与力学性能　材料的性能主要取决于材料的结构。结构一词有两方面的含义，一是化学结构，二是物理结构。

碳纤维的结构取决于原丝结构与炭化工艺。对有机纤维进行预氧化、炭化等工艺处理，除去有机纤维中碳以外的元素，形成聚合多环芳香族平面结构。在碳纤维形成的过程中，随着原丝的不同，质量损失可达 $10\%\sim80\%$，因此形成了各种微小的缺陷。但无论用哪种原料，高模量碳纤维中的碳分子平面总是沿纤维轴平行的取向。用 X 射线、电子衍射和电子显微镜研究发现，真实的碳纤维结构并不是理想的石墨点阵结构，而是属于乱层石墨结构。在乱层石墨结构中，石墨层片是基本的结构单元，若干层片组成微晶，微晶堆砌成直径几十纳米、长度几百纳米的原纤，原纤则构成了碳纤维单丝，其直径几微米。实测碳纤维石墨层的面间距约 $0.339\sim0.342nm$，比石墨晶体的层面间距（$0.335nm$）略大，各平行层面间的碳原子排列也不如石墨那样规整。

依据 C—C 键键能及密度计算得到的单晶石墨强度和模量分别为 $180GPa$ 和 $1000GPa$ 左右，而碳纤维的实际强度远远低于此理论值。纤维中的缺陷如结构不匀、直径变异微孔、裂缝或沟槽、气孔、杂质等，是影响碳纤维强度的重要因素。缺陷来自两个方面，一是原丝中持有的，二是在炭化过程中产生的。原丝中的缺陷主要是在纤维成形过程中产生的，而炭化时由于从纤维中释放出各种气体物质，在纤维表面及内部产生空穴等缺陷。

碳纤维的应力-应变曲线为一直线，伸长小，断裂过程在瞬间完成，不发生屈服。碳纤维轴向分子间的结合力比石墨大，所以它的抗菌素强度和模量都明显高于石墨，而径向分子间作用力弱。抗压性能较差，轴向抗压强度仅为抗张强度的 $10\%\sim30\%$，而且不能结节。

（2）碳纤维的物理性能　碳纤维的密度为 $1.5\sim2.0g/cm^3$，这除与原丝结构有关外，主要取决于碳化处理的温度，一般经过高温（$3000℃$）石墨化处理，密度可达 $2.0g/cm^3$。

碳纤维的热膨胀系数与其他类型纤维不同，它有各向异性的特点。平行于纤维方向是负值 $[(-0.72\sim-0.90)\times10^{-6}/℃]$，而垂直于纤维方向是正值 $[(32\sim22)\times10^{-6}/℃]$。

碳纤维的质量热容一般为 $0.712kJ（kg\cdot℃）$。热导率有方向性，平行于纤维轴方向热导率为 $0.1675W/(s\cdot cm\cdot K)$，而垂直于纤维轴方向为 $0.00835W/(s\cdot cm\cdot K)$。热导率随温度升高而下降。

碳纤维的比电阻与纤维的类型有关，在 $25℃$ 时，高模量纤维为 $7.55\times10^{-4}\Omega\cdot cm$，高强度碳纤维为 $1.5\times10^{-3}\Omega\cdot cm$。碳纤维的电动势为正值，而铝合金的电动势为负值。因此，当碳纤维复合材料与铝合金组合应用时会发生电化学腐蚀。

（3）碳纤维的化学性能　碳纤维的化学性能与碳很相似。它除能被强氧化剂氧化外，对一般酸碱是惰性的。在空气中，温度高于 $400℃$ 时则出现明显的氧化，生成 CO 和 CO_2。

在不接触空气或氧化气氛时，碳纤维具有突出的耐热性，与其他类型材料比较，碳纤维要在高于 1500℃时强度才开始下降，而其他材料包括 Al_2O_3 晶须性能已大大下降。另外碳纤维还有良好的耐低温性能，如在液氮温度下也不脆化。它还有耐油、抗放射、抗辐射、吸收有毒气体和减速中子等功能。

6.4.2 液晶高分子材料

液晶高分子是介于固体结晶和液体之间的中间状态聚合物，其分子排列的有序性虽不像固体晶态那样三维有序，但也不像液体那样的无序，而是具有一定的有序性，当纺丝注射加工成型时，则分子进一步取向，这种分子取向一旦冷却即被固定下来，从而获得性能极不寻常的纤维、薄膜和塑料制品。按液晶形成条件可分为液致性和热致性；按分子排列可分为线型、层型和胆型。

液晶高分子的特性是：具有自增强效果；线膨胀系数小；成型收缩率小，尺寸稳定性好；溶液、融体黏度低；优良的耐热性；优异的耐试剂性和不加阻燃剂仍可自熄性。

1. 溶液型侧链高分子液晶

溶液型液晶的定义为：当溶解在溶液中的液晶分子的浓度达到一定值时，分子在溶液中能够按一定规律有序排列，呈现部分晶体性质，此时称这一溶液体系为溶液型液晶。当溶解的是高分子液晶时称其为溶液型高分子液晶，与热熔型聚合物液晶在单一分子熔融态中分子进行一定方式的有序排列相比，溶液型液晶是液晶分子在另外一种分子体系中进行的有序排列。根据液晶分子中刚性部分在聚合物中的位置，还可以进一步将溶液型高分子液晶分为主链溶液型高分子液晶和侧链溶液型高分子液晶。为了有利于液晶相在溶液中形成，溶液型液晶分子一般都含有双亲活性结构，结构的一端呈现亲水性，另一端呈现亲油性。在溶液中当液晶分子达到一定浓度时，这些液晶分子聚集成胶囊，构成油包水或水包油结构；当液晶分子浓度进一步增大时，分子进一步聚集，形成排列有序的液晶结构。

作为溶液型高分子液晶，由于其结构仅仅是通过柔性主链将小分子液晶连接在一起，因此在溶液中表现出的性质与小分子液晶基本相同，也可以形成胶囊结构和液晶结构。与小分子液晶相比，高分子化的结果可能对液晶结构部分的行为造成一定影响，如改变形成的微囊的体积或形状，形成的液晶晶相也会发生某种改变。液晶分子的高分子化给液晶态的形成也提供了很多有利条件，使液晶态可以在更宽的温度和浓度范围内形成。

溶液型侧链高分子液晶最重要的应用在于制备各种特殊性能高分子膜材料和胶囊。生物膜（如细胞膜）的特殊性质一直是人们研究和模仿的对象，它的选择透过性和生理作用在生命过程中起着非常重要的作用。典型的生物膜含水量有 50% 左右的类脂和几乎同样数量的蛋白质。类脂形成与层状液晶类似的层状结构，层状膜上散布着的球状蛋白质作为生命过程中产生的代谢物从细胞排除和营养物质进入细胞过程的控制点，同时起着稳定生物膜的作用。利用溶液型高分子液晶的成型过程，如形成层状结构再进行交联固化成膜，可以制备具有部分类似功能的膜材料。这种材料的制备要求用于聚合反应的两亲结构的单体具有可聚合基团，如丙烯酰基、甲基丙烯酰基、乙烯基、苯乙烯基和二乙酰基等。脂子体（微胶囊）是侧链型高分子液晶在溶液中形成的另一类聚集态，其中包裹的物质被分散相分离。生产方法常用超声波法或渗析法将类脂分散，用紫外光激发聚合形成稳定的微胶囊。这种微胶囊最重要的应用是作为定点释放和缓释药物使用，微胶囊中包裹的药物随体液到达病变点时，微

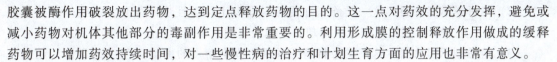

胶囊被酶作用破裂放出药物，达到定点释放药物的目的。这一点对药效的充分发挥，避免或减小药物对机体其他部分的毒副作用是非常重要的。利用形成膜的控制释放作用做成的缓释药物可以增加药效持续时间，对一些慢性病的治疗和计划生育方面的应用也非常有意义。

2. 溶液型主链高分子液晶

溶液型主链高分子液晶的刚性结构位于聚合物骨架的主链上。与上述溶液型侧链高分子液晶不同，溶液型主链高分子液晶分子在溶液中形成液晶态是由于聚合物主链作用的结果，如聚 γ-苯基谷氨酸盐即属于这一类物质，主链液晶主要应用在高强高模纤维和薄膜的制备。

3. 热熔型侧链高分子液晶

同溶液型侧链高分子液晶一样，热熔型侧链高分子液晶的刚性结构部分通过共价键与聚合物主链相连，不同点在于液晶态的形成不是在溶液中，而是当聚合物固体受热熔化成熔融态时，分子的刚性部分仍按照一定规律排列，表现出空间有序性等液晶性质。同样，在形成液晶相过程中侧链起着主要作用，而聚合物链只是部分地对液晶的晶相形成起着一定辅助作用。

4. 热熔型主链高分子液晶

热熔型主链高分子液晶的刚性结构处在聚合物的主链上，主要由芳香族化合物构成。与其他类型的高分子液晶相比，热熔型主链高分子液晶的发展历史较短，近年来由于它在理论方面的重要意义和重大商业价值得到了较好发展。

热熔型主链高分子液晶主要由芳香性单体通过缩聚反应得到，刚性部分处在聚合物主链上。热熔液晶现象是当聚合物被熔化时，分子在熔融态仍能保持一定的有序度，即具有部分晶体的性质。因此，聚合物的有序度与分子的刚性有密切关系，刚性好的分子有利于达到分子的有序排列。

这类聚合物不能实现热熔液晶形成过程，为了使聚合物的熔点降到分解温度以下，必须采取措施减弱分子间力。世界各国对高分子液晶的开发应用越来越重视。对已有的工业化产品开发新用途，并从结构材料和功能性材料两方面入手不断探索新品种。

6.4.3 功能涂料

涂料一直都以"保护"和"美化"底材为主要目的。如果能通过涂膜把被涂物表面的性质改变，即属于智能涂料。

智能涂料的功能性应解释为有美感且拥有特殊性能。现在涂料界有人把功能性涂料分成单功能和多功能两类，也有人根据用途将功能性分类，更有人根据有机、无机、金属等材料性能来分类，这样缺乏统一的分类一直阻碍着功能涂料的发展速度。将来有必要根据涂料作用、构造、形态等把功能涂料系统地统一分类。

1. 示温功能涂料

示温功能涂料是以颜色（或外表）变化来指示物体表面温度及温度分布的功能涂料。由变色颜料（热色物质）、树脂（无机材料）漆料、稀释剂或其他添加剂组成。根据颜料受热变化不同，示温功能涂料可分为以下三种。

（1）可逆型示温涂料　可逆型示温涂料是涂料中变色颜料在受热时仅发出物理化学变化，如晶型转变，放出结晶水等，伴随颜色的变化，冷却后在一定的条件下能恢复原来的颜色。

（2）不可逆示温涂料　这一类涂料在受热时即发生化学性质的变化，如气体等其他新物质的产生，进而引起颜色的变化，冷却后不能恢复到原来的颜色。

（3）熔融型示温涂料　这一类涂料是一种具有固定熔点的微细白色（或彩色）结晶有机化合物分散在高熔点的基料中，涂层受热达到熔点时，其晶架破坏，晶体变为透明液体，涂层的颜色相应由白色到无色，熔融前后产生较大的色差。

示温涂料的主要特性有：

1）适用于一般温度计无法或难以测量的场合，如用于连续运转的部件，表面积大、复杂构件。

2）用多变色示温涂料能测量表面温度的分布。

3）不可逆涂料可作为被测温度变化的永久性记录资料。

4）使用方便、简单，不用任何仪器。示温涂料的缺点是受条件（加热速度，环境温度等）影响，精度比一般测温工具差。

示温涂料的基料有虫胶、醇酸树脂、硝化棉、三聚氰胺树脂、环氧树脂、有机硅及改性物、磷酸盐玻璃、水玻璃等。

2. 防辐射功能涂料

防辐射功能涂料是一种能吸收或消散辐射能，对人或仪器起防护作用的涂料。它由颜色填料和聚合物组成。这种涂料的涂层有以下特点：

1）可以耐较高辐射剂量的射线照射，一旦发生意外事故，它所附着的放射性元素较少，且脱去这些污染物也并不困难。

2）对污染介质和去污剂都有良好的耐蚀性，尤其能耐电离射线的辐射等。防辐射涂料主要用于核装置（如核电站、核反应堆、核燃料、同位素加工厂）及有关研究、实验室和附近构筑物。

耐辐射线涂料用的颜色填料需具有吸收和消散辐射能的特性，如钛、镁、铬、钙、铁、锌、铅等化合物（主要是氧化物）具有吸收和消散射线的能力，是耐辐射涂料中常用的颜色填料，其中铅最常用。聚合物除要具有黏结作用外，还需具备能耐辐射能量的性能，防止在辐射下聚合物分子交联和降解，造成涂层开裂或粉化，所以在涂料的配制和应用中均要合理使用。

3. 耐热功能涂料

耐热功能涂料是一种能长期经受200℃以上温度，涂层不变色、不损坏，仍保持适当的物理机械强度，能起到保护作用的涂料。耐热涂料广泛用于设备的高温部分，如烟筒、排烟管道、高温炉、油裂解反应设备以及飞机、导弹、宇航设备等的涂装保护。在宇航技术中，耐热涂料还要具有同时能受高、低温交变等特性。

耐热涂料由耐热聚合物和填料等组成，常用耐热填料有钛、锑、铁、铝等的金属氧化物、磁粉、云母、炭黑等。

4. 烧蚀功能涂料

烧蚀功能涂料是一种具有吸热、散热和隔热等性能的特种涂料，组成这种涂料的材料应具有以下特性：①当受热时产生大量气体；②不因熔融流动而使材料流失；③能承受剪切压力作用而不致过大地移动；④耐化学腐蚀；⑤具有优良的绝热性，热容大，向外界辐射热量大；⑥导热性小；⑦抗冲击性强。

　　根据材料在烧蚀过程中发生的变化，可以分为：

　　1）成炭型烧蚀材料。这类材料热解后形成一种炭化层，能牢固地附着在下层材料上，起屏蔽作用，并向空间辐射极大量的热。

　　2）升华型烧蚀材料。这类材料在高温中不经熔化而直接气化，同时吸收大量热能，热解后产物都是挥发性化合物，在表面没有炭渣层。填料可增强和改善涂层结构，如纤维填料能提高涂膜强度、耐磨性和降低导热性，升华型填料可增加进入界面层的气体。

　　在航空飞行器中，最广泛使用的是低密度烧蚀材料。低密度烧蚀材料组分具有低的导热性并能减轻飞行器的重量。例如，在以玻璃纤维增强、有机树脂为黏结剂制成的致密蜂窝中，填充低密度材料（如酚醛微球 SiO_2、中空微球、尼龙粉等）作为载人飞行器和行星仪器的热炉罩。

　　烧蚀涂料主要用于宇宙飞船重返大气层的防护罩材料、火箭内部的绝热材料、弹头防烧蚀的屏蔽材料、飞行器内的隔板等。

5. 阻尼功能涂料

　　阻尼功能涂料是一种能减弱振动、降低噪声和起隔热等作用的特种涂料。由黏性聚合物（如聚氯乙烯、聚苯乙烯、聚丙烯、不饱和聚酯等）、填料（如蛭石、云母、二硫化碳纤维级氢氧化镁）、溶剂、增塑剂等组成。

　　阻尼涂料主要涂布于处于振动的平板状物体，如航空器壳体、飞机壳体、汽车壳体、汽车底盘等部位，以抑制机体结构的振动及噪声发射。

　　在涂料工业不断发展的过程中，高新技术向涂料工业输入新的血液，涂料工业也将为高新技术的发展提供丰富多彩的专用功能性涂料产品。

6.4.4　功能性包装材料

　　以包装材料自身的性能为主，在有关的技术领域发挥高水平功能的材料称为功能性包装材料。功能性包装材料的开发以热、水、细菌、气味等作为主要影响因素进行研究，因为这些因素对食品等内容物的影响巨大。

　　本节以食品包装为中心，介绍有关软包装材料及辅助包装材料。

1. 阻隔功能包装材料

　　（1）阻隔气体及防湿性的包装材料　通常人们称透氧性在 $5cm^3/(cm^2 \cdot d)$ 以下，透湿性在 $2g/(m^2 \cdot d)$ 以下的材料为高阻隔性材料。

　　高阻隔气体类包装材料，如铝箔、聚偏二氯乙烯、乙烯、乙烯醇共聚体、丙烯腈类聚合物、聚乙烯醇、蒸镀金属的薄膜等，尼龙等，对气体的阻隔性能较好。对氧气、氮气、二氧化碳等气体的阻隔性能基于扩散透过机理，与凝聚能有很大的关系，凝聚能在 $627J/cm^3$（$150cal/cm^3$）以上的聚合物的薄膜是阻隔型薄膜，透湿性能属饱和型透过机理，非极性薄膜阻隔湿性能优良。

　　EVOH，PVDC，PAN 等极性聚合物对氧的阻隔性能优异，而对湿气的阻隔性较非极性的 PP、PE 等差（PVDC 例外），另外 EVOH 在蒸煮以后，其阻隔性能有降低的趋势，因此，在设计阻隔性包装材料时，必须根据使用的需要，各种材料的多层化组合（复合），以确保对氧及湿气具有良好的阻隔性能。凸版集团开发的氧化硅蒸镀 PET 薄膜 GT，它具有优良的阻隔性能，透明性好，受温度、湿度影响小，可蒸煮。

（2）保香性包装材料　食品包装的保香须注意包装材料的组分向食品迁移以及食品的香气（挥发性物质）透过包装材料逃逸的问题，不过上述两个问题可通过薄膜及加工技术加以解决，现在的问题已转向以研究吸收食品成分为对象的耐变味包装材料。

（3）阻隔光线透过性包装材料　为防止由紫外线引起的化学变化，包装材料要使用紫外线吸收剂和光屏蔽剂，常用的光屏蔽剂有二氧化钛、氧化锌、炭黑等。

2. 透过性包装材料

可以利用对氧、二氧化碳、氢、氮等透过比率不同的材料作为功能包装材料，最为普及的例子是保鲜包装。利用包装薄膜对氧、二氧化碳、乙烯、水蒸气等的透过性，抑制果蔬的呼吸与蒸发作用，达到延长保鲜期的目的。人们对保鲜薄膜的生产给予了高度的重视，保鲜膜有防露膜、含无机物的薄膜、含远红外陶瓷的薄膜、具有吸水及吸收气体的包装材料以及采用各种保鲜剂为辅助材料的包装材料。

3. 防露性包装材料

果蔬水分含量达 85%～95%，不仅需要防止因果蔬生理活动产生的水蒸气结露，保持包装的透明性，而且水滴到果蔬表面，还是果蔬腐败的一个原因，因此利用防露膜（如 FhG），还有防腐的作用，而普通塑料薄膜，表面张力小，不具防露性。

4. 吸附性包装材料

作为包装辅助材料的吸附剂，以吸乙烯、二氧化碳、醛类等为主要对象。根据实际需要，通过吸附剂与塑料薄膜配合使用达到保鲜目的。

5. 脱臭性包装材料

通常广泛应用微孔型活性炭脱臭吸附剂，活性炭纤维具有优良的吸附性能并在工业上得到了广泛的应用。混炼型薄膜已开始用于防止垃圾袋及日常生活中的恶臭。

6. 吸收性包装材料

最近应用 PVA 薄膜、赛璐玢薄膜作为高分子半透膜与高渗透压物质（淀粉分解的麦芽糖）、高分子吸收剂组合而成的吸收片材已上市出售，可以除去食品中的游离水、水滴等，用于保鲜。

7. 耐热性包装材料

现在使用的具有代表性的耐热包装材料是铝、纸板、玻璃、PET、CPET 等。耐热性高的、连续使用温度在 150℃以上的聚合物是聚砜、聚芳基化合物、聚醚亚胺、聚酰亚胺、聚苯撑硫醚、聚醚醚酮、含氟塑料、芳香聚酯等，但上述各种材料成本较高，正进行用无机填料填充及塑料合金等降低成本的研究。

8. 热收缩薄膜

现在使用的热收缩薄膜有聚乙烯、聚丙烯、聚氯乙烯、聚苯乙烯、发泡聚烯烃等，新的动向是伴随着聚酯瓶的大量应用，开发了标签用 PET 收缩薄膜并已实用化。比较了几种薄膜的热收缩性能，PET 热收缩薄膜具有低温收缩性能，因此耐热性低的塑料瓶也可以采用 PET 标签。PET 收缩薄膜还具有高的收缩应力，有优良的束缚性能、良好的印刷性能等众多特性。

9. 易开封薄膜

易开封薄膜具有易撕裂开膜和易剥离开膜两种，主要用于软包装，使用方便。

东洋纺开发的 "EM—H" 可采用脉冲或者热板焊接，既可单独使用，也可用作复合薄

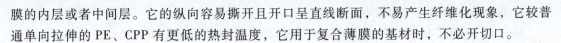

膜的内层或者中间层。它的纵向容易撕开且开口呈直线断面，不易产生纤维化现象，它较普通单向拉伸的 PE、CPP 有更低的热封温度，它用于复合薄膜的基材时，不必开切口。

10. 其他

作为功能性薄膜，除上述外，还有耐穿刺膜、磁屏蔽膜、防污膜、防锈膜，应环境保护要求而开发的生物分解膜以及利用多功能远红外陶瓷的功能性薄膜等。

6.4.5 智能高分子材料应用展望

人类正向着宇宙和深海，向着未来的世界探求，向着极限挑战。如同追求没有尽头的美景一样，新型材料也向着"功能更好、更坚固、更轻、更便宜"的目标不停地发展。尤其是随着高度信息化社会的到来，对新型材料的需求急剧增加，以此为背景，下面就各领域里对智能高分子材料的需求加以探讨。

1. 电子学方面的需求

化工材料对电子工业的发展起了巨大作用。随着计算机的普及，在硅板上首先是大量使用了各种工程塑料、树脂成型品、薄膜和陶瓷等制品作为半导体的保护材料、印刷电路板和绝缘材料。

此外，由于高聚物一般电绝缘性高，所以一向作为绝缘材料被广泛利用。根据应用范围不同，分别要求高聚物具有强度、耐热性、黏结性和传热性等性能。在超高电压方面，过去的高分子材料绝缘性很差，今后希望能有绝缘性更高的材料。另外还迫切要求开发出用作导电体的高分子材料，电导率超过铜、甚至铝。高分子材料在可加工性和密度方面比金属材料优越。以高聚物为载体的分散型复合材料，有填充炭黑、银和镍粉的橡胶或弹性体等，这些材料用在导电元件、电阻元件、电磁波屏蔽材料和防静电等方面。由于这些材料在微观上是不均匀的，因而用于精密电子元件的材料是有限的，所以如何使高分子本身具有很好的导电性和耐久性还是个重要课题需要突破。

超导电高分子材料也受到很大重视。迄今所找到的有机系列超导电体都是电荷转移配位络合物。这种材料一般导热性低、易发脆，所以预计很难应用在超导电磁铁或超导电输电线路上，因此人们希望能开发出超导电的新材料和新的加工方法。

2. 信息处理上的需求

透明度高的高聚物—光导纤维，可用作光透射型材料。折射率分布型的材料也在研究中，能达到实用程度的是在透明物的周围包覆比该物质折射率低的材料。

光导纤维芯的成分是聚苯乙烯，外壳成分有聚甲基丙烯酸甲酯等，与石英纤维相比，其缺点是不易得到纯度高的产品。因红外线和一部分可见光的吸光作用使光导纤维的传输受到很大损失，所以塑料光导纤维的应用只限于近距离，使用温度也限定在玻璃化温度以下。但是，利用高聚物的柔软性、易加工、体轻和价廉等优点，在装置内传送光信号、装饰和广告陈列等方面的应用正在扩大。如能提高透明度，减少雷利散射，使光损失尽量减少，提高玻璃化温度，则光导纤维的应用范围无疑会迅速地扩大。

塑料在光线路上有连接器、滤光器、光信成电路、光分度器和衍射光栅等用途。高分子材料在光存储器件上的应用也颇有前途，但目前的情况是存储只能输出，尚不能输入。因此还需要解决输出输入的可逆化和消除等问题。

3. 组成各种敏感元件的需求

高分子材料用作敏感元件时，可按所利用的材料的特性分成以下几类：

（1）电场感应材料 在主链或侧链上带有酞菁、卟啉环或吡唑啉环等的高分子材料，在某种电压下会发生色泽变化。

（2）磁场感应材料 对液晶高聚物的磁场定向、磁各向异性的温度变化情况进行了观测。现在还没有有机高分子的磁性体，为使高分子带有磁性，正在研究以不成对电子、原子、离子或自由基为骨架，制备高聚物或将其导入侧链等的方法。

（3）光感应材料 人们不仅研究了共轭系高聚物的光致导电性，而且对聚乙烯等带饱和键的高聚物也进行了研究。后续希望在半导体激光使用的近红外领域能开发出灵敏度高的材料。

（4）温度感应材料 高分子材料的热、电性质相结合的作用，有热电动势、热电性、介电常数及电阻的温度变化等。而在热和光学性质之间，则有聚苯乙烯和三苯甲烷系色素及对苯醌混合物的色泽变化、聚丙烯酸树脂和 EVA 共聚物的透明度变化。用聚偏二氟乙烯等可进行热致发光现象的观察。此外，一般高分子材料热膨胀系数大，所以如果形状反复变化的重复性好，就有可能用于双金属之类的温度传感器或控制器上。

（5）应力感应材料 聚偏二氟乙烯或偏二氰乙烯共聚物等受压力或压电的作用，会产生电阻或发生介电常数变化。这种功能在扬声器、心音检查传感器机器人的触觉和振动传感器等方面应用范围很广。

（6）物性传感材料 这是一种利用物理吸附而发生阻抗变化的材料。如 H_2O 的传感剂可用离子交换树脂，多孔质聚氟苯乙烯用在空调和程序控制上，还有用于 NO_2 和 CO 气体传感的高分子材料。在阻力变化之外，还有用于容量或共振频率等变化的材料。

作为传感器的必备条件，应该是微小的异常能引起很大的物性变化，而且重复性和各种使用条件下的耐受力也要达到起码的要求。

4. 医疗上的需求

随着生活水平的提高和高龄化社会的到来，人们对健康越来越关心，这是因为随着治疗医学的飞速发展，医疗上的需要不仅限于传统药品，还有许多医疗用具、仪器和用品。尤其是医疗用品，初期只是直接利用现有材料，由于开发工作的进行，逐渐做到了可根据治疗目的选用适当的材料。随着今后医学的发展，对材料性能的要求正向着多样化和高效率化发展，特别是因为与人体密切相关，所以更要求材料具备卓越的性能。

医用材料的使用范围，可大致分类如下：

1）检查、诊断方面（传感器、测定仪器零件、检查用材料）。

2）辅助治疗（注射器、缝合线、手套等手术用品）。

3）人工脏器（代替生物体组织的材料、治疗和延长生命装置的零件）。

4）药品（微囊、高分子药品、缓慢释放用载体）。

上述医用材料的使用条件各不相同，但每种物质都要以某种形式与生物体组织或来自生物体的物质相接触，才能在使用中发挥功能作用，所以一定要具备最低限度的生物体适应性和医用功能。此外，医用材料的使用条件也因部位（生物体内、体外、体表）、时间（暂时、长期、半永久性的）、使用情况（与循环血液接触、与不循环血液接触、不接触）而有很大不同，不能一概而论。

5. 运输工具上的要求

（1）汽车　用于外装修零件和内装修零件所需的材料已有相当一部分采用高分子材料，平均约占总质量的1%。最近在发动机周围的一部分零件也开始使用高分子材料。为进一步增加使用比例，达到减小质量的目的，特别需要向一级结构材料发展。可能作为一级结构材料使用的主要是纤维增强塑料，它的实用化比早先设想的时间有所推迟，其原因主要有以下几点：①成型加工时间长，生产效率低；②价格比钢板高；③涂装质量不如钢板；④与钢板等其他材料的接合性差。

但是，纤维增强塑料做外装修部件的轻型材料的需要量是很大的，用玻璃纤维、碳纤维和硼纤维等复合的多样化材料也很有前途。尤其是重要功能部件的塑料化，用工程塑料取代这些部件的工作正在进行。但是，这些部件因容易老化或疲劳等造成的性能下降还是个很大的问题，因而要保证包括材料耐久性在内的可靠性。

（2）铁路车辆　铁路与汽车不同，它是作为公用交通事业发展起来的，对不能燃烧起火等问题有严格规定，因此使用塑料的时间稍晚。但是，靠使用金属材料减小质量已经接近极限，如能试制出不燃性增强塑料或复合材料，则铁路车辆的塑料化有可能大规模实现。再从将来铁路上可能使用流线型电动车辆来考虑，轻型化所用结构材料与汽车相似之处甚多。流线型电动车辆中，超导电磁铁占总质量的相当比例，如果能用高聚物的超轻型导电材料来代替，毫无疑问，在实用上将取得很大进步。中国制造的磁浮高速列车应用了大量高分子材料。

（3）飞机　第一次石油危机后，航空用燃料费用达到运行成本的50%以上，因此，飞机的轻型化成为趋势。现在担任轻型化主角的是以碳纤维和凯夫拉纤维为增强材料，以环氧树脂为基质制成的复合材料。

飞机轻型化的内容是以高分子复合材料取代铝、钢等金属材料，但目前还存在以下问题：①改进加工性能；②材料的最佳化和可靠性；③开发黏结材料；④增强纤维的三维化；⑤提高材料的韧性。

（4）航天飞船　航天飞船，特别是返回式航天飞船在越过大气层时，要产生超过1000℃的高温，是对材料高温和低温应用的挑战。

6. 日常生活上的需求

在我们的日常生活中，未使用高分子材料和塑料类的物品为数甚少。衣料、家用电器、日用百货、照相机、钟表、文娱体育用品等许多物品都使用了高聚物零部件。尤其是工程塑料的出现，使高分子材料的应用范围进一步扩大。例如，在日用百货中，连罐头等食品的包装材料也在使用聚酰胺或聚碳酸酯薄膜，在药品、饮料、化妆品容器、眼镜框架、食品罐头黏合剂、炒勺或蒸气熨斗的非黏合涂装以及雨衣的防水加工等方面，也都使用了高分子材料。照相机等也将聚碳酸酯用做底材。凯夫拉纤维则是网球的球拍、鱼竿、滑雪板、西式弓、高尔夫球杆长柄等体育用品的强化材料。

对高分子材料在这一领域里的功能需要，因使用目的不同而多种多样。一般要求其具有的功能是耐热性、耐磨性、耐冲击性、难燃性、可加工性和耐候性等。根据各种用途，还应具有耐水性、耐油性、耐溶剂性、耐蠕变性、透明性和电学特性等。

7. 工业上的需求

高分子材料在工业领域的应用范围也很广。高分子材料在工业领域的应用，首先是代替金属和木材等基本原材料。因此，要求材料在强度、耐热性、耐久性和耐化学药品性等方面应有突出的性能，其中可加工性和经济效益等方面尤为重要。工程塑料正是最理想的高性能原料。

在化学工业和仪器工业等生产部门，由于石油危机以来能源价格的上涨，对生产成本产生了极大的影响，因而人们迫切希望使用不带有相变化的节能方法——膜分离技术。在医疗和电子工业等部门，对超纯水的需要量逐年增加，如将反渗透膜和离子交换法或蒸馏法同时并用，将取得良好效果。食品工业上为防止加热产生的质量变化，也迫切需要使用膜分离法取代真空蒸发和冷冻干燥的方法。此外，工业上用水量的增加，从河川的取水量将超过流入量，预计水量不足问题在不久的将来会更加严重，工业废水的回收利用和海水的淡化成了研究重点。

8. 农业上的需求

提到高分子材料在农业上的用途，人们立即想到的可能就是农用薄膜。农用薄膜所要求的特性是，畅流性、耐候性、透光率、保温性和热熔接性等。此外，高分子材料还在农药和化肥方面得到应用。用于农药方面的高分子材料应具有如下性能：①保持药效的持久性；②增强药效；③使药效稳定和防止分解；④降低毒性；⑤抑制恶臭；⑥减轻作物所受毒害；⑦施用简便。

高分子农药有高分子本身具有活性的（抑制水中的藻类或菌类繁殖用的季铵盐高聚物）和将低分子农药制成高分子的农药（乙缩醛键与2,6-二氯苯甲醛制成聚氨基甲酸乙酯型共聚物的除草剂）两种。

用于改良剂型的高聚物，有被高聚物溶解或吸附的农药（聚氯乙烯中浸渍2,2-二氯乙烯二甲基磷酸酯杀虫剂，20%的缓慢释放性杀虫片等），制成微囊（用有机磷类杀虫剂交联的聚酰胺膜、明胶膜、聚氨基甲酸乙酯等制成微囊的农药）以及包合化合物（对不耐紫外线或氧化的除虫菊酯用8-环糊精包合成为稳定的农药）等，将来则要求能制出价格低廉、有生物降解作用，并且在环境上不残留痕迹的农药用高分子材料。

此外，如果能做到在植物生长的某一特定时期内，只给予所需的必要肥料，不仅会对节约肥料做出很大贡献，还可以防止土壤中各种成分出现不平衡现象。对氮肥进行羟甲基化等以改变其化学结构或涂以涂层以及制成基块等方法，以达到缓效的效果。

9. 能源开发上的需求

能源开发需要能耐高温高压等苛刻条件，可靠性高的高强度材料。过去是以高性能的金属材料为主体，但近年来开始使用陶瓷或高聚物等材料。

在石油的开发上，随着资源的枯竭，要开发海底油田和石油的二次、三次回收，采掘条件逐渐变得苛刻，油井也越打越深，油田还含有硫化氢或二氧化碳等腐蚀性气体，这些都要求除高性能的合金之外，还需要能开发出具有耐压、耐热、耐水和耐腐蚀等综合性能的材料。

在原子能问题上，高分子吸附剂应用于海水浓缩铀、重水和六氟化铀的同位素分离等，对高分子材料的需要量是很大的。

对于取代石油和煤炭等化石资源的新能源——太阳能的利用，希望能从目前以硅为主的无机类太阳能电池，转向使用有机高分子材料制成的太阳能电池。据认为高分子材料具有选择范围广、可加工性好以及采用涂覆方法能得到价廉而且大面积的元件等优点。

10. 希望开发的功能高分子材料

智能材料的问世开创了人类主动设计和创造新材料的新纪元。智能材料的设计及研制紧密围绕市场需求，产业化和商品化迅速。聚合物特殊的结构特征决定了它的智能价值，目前对结构的设计和控制还局限于一次结构，所以，聚合物的高次结构以及与之密切相关的分子间的相互作用必将成为今后智能高分子研究的重要课题。

拓展阅读

致敬：不可不知道的高分子材料领域院士！

在新材料领域中，正在形成一门新的分支学科—高分子智能材料，也有人称机敏材料。高分子材料也称为聚合物材料，是以高分子为基体，再配以其他添加剂（助剂）所构成的材料。高分子智能材料是通过有机和合成的方法，使无生命的有机材料变得似乎有了"感觉"和"知觉"。我国在高分子材料的开发和综合利用方面虽然起步较晚，但发展较快，高分子材料为我国的经济建设做出了重要的贡献，我国目前已建立了完善的高分子材料的研究、开发和生产体系。很多研究成果已处于国际领先水平，已广泛应用于航空航天、核能、电子电气、石油化工、精密机械、环保等领域。其中离不开高分子领域科研工作者的努力，尤其是此领域内的院士。

1. 曹镛：科学工作者的价值在于淡泊名利，科学贡献

曹镛，1941年10月14日出生于湖南长沙，高分子化学家，中国科学院院士、发展中国家科学院院士，华南理工大学教授、高分子光电材料与器件研究所所长。成功地研制出可弯曲的塑料片基发光二极管使铝阴极LED的电荧光量子效率达到甚至超过钙阴极器件等。提出大幅度提高聚合物发光效率的新途径。

"当前，新一轮科技革命和产业变革正加速推进，我国显示产业也迎来了新的发展机遇和挑战。面对当前的全球发展格局，新一轮科技革命和产业变革同时重构全球创新版图。各产业链上的从业者需要在这一轮科技和产业变革中，抓住机遇、强链补链，加快突破关键技术瓶颈，实现我国关键核心技术的自主可控，促进产业融合创新和迭代升级。"曹镛表示，在这个过程中，自主创新的重要性比以往更加突显，从业者需要坚持自主研发和技术创新，更要注重创新成果的转化，将科研成果与市场需求相结合，以科技创新推动我国经济高质量发展。

2. 陈庆云：砥志研思七十年，一片丹心兴邦梦

陈庆云（1929.1），湖南湘乡人，中国科学院院士、著名有机化学家和国际知名有机氟化学家，主要从事有机氟化学研究、成功地将全氟烷基引入有机分子，为含氟材料和有机氟化学做出了贡献。

陈庆云院士在科研方面治学严谨、求真务实、勇攀高峰；在培养人才方面学为人师、行为世范、桃李满园；在为人处事方面淡泊名利、待人谦和、豁达大度，实为广大年轻后学的典范。

3. 黄春辉：辛勤耕耘五十载，把教书育人作为最大的乐趣

黄春辉，女，1933年5月4日出生于河北邢台，籍贯江西吉安，无机化学家，北京大学化学与分子工程学院教授、博士生导师，中国科学院院士。研究内容涉及稀土元素的萃取分离、稀土配合物的分子设计、合成、结构及性质研究，特别是稀土配合物的光致发光及电致发光性质的研究。在分子基功能材料的研究中，将二阶非线性光学材料分子设计的原理引入到光电转化材料的设计中，发现了两者在构效关系上的相关性，开发了一类新的光电转化材料。

黄春辉从来不勉强学生做事，而是告诉他们应该怎么做。她的学生和她一起搞研究，几乎都介入过这个"光电功能膜"的获奖课题。她对学生的期望是：只要在自己身边经过三年或者五年的学习之后，在某一方面能知道的比原来更多，并知道今后应该怎么做就可以了。她还说，老师的责任就是要将学生带到学科发展的前沿，当他们离开的时候，应该知道在自己的专业领域，国际上都发生了什么事，具有跟国际同行共同工作和对话的本领。

4. 李永舫：守正创新，迈向复兴！

李永舫，1948年8月10日出生于重庆市，高分子化学家，中国科学院院士，中国科学院化学研究所研究员，苏州大学材料与化学化工学部特聘教授、博士生导师。

李永舫在聚合物太阳电池（PSC）共轭聚合物给体和富勒烯受体光伏材料以及电极界面修饰层材料、导电聚合物电化学等方面取得了系统的和创造性的研究成果，对中国光电功能高分子领域的快速发展起到了重要的推动作用。

5. 沈家骢：以青春之名，唱响逐梦之歌！

沈家骢，1931年9月3日出生于浙江省绍兴市，高分子化学家、中国超分子化学的开拓者之一，中国科学院院士，吉林大学教授，浙江大学教授，超分子结构与材料国家重点实验室（吉林大学）学术委员会副主任。

沈家骢一直不遗余力，超负荷地工作着，勇挑重担，不计较个人得失，为吉林大学、化学系、超分子结构与材料教育部重点实验室的兴旺和发展做出了重要贡献。

6. 沈之荃：科技创新，最要紧的要有科学态度！

沈之荃，1931年5月27日出生于上海，高分子化学家，中国科学院院士，浙江大学材料科学与工程学院教授、博士生导师。沈之荃是中国过渡元素与稀土催化合成顺丁橡胶和异戊橡胶领域从研究到工业化创建人之一，她在催化聚合及高分子材料等方面做出了卓越的贡献。

沈之荃热心社会公益，担任过许多社会职务，一直积极为中国科技期刊的发展出谋划策。

7. 唐本忠："AIE"之父，让"中国原创"走向世界

唐本忠，1957年2月出生于湖北潜江，高分子化学家，中国科学院院士、发展中国家科学院院士，香港科技大学化学系讲座教授，香港中文大学（深圳）理工学院院长。

在国际发光材料研究领域，他首次提出"聚集诱导发光"（AIE）概念，启发了无数原创性研究成果，被认为是"中国科学家开拓和引领的一个新研究领域"。他在国外求学、科研、工作，最终选择回到祖国，一心想为国家培养创新型高技术人才。他认为，"中国人需要原创性的科研成果。我们有信心，也有实力成为世界原创科研的重要输出国。"

8. 王佛松：闪烁着我国科学家与祖国同行，与科学共进的崇高科学精神

王佛松，1933 年 5 月出生于广东兴宁，高分子化学家、中国科学院院士、第三世界科学院院士、国家有突出贡献的专家、梅州市首批发展战略顾问。曾任中国科学院副院长。王佛松主要从事定向聚合、稀土催化及导电高分子研究。于 20 世纪首次发现了稀土催化剂可用于异戊二烯的定向聚合，并开发出橡胶新品种——稀土异戊橡胶。20 世纪 80 年代初率先在国内开展导电高分子研究，与国外几乎同时成功地合成了可溶性聚苯胺及其支撑膜；针对定向聚合生产中溶剂回收能耗大的问题，提出了稀土异戊二烯本体聚合的研究，并开发出合成双烯橡胶新技术，取得专利。近期，他还开展高分子——无机纳米复合材料的工作。

王佛松先生是我国著名的高分子化学家，他把人生最宝贵的年华、智慧都无私奉献给了祖国和科学；王佛松先生是我国优秀的教育家，他为人师表、严谨治学的高尚品质，为我们树立了精心育才的光辉典范；王佛松先生是卓越的科研组织领导者，为应化所和中科院的创新发展做出了重要贡献；王佛松先生是国际合作交流的杰出典范和民主政治的积极推动者。"他代表着一代科技工作者所走过的艰辛开拓和攀登之路，闪烁着我国科学家与祖国同行，与科学共进的崇高科学精神，是我国知识分子的优秀代表。"

家是最小的国，国是最大的家。王佛松院士的梦想，始终弥散出一份浓重的家国情怀。他的经历，清晰地诠释出从"我的梦"到"中国梦"的转变与融合。

9. 张俐娜：巨星陨落，身后留下无尽的绿色财富

张俐娜（1940 年 8 月 14 日—2020 年 10 月 17 日），籍贯江西萍乡，出生于福建省光泽县，高分子物理化学家，中国科学院院士，武汉大学化学与分子科学学院教授、博士生导师。主要从事天然高分子材料与高分子物理的基础和应用研究。创建出一系列基于纤维素和甲壳素新材料，并阐明材料结构与性能之间的构效关系，由此开辟了构筑天然高分子材料新途径。张俐娜教授带领的研究队伍通过开发一种神奇而又简单的水溶剂体系，敲开了纤维素科学基础研究通往纤维素材料工业的大门。

作为我国天然高分子科学领域的杰出科学家，张俐娜院士把自己的一生无私奉献给了祖国的科研和教育事业，为中国化学学科特别是高分子物理与天然高分子材料领域的研究和发展做出了卓越贡献。

10. 周其凤："飞鸿踏雪泥，老凤发清音"，化学可以成就人文

周其凤，1947 年 10 月 8 日出生于湖南浏阳，高分子化学家、教育家，中国科学院院士，北京大学化学与分子工程学院教授、博士生导师，吉林大学原校长，北京大学原校长。主要从事高分子合成及液晶高分子领域的研究。

"做人、做学问、做官，周院士都是一流的，尤其是做人，堪称极品。"熟悉他的人，都对他朗朗的笑声和温暖的大手印象深刻。跟他在一起，你不敢撒谎，不敢偷懒，他的真诚与勤奋让你做不了这两件事。

11. 程镕时：功名流千古，风德昭后人

程镕时（1927 年 10 月 18 日—2021 年 2 月 7 日），江苏宜兴人，高分子物理及物理化学家，中国科学院学部委员，南京大学教授、华南理工大学教授、博士生导师，中国科学院院士。我国高分子物理学科的开拓者之一。

程镕时认为：做科研要提倡大胆突破、勇于创新。他一直教导学生："如果老是去研究人家已经研究过的东西，永远都达不到学科前沿和科学顶峰"。

12. 朱道本：交叉学科—优秀科学家紧密合作出的"交响乐"

朱道本，1942年8月出生于上海，原籍浙江杭州，有机化学家、物理化学家、中国科学院院士、第三世界科学院院士，中国科学院化学研究所研究员、博士生导师，中国科学院有机固体重点实验室主任。朱道本长期从事有机固体领域的研究，在有机晶体电磁性质、C60、有机薄膜和器件等方面的研究中做出了有影响的工作，是我国从事该领域研究的主要科学家之一。

朱道本院士心系祖国，致力于科研工作，为科研工作呕心沥血，对于青年研究工作者他也有自己的一份寄语："青年人做科学研究，要善于抓住方向、善于发现机遇、普于协同合作、善于厚积薄发、善于掌握辩证、善于做交叉研究、善于师法自然"。

13. 卓仁禧：新中国培养的第一批科学家，倾尽所学为强国

卓仁禧（1931年2月12日—2019年8月6日），男，福建厦门市人。高分子化学家。著名化学家、中国生物医用高分子材料重要奠基人之一，中国科学院化学部院士。长期致力于有机化学、金属有机化学、高分子化学的教学和研究工作。在有机硅化学、生物医用高分子研究等方面尤有建树，并取得了创新性成果。曾获教育部科技进步奖一等奖，以及曾获全国科学大会奖、国家科技发明奖、国家自然科学奖等多项科技进步奖。

从小出生于生意门第的卓仁禧没有跟父从商，也没有学习自己从小喜欢的艺术，他小时候和母亲一样喜欢音乐。国家最需要什么，卓仁禧就学什么。卓老真正将自己的一生奉献给了祖国，奉献给了人民。卓仁禧所开创的生物医用高分子领域的研究，填补了国内相关研究的空白，他也因此成为国内生物医用高分子研究领域的核心奠基人之一。他的贡献不仅仅在于取得了一系列的重要研究成就，更在于培养了一批批该领域的研究攻关人才，让我国在生物医用高分子领域的研究迅速向发达国家看齐。

14. 颜德岳："远眺青山不老，俯瞰绿水长流"

颜德岳，1937年3月出生于浙江省金华市永康市，高分子化学家，中国科学院院士，上海交通大学化学化工学院教授、博士生导师。颜德岳主要从事聚合反应动力学研究、超支化聚合物的分子设计和不规整聚合物的超分子组装领域的研究。

"一个国家的硬实力还是靠科技，我希望能有更多的学生能从爱国情怀出发，投身科研"。耄耋之年的他依旧壮心不已，近年他还在新药研制和药物递送方面提出新的概念—淡出江湖情未了。

15. 高从堦：写在一张膜上的创新追求

高从堦，男，1942年11月生于山东即墨，中共党员。1965年毕业于山东海洋学院海洋化学系（今中国海洋大学），1982—1984年赴加拿大滑铁卢大学进修。1993年获国家有突出贡献的中青年专家称号，1995年5月评选为中国工程院院士。长期从事功能膜及工程技术的研究和开发。研究成功CTA中空纤维反渗透膜和组器并产业化，效益显著。研究成功芳香族聚酰胺复合反渗透膜、荷电膜及多元合金膜等数种孔径和亲水性各异的新膜品种推广应用。

16. 蹇锡高：做中国自己的高性能材料

蹇锡高，1946年1月6日出生于重庆江津，有机高分子材料专家，中国工程院院士，亚太材料科学院院士，大连理工大学教授，高分子材料研究所所长，辽宁省高性能树脂工程技术研究中心主任。

本已过了退休的年纪，蹇锡高却依然斗志不减，工作日程表安排得满满当当，几乎放弃了所有节假日。作为有着40多年党龄的老党员，蹇锡高在自己所在党支部"不忘初心、牢记使命"重温入党初心活动中，郑重写下这样的话："我入党40多年，从未忘记入党誓词，作为科技工作者，要为满足国家重大需求，解决'卡脖子'问题，贡献余生一切力量。"

17. 季国标："一生为百姓作霓裳"

季国标（1932年3月—2019年9月5日），江苏省无锡人，我国化纤工程技术、生产运行和工业发展方面主要奠基者、开拓者和技术带头人之一，中国工程院院士，东华大学现代纺织研究院原院长。

他一生致力于高新化纤工程科技的咨询工作，从未懈怠，他常说："看到我国纺织化纤工业的发展，我的辛苦实在算不了什么。"

18. 姚穆：中国纺织行业标准制定者，移动的纺织百科全书

姚穆，1930年5月13日出生于江苏省南通市，纺织材料专家、教育家，人体着装舒适性研究的开拓者之一，中国工程院院士，西安工程大学终身名誉校长、教授、博士生导师。

2003年，国内还没有研发出能有效隔离"非典"病菌的医用防护服，不少医护人员被感染。当时能够隔离病菌的装备只有军用防毒服，但是穿着防毒服的医护人员，在工作4个小时后就能出约半公斤重的汗，根本无法正常工作。

什么样的服装，既能把毒防住、又能让水蒸气透过去？临危受命的姚穆加入一个28人的核心研发团队，基于过去的研究成果，通过多次实验测算，他和团队最终选出了制作防护服的关键材料——聚四氟乙烯薄膜。

除了非典这一仗，姚穆参与过许多国家发展重要项目。新中国成立之初，纺织工程专业缺少现成的教材，他就自己编自己教；香港回归之际，他负责研发新一代军服，让战士们在罗湖桥上展现驻港部队的英姿和军威。姚穆前进不止的步履总是应和着国家发展之所需。

19. 郁铭芳：化学纤维织棉锦衣、人生"丝"路走一回，奉献终身

郁铭芳（1927年10月3日—2020年4月12日），出生于上海市，化学纤维专家，中国工程院院士，东华大学教授、博士生导师。

"迎难而上、永不言倦"的郁铭芳从参与研制并纺出我国第一根合成纤维锦纶6丝，到第一根国产军用降落伞用锦纶长丝，从组织领导聚酰亚胺纤维等高性能纤维研制，到主持"丙纶喷丝直接成布"项目，60多年来，郁铭芳用一个个的研究成果为解决国人穿衣问题和国防战略做出了卓有成效的贡献，他的一生始终奋战在将中国建设成为世界化纤强国的道路上。

（素材来源：百度百科）

习　　题

1. 什么是模糊材料，简述模糊材料的发展方向。
2. 简述高分子材料的记忆功能。具有形状记忆功能的高分子材料应用在哪些方面？
3. 简述智能高分子材料的设计原理。
4. 智能高分子材料有哪几种合成方法？
5. 智能高分子纤维有哪些种类？各有什么作用？应用于哪些领域？
6. 简述光纤传感器的应用。

第7章

其他传感元件

学习目标

1. 了解电阻应变丝在智能结构中的应用，并掌握电阻应变丝的工作原理。

2. 掌握智能结构中电阻应变丝的选择原则，了解电阻应变丝与复合材料结构的耦合研究，了解智能结构中电阻应变丝的补偿技术。

3. 了解碳纤维复合材料的研究和应用概况。

4. 掌握智能无机非金属高分子复合材料及其应用。

7.1 电阻应变丝

7.1.1 电阻应变测量在智能结构中的应用依据

在智能结构中采用电阻应变丝作为传感元件，是基于电阻应变测量所具有的一些重要的特点，而这些特点可以从电阻应变测量技术的发展及其应用实践上加以验证。

电阻应变测量的基本原理最早是由汤姆逊发现的，他在指导铺设大西洋海底电缆时，发现金属材料在受到压力或其他外力作用时，电阻会发生变化，利用这一原理他测得了海洋深度，提出了"金属丝在机械应变作用下会发生电阻变化"的原理。但是，由于电阻丝在拉伸或压缩时的电阻变化相当小，在当时的技术条件下，还不能利用这一原理制成应变片。1923 年，美国的 P. N. 布里奇曼再次证实汤姆逊的实验，并根据这一原理制成了测量水压的压力计。

到了 20 世纪 40 年代，由于机器制造工业和工程建设的发展，特别是航空工业的进步，迫切需要测定机器零部件和工程结构的受力状态，而机械变形仪表（如木工水平仪，百分表，千分表等）无论在适用范围方面还是测量精度与工作条件方面都存在一定局限性，远远不能适应这一要求。因此，为了解决这一课题，人们进一步研究了金属丝的"应变电阻效应"，试图寻求新的应变传感元件和测量方法。从此，应变测量技术出现了一场深刻的变革。

随着工业和科学技术尤其是电子工业的飞速进步，电阻应变测试技术获得了巨大的发展，现已成为"实验力学"的一个重要分支。以应变片为例，在丝绕式应变片基础上，

123

1950 年左右，出现了照相制版腐蚀成形的箔式应变片，1951 年又出现了用阴极溅射方法形成金属膜以代替绕制金属丝的薄膜应变片；1957 年开始利用半导体压阻效应，制成了体型、扩散型、蒸镀型和欧姆结型半导体应变片等。近年来，由于原子工业和航天技术的迫切需要，以及新技术的采用，电测技术又有了新的飞跃，正朝着自动化，数字化和超小型化方向发展。实践表明，应变电阻测量技术具有以下优点：

1）灵敏度高，测量速度快，结果精确、可靠、稳定。

2）易于实现测试过程的自动化和多点同步测量、远距测量和遥测。

3）应变丝式应变片形小质轻，不改变测试对象的原有应力状态。

4）可进行静态、动态和瞬态应变测量，可测频带宽。

5）运用范围广，可在高温、高压、高速、旋转和具有放射性干扰等特殊条件下进行测量。

6）易于进行各种补偿，使用方便。

由于电阻应变测试技术具有这些优点，它已广泛地应用于各个领域，如机械、电力设备、化工容器、航空发动机、宇航飞行器、原子反应堆等机器设备，以及铁道、桥梁、隧道、河港、房屋、建筑、地下建筑等结构的动态、静态力学参数的测定，甚至地震预报、地质勘探、医学等方面，也采用了电测技术。

7.1.2 电阻应变丝工作原理

电阻应变丝埋入复合材料结构以后，随着结构的变形电阻应变丝会发生"应变电阻效应"，即金属丝的电阻值随其机械变形而变化的一种物理特性，如图 7-1 所示，设电阻丝长度为 L，横截面面积为 F，电阻率为 ρ，则电阻丝的电阻为

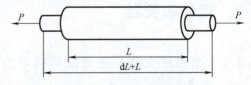

图 7-1　电阻丝的电阻计算

$$R = \frac{\rho L}{F} \qquad (7\text{-}1)$$

当电阻丝受拉而伸长 $\mathrm{d}L$ 时，其横截面面积将相应减小 $\mathrm{d}F$，电阻率则因金属晶格发生变形等因素的影响也将改变 $\mathrm{d}\rho$，这些量的变化，必然引起金属丝的电阻改变 $\mathrm{d}R$，并有：

$$\mathrm{d}R = \frac{\rho}{F}\mathrm{d}L - \frac{\rho L}{F^2}\mathrm{d}F + \frac{L}{F}\mathrm{d}\rho \qquad (7\text{-}2)$$

即

$$\frac{\mathrm{d}R}{R} = \frac{\mathrm{d}L}{L} - \frac{\mathrm{d}F}{F} + \frac{\mathrm{d}\rho}{\rho} \qquad (7\text{-}3)$$

式中　$\mathrm{d}L/L$——金属导线长度的相对变化，用应变 ε 表示。

$$\varepsilon = \frac{\mathrm{d}L}{L} \qquad (7\text{-}4)$$

$\mathrm{d}F/F$——导线截面面积的相对变化，对于圆形截面的导线，若电阻丝半径为 r，则

$$\mathrm{d}F = \mathrm{d}(\pi r^2) \qquad (7\text{-}5)$$

$$\frac{\mathrm{d}F}{F} = \frac{2\pi r \mathrm{d}r}{\pi r^2} = \frac{2\mathrm{d}r}{r} \qquad (7\text{-}6)$$

电阻丝半径的相对变化 $dr/r = -\mu dL/L$，μ 为电阻丝材料的泊松比，代入式（7-6）可得

$$\frac{dr}{r} = -\frac{\mu dL}{L}$$

$$\frac{dF}{F} = -\frac{2\mu dL}{L} \qquad (7-7)$$

将式（7-4）、式（7-7）代入式（7-3）得

$$\frac{dR}{R} = (1+2\mu)\frac{dL}{L} + \frac{d\rho}{\rho} = (1+2\mu)\varepsilon + \frac{d\rho}{\rho} \qquad (7-8)$$

或

$$\frac{\frac{dR}{R}}{\varepsilon} = (1+2\mu) + \frac{\frac{d\rho}{\rho}}{\varepsilon} \qquad (7-9)$$

令

$$K_s = \frac{\frac{dR}{R}}{\varepsilon} = (1+2\mu) + \frac{\frac{d\rho}{\rho}}{\varepsilon}$$

$$\frac{\frac{dR}{R}}{\varepsilon} = K_s$$

$$\frac{dR}{R} = K_s\varepsilon \qquad (7-10)$$

式中　K_s——电阻丝的灵敏系数，表示电阻丝产生单位应变时，电阻相对变化 dR/R 的大小。显然 K_s 越大，电阻丝反映出来的信号越大，故越灵敏。

当电阻丝的材料确定时，则 μ 为常数，$\dfrac{d\rho}{\rho}/\varepsilon$ 则不全是常数，对于某些材料如康铜丝，其应变 ε 和电阻相对变化 dR/R 之间始终存在着线性关系，而对大多数电阻丝而言，$\dfrac{d\rho}{\rho}/\varepsilon$ 并非常数，在应变 ε 较大时，便不成线性。

电阻应变丝正是依据以上的原理而工作。

应变电阻丝的阻值变化反映了被测应变值的大小，但阻值的变化还需转化成电信号才能进行实际测量。一般有以下两种方式工作，一种是电桥形式，另一种是双恒流源电路。双恒流源电路如图 7-2 所示。

其输出电压与电阻应变丝的电阻变化之间的关系为

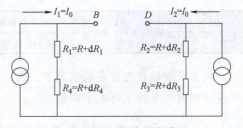

图 7-2　双恒流源电路

$$U_{BD} = I_0(\Delta R_1 - \Delta R_2 - \Delta R_3 + \Delta R_4) \qquad (7-11)$$

如用应变表示，则为

$$U_{BD} = I_0 R K_s (\varepsilon_1 - \varepsilon_2 - \varepsilon_3 + \varepsilon_4) \tag{7-12}$$

电阻应变丝的工作采用直流电桥工作，直流电桥的形式如图7-3所示。

设电桥各桥臂的电阻分别为 R_1，R_2，R_3 和 R_4，它们可以全部或部分是应变电阻丝。如果只有一个桥臂为应变电阻丝，则称为单臂测量，两个相邻桥臂为应变电阻丝，称为半桥测量，全部采用应变电阻丝称为全桥测量。直流电桥中 A、C 两点接直流电源，B、D 点输出电压 U_i，可以推算：

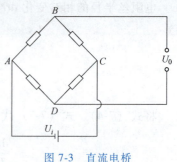

图7-3 直流电桥

$$U_i = U_0 \frac{R_1 R_4 - R_2 R_3}{(R_1 + R_2)(R_3 + R_4)} \tag{7-13}$$

当 $R_1 = R_2 = R_3 = R_4 = R$ 时

$$U_i = U_0 \frac{R(\Delta R_1 - \Delta R_2 - \Delta R_3 - \Delta R_4) + \Delta R_1 \Delta R_4 - \Delta R_2 \Delta R_3}{(2R + \Delta R_1 + \Delta R_2)(2R + \Delta R_3 + \Delta R_4)} \tag{7-14}$$

一般情况下，ΔR_i（$i = 1$，2，3，4）很小，$R \gg \Delta R_i$ 略去式（7-14）中的高微量，则

$$U_i = \frac{U_0}{4}\left(\frac{\Delta R_1}{R} - \frac{\Delta R_2}{R} - \frac{\Delta R_3}{R} + \frac{\Delta R_4}{R}\right)$$

$$U_i = \frac{U_0 K_s}{4}(\varepsilon_1 - \varepsilon_2 - \varepsilon_3 + \varepsilon_4) \tag{7-15}$$

在上述桥路中，桥路所加的电压是根据电阻应变丝许用通过的电流值来确定的。通过电阻应变丝的电流值小，则灵敏度低，电流值大，则会引起电阻应变丝性能的下降，一般按以下经验公式来确定：

$$U = 2\sqrt{20 ds R p'} \tag{7-16}$$

式中　d——电阻应变丝的直径（mm）；

　　　s——电阻应变丝的长度（mm）；

　　　R——电阻应变丝的电阻值（Ω）；

　　　p'——电阻应变丝的功率密度值（W/mm^2），（见表7-1）。

表7-1　不同材料的功率密度

基体材料	玻璃纤维复合材料碳纤维复合材料	无填充塑料(聚苯乙烯,丙烯酸)
功率密度/(N/mm^2)	$(0.30 \sim 0.78) \times 10^{-3}$	$(0.031 \sim 0.078) \times 10^{-3}$

在要求测量精度较高的情况下，表（7-1）中的功率密度可取下限值，电阻应变丝工作在较好的散热条件下可取上限值。

7.1.3　智能结构中电阻应变丝的选择

在强度型损伤自诊断智能结构中所埋设的电阻应变丝必须依据以下一些要求进行挑选。

1）灵敏系数 K_s 值要大，并能在较大应变范围内保持常值。

2）具有高的和稳定的电阻率。

3）在工作温度范围内，电阻温度系数的数值要小，且分散性也要小。

4）机械强度高，焊接性能好，与引线材料的热电势小。

5）有高度的金相稳定性、抗氧化性、耐蚀性，蠕变和机械滞后小。

6）价格低。

目前，常用的一些可用作电阻应变丝的材料有下列几种：

1. 铜镍合金

这是一种常用的电阻应变材料，俗称康铜，含铜量为 55%～60%，含镍量为 40%～45%，在-50～250℃ 范围内性能稳定，达到 250℃ 左右会产生腐蚀作用，电阻温度系数发生急剧的变化，因而不能在高于 250℃ 用于静应变的测量。铜镍合金的电阻温度系数可以通过改变合金成分和热处理规范加以控制，利用这个特点可以作为温度自补偿电阻应变丝。

2. 镍铬合金及镍铬改良型合金

镍铬合金的灵敏度系数在弹性，塑性范围内几乎不变，其值约等于 2.0。利用这个特点可以制造大应变片，测量的应变可高达 22%，它还可以在核辐射的环境下工作。

含 80% 镍和 20% 铬的镍铬合金具有较大的电阻率（约为铜镍合金的 2 倍），但它的电阻温度系数较大，主要用于动应变测量。经过稳定化处理后，可以用在从极低温（-269℃）至 430℃ 以内测量静应变（在 430℃ 以上会出现金相变化）。这种合金在核辐射下工作良好。

在镍铬合金中增加少量其他元素（例如：由镍、铬和少量的铁、铝制成的 6JA22 合金，也称卡玛合金；由镍、铬和少量的铝、铜的 6J23 合金，也称伊文合金；由镍、铬和少量的硅制成的镍铬锰硅合金可以改善合金的性能。这些合金具有高的电阻率，可用于从极低温（-269℃）到 400℃ 范围内的静应变测量，当温度超过 400℃ 时，会产生金相变化而导致不稳定的电阻温度系数。测量动应变时可以用到 800℃。采用适当的合金成分的变化，冷加工与热处理，可以改变其电阻温度系数，因而可以对于不同的试件材料在较大的温度范围内制成温度自补偿应变丝。

3. 镍铬铁合金

例如含 36% 镍、8% 铬、0.5% 钼、余量为铁的合金（又称"恒弹性合金"）或含 60% 镍、16% 铬、24% 铁的合金，这类合金具有较大的灵敏系数，有高的疲劳寿命（比铜镍合金高数十倍）和大的电阻温度系数，它的极限工作温度为-195℃～230℃。该类合金适合于制造疲劳寿命要求高的应变片。由于它是磁性材料，不宜在磁场附近使用。

4. 铁铬铝合金

含铬 20%～25%，含铝 5%～10% 的铁铬铝合金，其电阻率高、灵敏系数较大、抗氧化性能好，当改变成分的比例或添加某些微量金属（如钒、钼等）后，可以改变电阻温度系数，使用温度为-269℃ 到 1000℃。它的缺点是电阻温度系数的线性度不好，在 390～430℃ 及 470～550℃ 两个区间内变化较大。

5. 铂及铂合金

铂及铂合金具有耐酸、耐碱、耐蚀、在高温下有良好的抗氧化性、电阻温度系数的线性度好、灵敏系数大等特点，因此它是制造高温应变丝的重要材料。但是这类合金的电阻温度系数大，给使用上带来一些不方便。

铂及铂合金的电阻温度系数很大，电阻率低，可用于制造半桥式温度补偿应变片的补偿栅。用于制造半桥式温度补偿应变丝或半桥焊接式高温应变片的工作栅的有铂钨合金和铂钨铼镍铬合金等。铂钨合金和铂钨铼镍铬合金在高温下的疲劳寿命很高，可用于高温动态应变测量。

7.1.4　智能结构中电阻应变丝的补偿技术

在一般应变电测的应用中，由于采用了应变片进行测量，又需要精确确定被测点的应变值大小，因此在测量时需要进行多种补偿和修正，如横向效应的修正、长导线修正、温度补偿。应变片灵敏系数的修正、应变片阻值的修正等。

在实现损伤评估智能复合材料结构中，直接采用电阻应变丝进行测量，而最后所依据的是电阻应变丝阵列输出模式之间的变化来进行自诊断的，因此上述补偿中温度补偿是必不可少的，而其他几个因素由于对测量结果的影响比较固定，因此可以不考虑。

当温度变化时，电阻应变丝的输出不仅包含结构的真实应变 ε_z，还包含应变丝的热输出 ε_t。该热输出主要是由以下缘故造成的：电阻应变丝材料的电阻温度系数、电阻应变丝材料与复合材料之间线膨胀系数的差异及黏结剂材料的温度性能等。应变丝的热输出可用下式估算：

$$\varepsilon_t = \Delta t K_s [\alpha + K_s (\beta_m - \beta_s)] \tag{7-17}$$

式中　α——电阻应变丝的电阻温度系数；

β_m——被测材料的线膨胀系数；

β_s——电阻应变丝的线膨胀系数。

电阻应变丝的温度补偿可以采用曲线修正法、线路补偿法及温度自补偿应变丝等方法。

1. 曲线修正法

曲线修正法是在智能复合材料试件制作完毕后，对其进行热输出曲线的测定，在不加外载的情况下，测出各路电阻应变丝在不同温度下的输出。实际使用时，除了测定电阻应变丝的输出以外，还应同时测出被测试件的实际温度，然后根据热输出曲线对电阻应变丝的输出进行修正，从而达到温度补偿的作用。

2. 线路补偿法

这是使用相同的电阻丝来进行温度补偿的方法，在另一块和智能复合材料试件材料相同的试件上埋置相同性能的电阻应变丝，使两者处于相同的温度环境，将工作电阻丝和补偿电阻丝分别接入电桥的相邻两臂，如两应变丝的温度相同，则两应变丝中由于温度而产生的热输出可以在桥路中相互抵消。这是一种比较简单而有效的温度补偿方法。

在强度型损伤自诊断智能复合材料中，温度补偿采用的就是这种方法，但使用时略有不同。在智能复合材料结构中，没有再另外增加补偿试件，而是在智能复合材料试件的正反两面埋设电阻应变丝，如图7-4所示。在电桥中，将正反埋设的电阻应变丝接为邻桥，这样邻桥可相互抵消温度的影响，而两根电阻丝同时参与测量，测量灵敏度可提高一倍。若采用全桥测量，则灵敏度还可以提高一倍。

3. 温度自补偿应变丝

这种温度自补偿方法主要是利用两种不同电阻温度系数，一种为正值，另一种为负值的材料串联组成电阻应变丝，如图7-5所示，以达到在一定的范围内实现温度补偿的目的。每段电阻丝随温度变化而产生的电阻增量大小相等，符号相反，即

$$(\Delta R_a)_t = -(\Delta R_b)_t \tag{7-18}$$

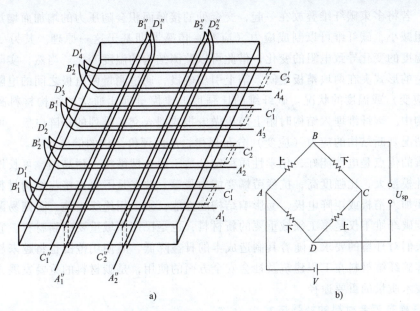

图 7-4 正反两面埋设的电阻应变丝及其在电桥中的接法

两段应变电阻丝的电阻大小可按下式选择：

$$\frac{R_a}{R_b} = \frac{(\Delta R_a / \Delta R_a)_t}{(\Delta R_b / \Delta R_b)_t} = \frac{\alpha_b + K_b(\beta_m - \beta_b)}{\alpha_a + K_a(\beta_m - \beta_a)} \quad (7\text{-}19)$$

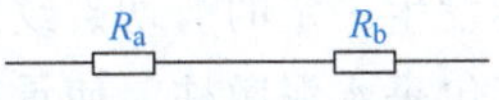

图 7-5 温度自补偿应变丝

可以用来进行温度自补偿的电阻丝材料有下列几种：

1）电阻温度系数 α 的康铜或卡码合金。

2）α 为正的镍铬合金与 α 为负的康铜、卡码合金。

3）α 为正的铂或铂钨合金与 α 为负的铁铬合金。

4）α 的铁铬铝合金等。

抗电磁干扰对电阻应变丝的测量也是相当重要的一环，其补偿的主要方法是在电阻应变丝布置时，以四根应变丝为一个单元，这四根应变丝布置得尽可能紧密，其相互连接情况如图 7-6 所示，如果测量环境中的电磁场情况发生了变化，则会在电阻应变丝中产生感应电流，从而带来干扰，图 7-6 中，两组电阻应变

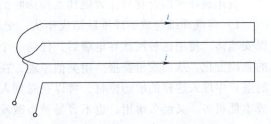

图 7-6 抗电磁干扰的电阻应变丝的连接

丝回路位置非常接近，可认为具有相同感应方向和大小的电流，因此可相互抵消，从而减轻外界磁场的干扰。

7.2 碳纤维复合材料

7.2.1 碳纤维复合材料的应用概况

碳纤维是在一定条件下由聚合纤维燃烧得到的具有接近完整分子结构的碳长链结构，具

有导电性。若将多束碳纤维叠放在一起，交会处的接触面积会随压力的增加而增加，从而导致接触电阻减小，碳纤维可以制成应力（应变）传感器即基于这一原理。其另一特征是温敏性，即温度的变化导致电阻的变化，借此可以监测结构的温度变化。当然，实际应用时通常制作成毡的形式夹在两块箔板之间，箔上引出电极，通过测量两电极之间的电阻变化值推知应力（应变）或温度的状况。碳纤维的比强度、比模量远比通常的结构材料高，已开始应用于结构中。碳纤维埋入结构时附上箔板做电报或埋入交叉排列的矩阵电极，可以通过电极的输出情况判断结构的应力（应变）分布规律，从而评价结构的健康状态。

碳纤维的优点是电性能好，化学性质稳定，适于耐久性结构；耐高温，可长期在高温下工作；弹性模量大，比强度高，抗疲劳蠕变能力强等。缺点是不论直接与结构材料复合或制成毡都需要加入箔板或矩阵电极，易影响结构的性能；须采用绝缘措施，否则易漏电等。

高强度碳纤维不仅是军工领域重要的新材料，也是民用领域重要的新材料。它的成分和性能符合人们对环境的要求。随着其制造成本的日益降低，其使用范围也将越来越广。积极主动的开辟碳纤维材料在工程建筑及社会安全方面的使用，是碳材料的重要发展方向，也是提高工程技术质量的重要途径。

1. 碳纤维布复合材料的补强技术

许多高架交通道路的桥墩以及城市地铁的地下支柱，在地震以后甚至在长期使用后，都会发生一定的剪切裂纹。如果任由裂纹发展，就可能造成灾难性破坏。利用碳纤维布毡，精密包裹水泥墩柱，使承重结构的耐压强度得到大大提升。

2. 碳纤维的安全监视和健全诊断技术

碳纤维不仅具有高的强度和弹性模量，而且具有比较好的导电性。当碳纤维束受力后发生纤维丝的断裂，其导电性降低。其导电性降低的程度与断裂的纤维丝的量成正比，与受力大小成正比。所以，可以用埋入碳纤维丝的电阻变化来监测混凝土及相关结构部件的受力情况和形变情况。

利用碳纤维复合材料作智能性结构诊断的用途越来越广泛，先简介如下：

1）将碳纤维与玻璃纤维黏结成棒状，交叉成网状，两侧覆盖混凝土，做成银行的防盗保安墙体。使用这种网状导电墙后，任何一个地方有钻孔打洞，都会引起墙体的电学信号值的急剧变化，从而发出警报。用类似原理，在一些偏僻场所设置的自动售货机、自动提款机的壁材中埋入这样的敏感棒材，可以在受到人为破坏时及时发出警报。与保安装置相比，其成本低很多，又经久耐用，也不容易被盗贼发现。

2）将这种敏感碳纤维复合材料连接到高层建筑物的混凝土钢筋上，可以监测高层建筑物的倾斜度、各个部分的形变量以及受力过大的部位。这种材料埋入到高层混凝土墙体中，可以随时掌握高层大楼内各个部位的受力情况和形变的非均匀性情况，以提高整个大楼使用的安全性。

3）用于监测水泥管道的漏水情况。在钢筋混凝土管道的外壁内，平行于管道轴线，等间距地安置碳纤维敏感棒材。当碳纤维周围水分增高时，其导电性会明显增加，因而可以通过监测其电阻值的变化，来监测管道的漏水情况。

4）除去混凝土中的碱性物质。混凝土中的碱性物质是导致内部钢筋生锈和混凝土开裂的罪魁祸首。当混凝土使用一段时间后，其中的碱性物质就会逐渐浓集，并向钢筋表面移动，除去碱性物质，其原理是在含有碳纤维棒或者丝的混凝土的两端施加高压直流电。混凝土

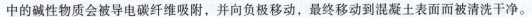

中的碱性物质会被导电碳纤维吸附，并向负极移动，最终移动到混凝土表面而被清洗干净。

5）用埋入的碳纤维复合棒材加热墙体，提高室温。由于碳纤维在通电时能够发热，有人在含有碳纤维复合棒材或者剪断的碳纤维的混凝土中通电后，可以使墙体表面的温度提高5~20℃。这种技术可以用于地下防空洞墙体或者图书资料馆的墙体，所使用的电压只要在10V以下，对人体不会造成危害。同时，利用碳纤维埋入法，反复通电加热，可以使墙体产生微型裂纹，有利于拆除废旧的混凝土墙体。

7.2.2　碳纤维机敏水泥基复合材料温阻特性

掺有碳纤维的水泥基复合材料在单轴压力作用下，其电阻随压力增大而降低或升高，呈现所谓的负压力系数或正压力系数效应。利用这一特征，人们对其在水泥混凝土结构中实现损伤自诊断的应用进行了研究和探讨，并发现和提出了一些新的现象和概念，如在循环荷载作用下反映试件受载历史和损伤累计的电阻 Kaiser 记忆效应、静载下电阻徐变行为等。

1. 电阻的正温度系数与负温度系数

图 7-7 所示为碳纤维水泥基复合材料在升温过程中温阻效应。由图可见，在升温初始阶段，电阻随温度的升高而迅速降低，呈现电阻的负温度系数（NTC）效应；随温度的升高，电阻变化出现一个转折点，此后，电阻随温度升高而增大，呈现电阻的正温度系数（PTC）效应。因此，在碳纤维水泥基复合材料的温阻关系中，随温度的变化存在 NTC/PTC 转变现象，定义出现 NTC/PTC 转变时的温度为临界转

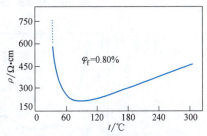

图 7-7　碳纤维水泥基复合材料
升温过程中温阻效应

变温度。由图 7-7 可知，体积分数 φ_f 为 0.80% 的碳纤维水泥基复合材料，其临界转变温度约为 90℃。

研究表明，碳纤维水泥基复合材料的导电主要依赖于均匀分散在水泥基体中碳纤维的相互搭接和被很薄的水泥基体隔开的碳纤维之间通过隧道效应进行的电子传输。因此，在升温过程中，碳纤维水泥基复合材料内部存在以下两个过程：

1）$\sigma = \sigma_0 \exp(-E/kT)$，当温度升高时，部分处于能带中的电子吸收能量后被激发成为载流子，在碳纤维之间跳跃并进行导电传输，或者说，原来处于绝缘态的、悬挂在导电骨架上的部分导电"簇"被导链导通，产生附加导电通路，从而使试件的电阻率降低，出现NTC 效应。

2）当升高温度时，试件产生热膨胀。由于水泥基体的热膨胀系数为 $(10 \sim 20) \times 10^{-6}/℃$，大于碳纤维热膨胀系数（$4 \times 10^{-6}/℃$），同时在细观层次上，碳纤维水泥基材料是非均质的，因此，由于热膨胀的缘故，在碳纤维与水泥基体界面间出现内应力，引起碳纤维之间的相对移动，致使部分导电网络通路断开，出现 PTC 效应。在这两个过程的相互作用下，升温初始阶段，前一个过程处于主导地位，所以在宏观上，温阻关系呈现 NTC 效应。当温度升高到临界温度时，这两个过程达到动态平衡。随后，随着温度的升高，试件的电阻率迅速增加，呈现 PTC 效应。

2. 碳纤维的影响

图 7-8 所示给出了体积分数不同的碳纤维水泥基复合材料的温阻关系。由图可见：初始

阶段，随着温度的升高，均呈现 NTC 效应；当温度升高到 NTC/PTC 临界转变温度时，不含碳纤维的水泥砂浆未出现 PTC 效应，其电阻率出现一个平台，随温度的变化无明显的改变。而碳纤维水泥基复合材料的临界转变温度随碳纤维掺量增大而降低，当碳纤维体积分数 φ_f 为 0.20%，0.55%，0.80%时，其临界转变温度依次为（120±5）℃，（100±5）℃及（90±5）℃。这是因为随碳纤维掺量增大，体系的导电过程更多地依赖于分散于水泥基体中的碳纤维的相互搭接，这样有可能在较低的温度下，使第二个过程处于主导地位，从而使临界转变温度降低。

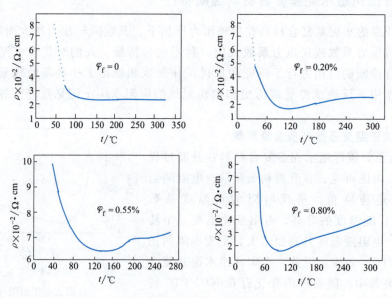

图 7-8　碳纤维体积分数对体系温阻特性的影响

对于碳纤维体积分数相同的水泥基材料，碳纤维的长度只影响复合材料室温下的电阻率和温阻曲线在纵坐标上的位置，对 NPC/PTC 转变临界温度及 NTC/PTC 效应无显著改变（图 7-9）。

3. 循环次数对温阻关系的影响

对试件升温，同时测试其电阻变化，当温度升至 160℃后，将试件自然冷却至室温，然后再进行下一次升温过程，测得其在不同热循环次数下的温阻曲线，如图 7-10 所示。可见，

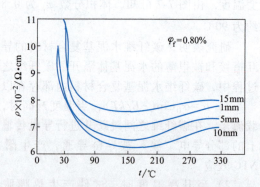

图 7-9　碳纤维长度对体系温阻特性的影响

在经历第 1 次升温过程后再进行第 2 次升温，其电阻率增大，但依旧出现 NTC/PTC 转变，且转变温度都在 90℃左右。随着循环次数的增加，温阻曲线出现很好的重复性，且基本保持不变。该实验结果启示：利用碳纤维水泥基材料的温阻效应，开发水泥基温控器件或高温下混凝土结构温度自监测系统具有一定的前景。

4. 水泥基体对温阻关系的影响

图 7-11 所示为不同砂灰比的碳纤维水泥基导电复合材料的温阻关系曲线。由图可见，

在升温过程中，均出现 NTC/PTC 效应。砂灰比对碳纤维水泥基导电复合材料温阻关系的影响主要体现在室温电阻率与曲线的位置上。随砂灰比增大，体积分数相同的碳纤维水泥基导电复合材料电导率降低，且电阻测试值波动增大，这可能是由于砂子的引入增大了基体内部的空隙和降低了导电通路的连接。同时发现，随砂灰比增大，其 NTC/PTC 转变温度提高，但砂灰比在 3∶1 时，出现

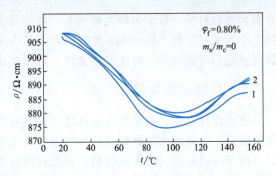

图 7-10　循环次数对温阻特性的影响

相反的变化，且电阻率波动很大，表明在碳纤维体积分数相同时，水泥基体内部结构将对其导电性能起主要影响。

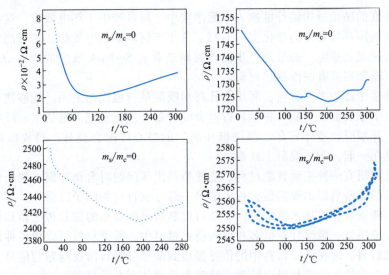

图 7-11　水泥基体对温阻关系的影响

综上所述，关于碳纤维水泥基复合材料的特性可知：

1）碳纤维水泥基复合材料在升温加热过程中具有显著的负温度系数与正温度系数效应。在升温的初始阶段，体系的电阻率随温度升高而下降，呈现 NTC 效应，当温度升高到一定值，呈现 PTC 效应。

2）碳纤维的体积分数对体系的 NTC/PTC 转变温度有一定影响。随碳纤维体积分数的增大，NTC/PTC 转变温度降低。

3）在循环的升温-降温过程中，随着循环次数的增加，体系的温阻曲线趋向稳定，这为开发水泥基温控器件和火灾预警系统提供了材料基础。

7.3　智能无机非金属高分子复合材料

7.3.1　灵巧陶瓷

灵巧陶瓷是灵巧材料的一种，这种材料能够感知环境的多方面变化并能在时间和空间两

方面调整材料的一种或多种性能参数，取得最优化响应。因此，传感、执行和反馈是灵巧材料工作的关键功能。PacMnko 游戏机利用灵巧陶瓷制成的灵巧蒙皮，可以降低飞行器和潜水器高速运动时的噪声，防止发生紊流，以提高运行速度，减少红外辐射达到隐形目的。

7.3.2　智能水泥基材料

在现代社会中，水泥作为基础建筑材料应用极为广泛，使水泥基材料智能化具有良好的应用前景。智能水泥基材料包括：应力、应变及损伤自检水泥基材料；自测温水泥基材料；自动调节环境湿度的水泥基材料；仿生自愈合水泥基材料以及仿生自生水泥材料等。水泥基材料中掺加一定形状、尺寸和掺量的短切碳纤维后，材料的电阻变化与其内部结构变化是相对应的。因此，该材料可以监测拉、弯、压等工况及静态和动态载荷作用下材料内部情况。在水泥净浆中，若用 0.5%（体积分数）的碳纤维作为传感器，其灵敏度远远高于一般的电阻应变片。

将一定长度的腈纶短切碳纤维掺入水泥净浆中，材料产生了热电效应。这种材料可以对建筑物内部和周围环境温度的变化实时监测。基于该材料的热电效应，还可能利用太阳能和室内外温差为建筑物供电。如果进一步使该材料的具有 Seeback 效应的逆效应——Peltier 效应，那么就可能制得具有制冷制热材料。

在水泥净浆中掺加多孔材料，利用多孔材料吸湿量与温度的关系，能够使材料具有调湿功能。一些科学家目前在研制一种能自行愈合的混凝土。设想把大量的空心纤维埋入混凝土中，当混凝土开裂时，事先装有"裂纹修补剂"的空心纤维会裂开，释放出黏结修补剂把裂纹牢牢地黏在一起，防止混凝土断裂。

科学家正在研究一种主动智能材料，能使桥梁出现问题时自动加固。他们设计的一种方式是如果桥梁的某些局部出现问题，桥梁的另一部分就自行加固予以弥补。这一设想在技术上是可行的。随着计算机技术的发展，完全可以制造出极微小的信号传感器和微电子芯片及计算机把这些传感器、微型计算机芯片埋入桥梁材料中。桥梁材料可以用各种材料构成，例如用形状记忆材料。埋在桥梁材料中的传感器得到某部分材料出现问题的信号，计算机就会发出指令，使事先埋入桥梁材料中的微小液演变成固体而自动加固。

7.4　二氧化钒智能窗

随着社会的进步，经济的发展，人们对生活质量的要求越来越高，无论春夏秋冬，人们都希望能活动在 25℃ 左右的环境中，为此人们设计出空调来保证室内温度的恒定。但是空调的使用一方面消耗电能，另一方面也会带来噪声等污染。现有的幕墙玻璃、低辐射玻璃都具有隔热效果，而且低辐射玻璃还克服了幕墙玻璃由于对可见光的高反射而造成光污染这一缺点，但低辐射玻璃不能实现对室内温度的智能化调节。我们希望能开发一种智能化窗玻璃，它能根据室内温度自动调节对太阳光能的透过率。太阳光能量 98% 分布在波长范围 0.2～2.5μm，其中 0.2～0.38μm 是紫外光区，能量占总能量的 9%，0.38～0.78μm 的可见光占45%，0.78～2.5μm 的近红外区占 49%。如果入射光线稳定，当室内温度低时，允许红外光进入室内，提高室内温度；当温度升高到一定温度时，自动降低红外光的透过率，室内温度则逐渐降低；当温度降到一定值后再自动提高对红外光的透过率。如此循环往复可实现对室内温度的智能化控制和对太阳能的绿色使用。

1. 二氧化钒薄膜相变及光学性能分析

二氧化钒块体是一种热致变色材料，当温度低于68℃时，块体二氧化钒呈单斜晶系结构，温度高于68℃时，呈四方晶系结构。这也就是说经过68℃时，二氧化钒晶体发生了相变。由于晶系结构的变化，二氧化钒的光电性能发生了很大的变化，而且这种变化可逆。二氧化钒可逆相变的特性以及相变前后光电性能发生较大的变化使得二氧化钒在光电转换材料、光存储、激光保护和视窗太阳能控制方面有广泛的应用前景。图7-12所示为二氧化钒薄膜相变前后透过率和光谱反射比在太阳光谱范围内的变化情况。在高温（85℃）和低温（20℃）时，光的透过率发生了明显的变化，特别是波长大于1500nm时，光的透过率从低温态的40%降低到高温态的零。用热滞回线可以更形象地表示透过率随温度的变化。图7-13所示为波长为2.5μm太阳光在相变前后透过率的变化过程。随着温度的升高，透过率会逐渐降低，但降低幅度很小，当温度升高到72℃后透过率迅速减小。当温度降低时，透过率又会随温度的降低而慢慢增大，当温度降低到63℃后透过率急剧增大，到56℃时恢复到升温以前的值，完成一个循环。从以上分析来看，二氧化钒具备智能调温性能。但是在实用化以前必须解决以下两个问题：①二氧化钒的相变温度是68℃，必须将其降低到接近室温。②提高可见光的透过率。

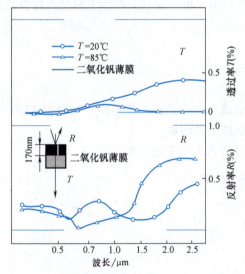

图7-12 二氧化钒薄膜在85℃和20℃时的透过率及光谱反射比曲线

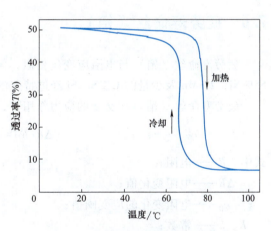

图7-13 二氧化钒薄膜热滞回线（透过率随温度的变化）

2. 相变温度的降低

二氧化钒薄膜如果要在智能窗方面有应用，相变温度必须降低到30℃左右，而且相变前后在太阳能红外区透过率有较大的变化，这样才能保证温度低于室温时让更多的光能进入室内，当温度高于室温时让较少的光能进入室内。在降低相变温度方面已经取得了巨大的进展，实验证实相变温度随薄膜的制取方法和工艺而变化，相变温度还可以通过掺杂的方法来改变。但是纯掺杂实验都显示掺杂会扩大热滞回线宽度而且使相变前后物理量的改变量减小，所以在降低温度方面应将新工艺、新方法与掺杂结合起来。

3. 可见光透过率的提高

二氧化钒薄膜在智能窗方面的应用和可见光透过率的提高关系密切。较大的可见光透过率可以在保证室内采光的同时又可以使光线变得柔和。曾经有一些学者做出了二氧化钒薄膜在整个光谱范围内相变前后各种波长的光的透过率。

通过以上分析，可看到从机理上讲二氧化钒薄膜是一种很好的智能窗材料；认识到二氧化钒的相变温度降低和可见光透过率的提高对二氧化钒在智能窗方面的应用起着关键性的作用；从透过率来分析，它与制备方法、膜厚等有关，而相变温度与薄膜制取方法、处理工艺等因素也有关。所以，应将透过率的提高和相变温度的降低结合起来权衡考虑。力求找到一个最佳参数点让两者都能满足要求。探索出最佳参数点后必将造福于人类，节约大量资源而且达到对太阳能的绿色使用。

7.5　半导体材料

半导体材料是指介于导体与绝缘体之间的材料，如硅、锗等，能被切割成与基体材料融合的半导体模块，是智能结构材料的主要研究方向之一。半导体材料用于土木工程时，还存在一些问题，如影响结构性能、应用温度范围较窄等。虽然如此，半导体材也得到了一些实际应用，如目前已有的半导体气压硅传感器，其体积小、价格便宜，可用于测量结构物表面的风压分布。

7.6　疲劳寿命丝（箔）

疲劳寿命丝（箔）与电阻应变丝相似，但合金成分和热处理工艺不同，一般由 43% Cu、55% Ni、2% Mn 及少量的 C、S、Si 经过特殊的热处理工艺制成。

疲劳寿命丝（箔）在交变的应力作用下，可以表达为如下的关系式

$$(\Delta R/R) = K(\varepsilon - \varepsilon_0)N^h \tag{7-20}$$

式中　R——电阻；

　　ΔR——电阻变化值；

　　ε_0——电阻变化的应变阈值；

　　K、h——常数；

　　N——循环次数。

实验表明：循环次数达到结构寿命的一半时裂纹开始出现，每种结构材料都有出现疲劳裂纹对应的电阻变化值。因此，只要得到电阻变化值，即可对结构损伤及剩余寿命进行评估，其性能与电阻应变丝大致相当。

拓展阅读

智联万物，传感未来！

传感器是一种检测装置，能感受到被测量的信息，并能将感受到的信息按一定规律变换成为电信号或其他所需形式的信息输出，以满足信息的传输、处理、存储、显示、记录和控制等要求。

传感器大致可分为温度传感器、湿度传感器、压力传感器、图像传感器、光传感器、位置传感器、重力传感器等。压力、温度、浓度等数据都能用传感器测量。

传感器在智能网联时代的作用不可忽视。其广泛应用在工业、通信电子工业、汽车电子、通信电子、消费电子、土木工程等领域。

自诞生以来，传感器大致经历了三个发展阶段：结构型传感器、固体（集成）传感器以及智能传感器。

智能传感器是指其对外界信息具有一定检测、自诊断、数据处理以及自适应能力，是微型计算机技术与检测技术相结合的产物。智能传感器的应用场景举例如下：

1. 智能手机

智能手机中比较常见的智能传感器有距离传感器、光线传感器、重力传感器、指纹识别传感器、图像传感器、三轴陀螺仪和电子罗盘等。

2. 汽车自动驾驶

自动驾驶是当前不少车企的追求目标，就目前而言，实现 L5 级别的自动驾驶仍障碍重重，而要实现真正意义上的"无人驾驶"则要依托于智能传感器技术的不断突破。

3. 人工智能

感器是人获取信息的重要方式，而人工智能则需要通过众多传感器获取周围的信息。智能传感器能够使人工智能采集到外界的大量信息，从而为人工智能做出判断提供信息参考。

4. 智能可穿戴设备

可穿戴设备如今在个人和医疗方面都取得了长足的进步，而这离不开智能传感器。智能传感器采集的信息为个人或者机构掌握穿戴者身体信息，做出科学有效的医疗指导提供了数据支持。

5. 智能建造

智能建造是指在建造过程中充分利用智能技术和相关技术，通过应用智能化系统，提高建造过程的智能化水平，减少对人的依赖，达到安全建造的目的，提高建筑的性价比和可靠性。智能建造专业是为适应以"信息化"和"智能化"为特色的建筑业转型升级国家战略需求而设置的新工科专业，以培养我国智能智慧项目建设所必需的专业技术人员。

智能建造专业的设立符合建筑业、制造业的转型升级的时代需求，是推进新工科建设的重要举措。传统建造技术转型升级是全世界关注的热点话题，各国都提出了相应的产业长期发展愿景，如建筑工业化等。为主动应对新一轮科技革命与产业变革，支撑服务创新驱动发展，全力探索形成领跑全球工程教育的中国模式和中国经验！打造（发扬）基于中国基建优势的强国智能建造模式。

工业 4.0 时代，智能传感器的作用日益凸显，作为智能网联时代的重要基础，传感器本身正处于高速发展的状态。与传感器相关的产业、行业也在有序发展之中。原材料及基础元件需求旺盛。传感器的上游为芯片、电路、电源、以及敏感元器件等；在智能传感器的需求影响下，芯片、电路的市场也被拓宽。据中国有色金属工业协会统计，2021 年，我国工业硅产量 261 万 t，同比增长 24.3%；受光伏产业需求拉动，国内消费量 186 万 t，同比增长 12.7%。芯片方面的市场需求旺盛。美国半导体产业协会（SIA）表示 2021 年全球芯片销售额达到了 5559 亿美元，同比增长 26.2%，创下历史新高。该协会预计，随着芯片制造业可继续扩大产能以满足需求，芯片销售额 2022 年可增长 8.8%。

正是由于传感器在智能网联时代发挥的突出作用，国家和地方也出台了一系列的政策措施鼓励和支持智能传感器的发展。

2022 年 3 月 4 日，科技部发布了《关于征求"十四五"国家重点研发计划"煤炭清洁高效利用技术"等 24 个重点专项 2022 年度项目申报指南意见的通知》，以"十四五"国家重点研发计划"智能传感器"重点专项 2022 年度项目申报指南（征求意见稿）为例，对智能传感基础及前沿技术（13 个）、传感器敏感元件关键技术（15 个）、面向行业的智能传感器及系统（6 个）、传感器研发支撑平台（2 个）、"智能传感器"重点专项 2022 年度"揭榜挂帅"榜单任务（1 个）五大方面，共计 37 个科研课题项目，对每个研究课题的研究内容及考核指标做出了明确要求。

未来，各种基础科学的进步将进一步推动传感器技术的快速进化。微型化将会是传感器发展的趋势。随着物联网、AI、智能建造、大数据的不断发展，人机交互体验有望得到进一步提升。作为中国制造转型升级的重要一环——智能制造，其在大数据、物联网、人工智能等新一代信息技术的普及应用之下已经发展到一个新阶段，而这一切都离不开智能传感技术的应用和普及。目前，该领域还面临着诸多困难。由于传感技术复杂、精度高、稳定性要求高，很难实现规模化。在这种背景下，作为当代大学生更应该有担当，勇于投入传感器的学习和研究，促进我国智能传感器产业的发展。

（素材来源：https://ishare.ifeng.com/c/s/v002Nttby71w6IltW27-4o-QU14xITlXG5paYPNjFl9htss_）

习　　题

1. 电阻应变测量的基本原理是什么？
2. 应变电阻测量技术的优点有哪些？
3. 电阻应变丝的工作原理是什么？
4. 说明智能结构中电阻应变丝的选择条件是什么？
5. 简述常用电阻应变丝的材料及其特点、适用范围。
6. 智能结构中电阻应变丝在测量时需要采用哪几种补偿和修正？其中温度补偿可以采用哪几种方法？
7. 可以用来进行温度自补偿的电阻丝材料有哪几种？
8. 简述碳纤维的优点？
9. 举例说明碳纤维复合材料作为智能性结构诊断的用途？
10. 温阻关系的定义及什么影响了温阻关系？
11. 在使用二氧化钒的智能调温的性能时应解决的两大问题是什么？

第8章

智能混凝土

学习目标

1. 掌握智能混凝土的定义。
2. 了解智能混凝土的研究现状和发展趋势。
3. 掌握压敏性和温敏性智能混凝土的感应原理。
4. 掌握温度自调节混凝土的工作原理。
5. 了解仿生自愈合水泥砂浆的研究现状和发展方向。

8.1 智能混凝土的发展概况

混凝土作为最主要的建筑材料，经历了漫长的从普通的结构材料→复合材料→功能材料的发展过程，而每一个发展阶段都凝聚了时代科技进步的成果，并顺应了人们物质和精神生活的需要。目前，随着现代电子信息技术和材料科学的迅猛发展，促使交通系统、办公场所、居住社区等向智能化方向发展。混凝土材料作为各项建筑的基础，其智能化的研究和开发自然成为人们关注的热点。损伤自诊断混凝土、温度自调节混凝土、仿生自愈合混凝土等一系列机敏混凝土的相继出现为智能混凝土的研究和发展打下了坚实的基础。

8.1.1 智能混凝土的定义和发展历史

智能混凝土是在混凝土原有的组分基础上复合智能型组分，使混凝土材料具有自感知和记忆、自适应、自修复特性的多功能材料。智能混凝土是智能材料的一个研究分支，其起源可追溯到 20 世纪 60 年代，当时苏联学者首先采用炭黑为导电组分尝试制备了水泥基导电复合材料。20 世纪 80 年代末，日本土木工程界的研究人员设想并着手开发构筑高智能结构的所谓"对环境变化具有感知和控制功能"的智能建筑材料。20 世纪 90 年代初，日本建设省研究所曾与美国国家科学基金会合作研制了具有调整建筑结构承载力的自调节混凝土材料，使混凝土具有某些记忆功能。日本学者 H. Hiarshi 采用在水泥基材内复合内含黏结剂的微胶囊（称为液芯胶囊）制成具有自修复智能混凝土。美国伊利诺伊斯大学的 Carolyn Dry 采用在空心玻璃纤维中注入缩醛高分子溶液作为黏结剂，制成具有自修复智能混凝土。1993 年美国开办了与土木建筑有关的智能材料与智能结构的工厂。然而，智能混凝土材料是自感知和记忆、自适应、自修复等多种功能的综合，缺一不可，以目前的科技水平，制备完善的智能混凝土材料是相当困难的。

20世纪90年代中期，国内外在机敏混凝土材料的研究方面做了一些有益的探讨，并取得了一些有价值的成果。在寒冷地区，基于碳纤维混凝土的道路及桥梁路面的自适应融雪和融冰系统的智能混凝土研究已经在欧美等国家展开，并取得了一定的进展。同济大学等国内高等院校曾在混凝土材料中复合压电陶瓷来研制自调节混凝土材料，并且取得了某些成果；在研制自修复智能混凝土的思路综合了自然愈合、基体增强和有机物释放等机制，在混凝土材料组分中复合活性无机掺和料、微细低弹性模量纤维和有机化合物，从而在混凝土内部形成自增强、自愈合网络，使混凝土裂缝重新愈合，恢复甚至提高混凝土材料的性能；调整有机物掺量，可实现对混凝土材料微裂缝的自行多次愈合。

8.1.2　智能混凝土的研究现状

自感应混凝土、自调节混凝土和自修复混凝土是智能混凝土研究的初级阶段，它们只是具备了智能混凝土的某一基本特征，是一种智能混凝土的简化形式，因此有人也称之为机敏混凝土。然而这种功能单一的混凝土并不能发挥智能的作用，目前人们正致力于将两种或两种以上功能进行组装的所谓智能组装混凝土材料的研究。智能组装混凝土材料是将具有自感应、自调节和自修复组件材料等与混凝土基材复合，并按照结构的需要进行排列，以实现混凝土结构的内部损伤自诊断、自修复和抗震减震的智能化。

当前较为典型的研究热点是自诊断、自愈合智能混凝土材料。该材料是混凝土中埋入形状记忆合金（SMA）丝和液芯光纤，从而在混凝土中形成密集分布的自诊断、自修复网络。激光管发出的光通过耦合器进入液芯光纤，光纤的出射光由光敏管接收，通过数据采集处理系统显示出混凝土内部损伤的位置、类型及程度，并且驱动控制电路工作，激励局部SMA丝，产生局部压应力，使损伤处的液芯光纤断裂，胶液流出，对损伤处进行自修补。当混凝土结构内发生开裂、分层、脱胶等损伤时，激励损伤处的SMA丝将产生压应力，使结构恢复原有形状，这将有利于提高对混凝土结构的修复质量。而且，当液芯光纤内所含的黏结剂流到损伤处后，SMA激励时所产生的热量将大大提高固化的质量，使自修复完成得更好。

同济大学混凝土材料研究国家重点实验室研究的仿生自诊断和自修复智能混凝土是模仿生物神经网络对创伤的感知和生物组织对创伤部位愈合的机能，在混凝土传统组分中复合特殊组分，如仿生传感器、含黏结剂的液芯纤维等，使混凝土内部形成智能型仿生自诊断、自愈合神经网络系统。当混凝土材料内部出现损伤时，仿生传感器可以及时预警；当内部出现微裂纹时，部分液芯纤维破裂，黏结剂流出深入裂缝，使混凝土裂缝重新愈合，恢复并提高混凝土材料的性能。该智能复合材料的研究可实现对混凝土材料的能动诊断、实时监测和及时修复，以超前意识确保混凝土结构的安全性，延长混凝土构筑物的使用寿命。

机敏混凝土是智能化时代的产物，将先进的机敏混凝土材料融入土木基础设施的安全系统，实现混凝土结构的内部损伤自诊断、自修复和抗震减振的智能化结构，提高结构性能，综合利用有限的建筑空间，减少和节省运行及维修费用，对延长结构的寿命、提高安全性和耐久性都有重要意义。

8.1.3　智能混凝土的发展趋势

智能混凝土材料的研究经历了初级阶段和智能组装过渡阶段的探索后，正向着最终的智能阶段发展，综观国内外该领域的研究发展趋势可归纳为以下几个方面。

1. 混凝土中智能组件的集成化和小型化

智能混凝土是在现代材料科学的基础上，进一步融入了信息科学的内容，如感知、辨识、寻优和控制驱动等。因此，智能混凝土在传统材料中必须引入传感元件、执行元件、信息处理元件等。智能组件的集成化和小型化将有利于与混凝土基材更好地复合。

2. 开发智能控制材料

控制材料是智能组件集成化的关键，神经中枢网络控制材料不但为智能混凝土材料获得实时动态响应提供学习和决策功能，而且能够对环境变化进行适应性调控，从而达到适应环境、调节环境、材料和结构健康状况的自诊断和自修复等目的。因此，必须花人力气探索和开发神经中枢网络控制材料的模型，挖掘新的研究方法和新的制造工艺。

3. 实现混凝土材料结构的智能一体化

未来的智能混凝土材料既是高性能的建筑结构材料，同时又具有优异的智能特征，真正达到了混凝土材料结构智能一体化的境界，并且具有多种完善的仿生功能，包括类似骨骼系统（基材）以提供承载能力，神经系统（内埋传感网络）提供监测、感知能力，肌肉系统（驱动元件）提供调整适应响应，免疫系统（修复元件）提供康复能力，神经中枢系统（控制元件）提供学习和决策能力。

8.2　智能混凝土的智能特性

机敏混凝土是一种具有感知和修复性能的混凝土，是智能混凝土的初级阶段，是混凝土材料发展的高级阶段。智能混凝土是在混凝土原有的组成基础上掺加复合智能型组分，使混凝土材料具有一定的自感知、自适应和损伤自修复等智能特性的多功能材料，根据这些特性可以有效地预报混凝土材料内部的损伤，满足结构自我安全检测需要，防止混凝土结构潜在的脆性破坏，能显著提高混凝土结构的安全性和耐久性。近年来，损伤自诊断混凝土、温度自调节混凝土、仿生自愈合混凝土等一系列机敏混凝土的相继出现为智能混凝土的研究和发展打下了坚实的基础。

目前智能混凝土研究处于初级阶段，具有自诊断、自调节和损伤自修复等性能，并且这些性能在一种混凝土结构中不能全部体现出来，只是初步具有某一种智能（确切地说是一种反应性能）特性。

8.2.1　损伤自诊断混凝土（自感应混凝土）

混凝土材料本身并不具备自感应功能，但在混凝土基材中复合部分导电相可使混凝土具备本征自感应功能。目前常用的导电组分可分聚合物类、碳类和金属类三类，其中最常用的是碳类和金属类。碳类导电组分包括：石墨、碳纤维及炭黑，金属类材料则有金属微粉末、金属纤维、金属片、金属网等。美国的 D. D. L. Chung 等在 1989 年首先发现将一定形状、尺寸和掺量的短切碳纤维掺入混凝土材料中，可以使材料具有自感知内部应力、应变和损伤程度的功能。通过对材料的宏观行为和微观结构变化进行观测，发现水泥基复合材料的电阻变化与其内部结构变化是相对应的，如电阻率的可逆变化对应于可逆的弹性变形，而电阻率的不可逆变化对应于非弹性变形和断裂。这种复合材料可以敏感有效地监测拉、弯、压等工况及静态和动态荷载作用下材料的内部情况：当在水泥净浆中掺加 0.5%（体积分数）的碳纤维时，它作为应变传感器的灵敏度可达 700，远远高于一般的电阻应变片；在疲劳试验中还发现，无论是在拉伸或是压缩状态下，碳纤维混凝土材料的体积电导率会随疲劳次数发生不可逆的降低。因此，可以应用这一现象对混凝土材料的疲劳损伤进行监测。通过标定这种自感应混凝土，研究人员能决定阻抗和载重之间的关系，由此可确定以自感应混凝土做的公路上车辆的方位、质量和速度等参数，为交通管理的智能化提供了材料基础。碳纤维自诊断智能混凝土具有压敏性和温敏性等性能。

1. 自诊断智能混凝土的压敏性

碳纤维是一种高强度、高弹性且导电性能良好的材料。在水泥基材料中掺入适量碳纤维不仅可以显著提高强度和韧性，而且其物理性能，尤其是电学性能也有明显的改善，可以作为传感器并以电信号输出的形式反映自身受力状况和内部的损伤程度。碳纤维水泥基材料在结构构件受力的弹性阶段，其电阻变化率随内部应力线性增加，当接近构件的极限荷载时，电阻率逐渐增大，预示构件即将破坏；而基准水泥基材料的导电性能几乎无变化，直到临近破坏时，电阻变化率剧烈增大，反映了混凝土内部的应力-应变关系。

根据水泥基材料中掺入碳纤维混凝土复合材料在受力时的电阻变化与所受荷载呈现的线性关系，可以掌握其内部的应力-应变关系，该机敏性反映了内部损伤状况的丰富信息，据此可以敏感有效地监测拉、弯、压等工况及静态和动态荷载作用下结构的内部情况。

2. 自诊断智能混凝土的温敏性

碳纤维混凝土除具有压敏性外，还具有温敏性，即温度变化引起电阻变化（温阻性）及碳纤维混凝土内部的温度差会产生电位差的热电性（Seebeck 效应）。不同纤维掺量的混凝土的温阻试验表明，在初始阶段，随温度的升高，均出现负温度系数 NTC（negative temperature coefficient）效应，即电阻率随温度的提高而下降；当温度达到某一临界温度时，不含碳纤维的混凝土其电阻率出现一个平台，随温度无明显改变，而含有碳纤维的水泥基材料，则出现正温度系数 PTC（positive temperature coefficient）效应，即电阻率随温度的升高而逐渐提高。碳纤维混凝土的这种温阻现象可以实现对大体积混凝土的温度自监控以及热敏元件和火警报警器等，可望应用于有温控和火灾预警要求的智能混凝土结构中。

另外，含有碳纤维的混凝土还会产生热电效应（Seebeck 效应）。在最高温度为 70℃、最大温差为 15℃ 的范围内，温差电动势 E 与温差 Δt 之间具有良好稳定的线性关系。当碳纤维掺量达到一临界值时，其温差电动势率有极大值，且敏感性较高。因此可以利用这种材料实现对建筑物内部和周围环境温度变化的实时监控。

将短切碳纤维加到混凝土中的额外费用将提高大约 30%，但与黏贴或埋入传感器的做法相比仍然非常便宜，而且除了自感应功能外，这种混凝土材料还可应用于工业防静电结构、公路路面、机场跑道等处化雪除冰、钢筋混凝土结构中钢筋的阴极保护、住宅及养殖场的电热结构等；此外，采用高铝水泥和石墨、碳纤维等耐高温导电组分可以制备出耐高温的混凝土材料，用作新型发热源。

碳纤维的模量高，极限伸长率低，致使碳纤维增强水泥基复合材料在弹性变形阶段的机敏性较好，而在非弹性阶段很难对材料内部的破坏程度做出有效的感知。对此，采用特殊技术在尼龙纤维表面涂覆一层碳，使尼龙纤维具有导电性，再将其复合到混凝土中，可以有效地感知其在弹性和非弹性阶段的内部状况。

8.2.2 温度自调节混凝土

混凝土结构除了正常负荷外，人们还希望它在受台风、地震等自然灾害期间，能够调整承载能力和减缓结构振动。混凝土本身是惰性材料，要达到自调节的目的，必须复合具有驱动功能的组件材料。20世纪90年代初，日本建设省建筑研究所曾与美国国家科学基金会合作研制了具有调整建筑结构承载能力的自调节混凝土材料，其基本方法是在混凝土中埋入形状记忆合金，利用形状记忆合金对温度的敏感性和不同温度下恢复相应形状的功能，在混凝土结构受到异常荷载干扰下，通过记忆合金形状的变化，使混凝土内部应力重分布并产生一定的预应力，从而提高混凝土结构的承载能力。近年来，同济大学混凝土材料研究国家重点实验室也曾尝试在混凝土中复合电黏性流体来研制自调节混凝土材料。利用电黏性流体的电-流变效应，在混凝土结构受地震或台风袭击时调整其内部的流变特性，改变结构的自振频率和阻尼特性以达到减震的目的。

有些建筑物对其室内的湿度有严格的要求，如各类展览馆、博物馆及美术馆等。为实现稳定的湿度控制，往往需要许多湿度传感器、控制系统及复杂的布线等，其成本和使用维持的费用都较高。日本学者研制的自动调节环境湿度的混凝土材料自身即可完成对室内环境湿度的探测，并根据需求对其进行调控。这种为混凝土材料带来自动调节环境湿度功能的关键组分是沸石粉。其机理为沸石中的硅钙酸盐含有 $3 \times 10^{-10} \sim 9 \times 10^{-10}$ m 的孔隙，这些孔隙可以对水分、NO_x 和 SO_x 气体选择性吸附。通过对沸石种类进行选择（天然的沸石有40多种），可以制备符合实际应用需要的自动调节环境湿度的混凝土复合材料，它具有如下特点：优先吸附水分；水蒸气气压低的地方，其吸湿容量大；吸、放湿与温度相关，温度上升时放湿，温度下降时吸湿。这种材料已成功用于多家美术馆的室内墙壁，取得了非常好的效果。

自调节机敏混凝土具有电力效应和电热效应等性能。F. H. Wittmann 在1973年首先发现了力电（由变形产生电）、电力（由电产生变形）效应。F. H. Wittmann 在做水泥净浆小梁弯曲时，通过附着在梁上下表面的电极可检测到电压，且对其逆反应——电力效应进行了研究，发现梁产生弯曲变形，改变电压的方向时，弯曲的方向也发生相应的变化。

机敏混凝土的力电效应、电力效应是基于电化学理论的可逆效应，因此将电力效应应用于混凝土结构的传感和驱动时，可以在一定范围内对它们实施变形调节。例如，对于平整度要求极高的特殊钢筋混凝土桥梁，可通过机敏混凝土的电热和电力自调节功能调节由于温度、自重所引起的蠕变；机敏混凝土的热电效应使其可以方便地实时检测建筑物内部和周围环境温度变化，并利用电热效应在冬季控制建筑物内部环境的温度，可极大地促进智能化建筑的发展。国内研究表明，碳纤维混凝土具有良好的导电性，且通电后其发热功率十分稳定。可用其电热效应来对混凝土路面桥面和机场跑道等结构进行融雪化冰等。基于碳纤维混凝土的道路及桥梁路面的自适应融雪和融冰系统的智能混凝土研究已经在欧美等国家展开，并取得了一定的进展。

8.2.3 仿生自愈合水泥砂浆的研究

混凝土材料在使用过程和周围环境的影响下，不可避免地会产生局部开裂和损伤，混凝土的宏观破坏能被肉眼发现并用手工修复。另外，超声波和放射线照相术等无损检测技术对探察内部损伤也很有效，但由于这些技术的局限性，目前还不能用于诸如微开裂等微观损伤的探测，而微观损伤的修复则更加困难。这些微观损伤如不及时修复，不但影响结构的正常使用，缩短使用寿命，还可能由此引发宏观裂缝并出现脆性断裂，从而产生严重的灾难性事故。过去对混凝土材料的修复形式主要是事后维修和定时维修，随着现代多功能和智能建筑对混凝土材料的要求越来越高，这种修复方式已不能适应。自愈合仿生混凝土的工作机理是模仿生物组织能自动分泌某种物质使受创伤部位得到愈合的机能，通过在混凝土中复合特殊组分（如含黏结剂的空心纤维），形成智能型仿生自愈合神经网络系统，可以认为，自愈合仿生混凝土是一种智能型仿生材料。

1. 仿生自愈合水泥砂浆的实验研究

同济大学混凝土材料研究国家重点实验室对仿生自愈合水泥砂浆进行了试验研究。他们采用聚氨酯、丙烯酸酯等材料为修复剂，将其注入空心玻璃纤维中并埋入 40mm×40mm×160mm 的水泥砂浆试件，空心玻璃纤维外径 2mm，壁厚 0.5mm，长 160mm。砂浆试件的水胶比为 0.44，胶砂比为 1:2.5，龄期为 28d。试样在 INSTRON8501 万能试验机上进行三点弯曲试验（图 8-1），通过跨中挠度控制对试样进行加载，加荷速度为 0.025mm/min。在一定荷载下砂浆基体产生微裂缝，导致修复纤维断裂，释放出的修复剂渗入基体内，将试件再放回养护室中继续养护（室温 $20^{\circ}C$，相对湿度 100%），直至修复剂固化后再次进行三点弯曲试验。在弯曲试验的同时，用声发射技术对试件破坏过程进行检测。

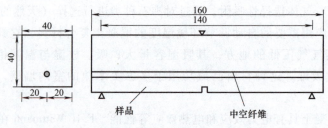

图 8-1 三点弯曲试验

2. 实验结果及分析

（1）自愈合水泥砂浆的强度 图 8-2 所示为含两种修复剂的砂浆试件在修复前后的荷载-挠度曲线。根据试件修复前后的材料承载力状况计算其强度恢复率，结果见表 8-1。其中，使用丙烯酸酯修复剂进行修复，试件修复后强度较高，聚氨酯次之。并且，修复后的试件与修复前相比，其强度非但没有下降，而且略有升高，这是因为试件开裂后其承载面积减少，致使承载力下降，而修复剂进入试件中的微裂缝后正好修补了裂缝，因此强度略有上升。

表 8-1 修复前后的材料承载力和强度恢复率

修复前	荷载/kN		荷载增量/kN	强度恢复率
	修复前	修复后		
丙烯酸	2.18	2.55	0.37	1.169
聚氨酯	2.12	2.43	0.31	1.147

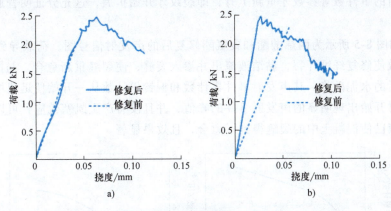

图 8-2 修复前后的荷载-挠度曲线

（2）自愈合水泥砂浆的韧性 由图 8-2 荷载-挠度曲线所示，修复前材料呈脆性，经修复剂修复后，其脆性有所改善。其中经丙烯酸酯修复的试件其脆性改善效果较大，试件断裂能明显增加；经聚氨酯修复后的试件荷载-挠度曲线，其下降段虽不如丙烯酸酯缓慢，但较之未修复的试件，其韧性已得到了极大的改善。另外，在大量的实验中通过对水泥砂浆断裂面的观察，发现自愈合水泥砂浆断裂界面黏结太差和太强对材料的断裂韧度均不利，只有在界面黏结适中时，其断裂韧度才最优。界面黏结太强，裂纹将直接从基体中扩展，其荷载-挠度曲线的形状将变得尖锐和陡峭，并形成脆断；界面黏结太差，则因断裂能量没有被足够吸收，将导致界面的完全脱黏，无法起到愈合的作用。所以只有界面黏结适中，即允许界面有一定的脱黏时，才会产生最优的断裂韧度，因此，自愈合混凝土的界面控制设计，对混凝土断裂韧度的改善是十分重要的。

（3）自愈合水泥砂浆修复前后的破坏过程特性 混凝土材料加荷时有声发射信号发生，如卸去荷载后二次再加荷，则在卸荷点以前不再有声发射信号，只有当荷载超过首次加荷的最大荷载（即卸荷点）后，才有声发射出现。这种现象称为声发射的不可逆效应，又称凯塞效应。图 8-3 所示给出了未修复的普通砂浆试件加荷到极限应力的 50% 后卸载的声发射信号图，以及对该试件二次加荷至破坏的声发射信号图。从图中可看出，在首次加荷时，从开始加载到卸载，试件的声发射事件累计数、振铃累计数迅速增加，表明有裂纹扩展，且有能量释放；而在二次加荷开始时（即首次卸荷点以前），几乎没有声发射信号产生，过了卸荷

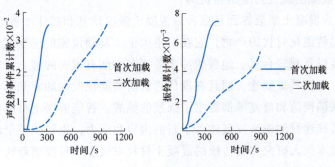

图 8-3 普通砂浆的声发射信号

点后，声发射的事件数等参数才重新上升，即裂纹才开始扩展，这充分证明普通砂浆试件存在凯塞效应。

图 8-4 和图 8-5 所示为丙烯酸酯和聚氨酯修复后的声发射信号图，荷载导致基体产生微裂缝，并且致使修复纤维开裂，黏结液流出并渗入裂缝，使裂缝重新愈合。与图 8-3 比较可见，经修复后的水泥砂浆，其声发射事件累计数和振铃累计数从一开始便迅速增加，当荷载达到最大值时开始出现明显的声发射事件的峰值，并且没有产生凯塞效应，可以认为流入裂缝中的修复液已使混凝土中的裂缝得到了愈合，且效果显著。

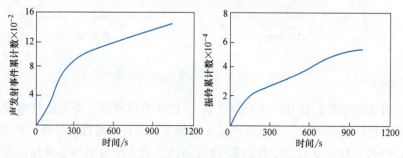

图 8-4　丙烯酸酯修复后的砂浆时间声发射信号

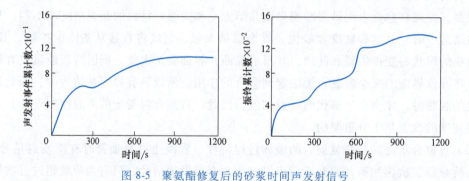

图 8-5　聚氨酯修复后的砂浆时间声发射信号

由此可知：

1）将含有混凝土修复剂的空心玻璃纤维埋入混凝土结构中，形成混凝土自愈合系统，可使修复后的混凝土强度略有升高，达到自愈合效果。

2）不同的修复剂对混凝土的愈合效果不同，其中丙烯酸酯较佳，聚氨酯次之。

3）愈合后的混凝土断裂韧度明显提高。

4）控制自愈合混凝土断裂界面是愈合后混凝土强度恢复和韧性改善的关键。

智能混凝土是智能化时代的产物，它在对重大土木基础设施的应变实量监测，损伤的无损评估、及时修复以及减轻台风、地震的冲击等诸多方面有很大的潜力，对确保建筑物的安全和长期的耐久性都极具重要性。而且在现代建筑向智能化发展的背景下，对传统的建筑材料研究、制造、缺陷预防和修复等都提出了强烈的挑战。智能混凝土材料作为建筑材料领域的高新技术，为传统建材的未来发展注入了新的内容和活力，也提供了全新的机遇。对其基础理论及其应用技术深入研究将使传统的混凝土材料发展步入科技创新轨道，使传统混凝土工业获得新的、突破性的飞跃。

拓展阅读

北盘江第一桥

北盘江第一桥是我国境内一座连接云南省曲靖市宣威市普立乡与贵州省六盘水市水城区都格镇的特大桥，位于北盘江之上，为杭瑞高速公路的组成部分。北盘江第一桥北起都格镇，上跨北盘江大峡谷，南至腊龙村；全长1341.4m；桥面至江面距离565.4m；采用双向四车道高速公路标准，设计速度80km/h；工程项目总投资10.28亿元。北盘江第一桥因其相对高度超过四渡河特大桥，刷新世界第一高桥记录而闻名中外。

北盘江第一桥地处高原边界深山地区，跨越河谷深切600m的北盘江"U"形大峡谷，地势十分险峻，地质条件非常复杂。当地地质灾害频发，风大、雾、雨、凝冻等恶劣的自然气候环境，给大型桥梁的抗风、冻雨条件下的结构安全和运营带来严峻考验。在建设中，施工单位按照"多彩贵州·最美高速"发展理念，大桥从设计、施工、运营全过程始终坚持最小程度破坏、最大限度保护，实现低成本、低污染、低耗能的建设目标。通过开展桥梁集中排水、主桥边跨顶推施工和500MPa高强钢筋的应用，最大限度减小桥面污水对土壤及水系的影响，极大减少对土地资源的占用，同时简化钢筋现场绑扎，方便施工，达到节能、降耗、减排和可持续发展的目的。

利用机制砂配制自密实混凝土，必须根据机制砂的颗粒特征采取相应的技术措施，才能配制出满足工作性能要求的自密实混凝土。由贵州省交通规划勘察设计研究院股份有限公司研发的"智能"混凝土，具有高流动性和良好的抗离析泌水能力，能够仅依靠自身重力而无须施加振捣就能均匀密实填充成型，能够很好地满足现代结构复杂和配筋密集的工程混凝土成型要求。这种混凝土的"智能"之处，就是能够自己流动均匀地填密。以前用混凝土铺路面，要用滚筒等工具振动混凝土，以便混凝土密实，但是如果是振漏了或者振过了，就会出现空洞、蜂窝、麻面等质量缺陷，如果桥墩支架有空洞那问题就严重了。采用"智能"混凝土能够既保证质量，又让施工更方便，大大降低了作业人员的配置及作业时间，节约大量的人工费用，提高机械设备工效，有效地缩短施工工期，降低施工成本。尤其是在钢构混凝土桥梁使用中，管状的钢构件里不可能振荡混凝土，因此如果在里面形成空洞，就将危及桥梁结构安全。使用"智能"混凝土，它会沿着管道自己均匀分布，保证桥梁质量。

大桥设计者采用云计算技术，研发并建立了一个集建、管、养于一体的桥梁管养综合信息化平台，打造了该桥的数字化"贴身医生"，"寻脉问诊"不需再去现场，一旦发现大桥"生病"，可立即报警。

北盘江大桥设计和建设者们不仅担负建造的重任，还要负责大桥今后的正常安全运行。

针对毕格高速北盘江大桥的施工和建设特点，以及后期运营养护中存在的工程量大、涉及专业面广、管理信息烦冗的问题，该工程在国内率先提出了"全过程动态信息化管理"的方案，将云计算与物联网、大数据结合为一体，使该桥的建、管、养信息化需求一网打尽。

大桥设计者采用云技术研发并建立的云信息平台，将施工过程中包括桥梁施工监控在内的各种建设数据与后期运营过程中的结构健康监测数据建立起有机联系，绘制出该桥的"基因图谱"，并形成整座桥梁的全寿命数据链。

守护这座大桥安全的有三朵"云"：桥梁基础信息云、桥梁监测养护数据云、桥梁分析决策云。

通过安装在桥上的感测传感器，首先把桥梁的索塔、桁梁、桥面、斜拉索等各处的车辆载重、温度、风况、振动等环境和部件的"健康"状态转化为数字信号，通过高速传输网络"秒传"至系统的基础信息云和桥梁监测养护数据云，然后分析决策云对前面这两朵云上的数据进行分析，将分析结果数据发送到指定人的手机或便携式计算机上。

在大桥的每个关键构件上，都使用了激光标刻或者二维码技术，也就是让每个关键构件都拥有了独一无二的"身份证"，在"云"中能够准确追溯到从生产到运输、架设、营运各个阶段的质量、计量等"时间轴"指标，管理部门也可以通过追溯系统对其进行监管，一旦发生重大灾害和安全事件，能够快速、高效地追踪溯源，及时处置。

在"云"里，还设立了典型病害库，为每个关键构件预设病害类型，通过自动发送数据或者人工扫描附着在构件上的二维码信息，选择相应的病害信息就可以实时传输至云端，让病害隐患无处可逃。例如，桥上的某根斜拉索营运一段时间后，一旦出现了微小"失常"，杆件上的传感器就会自动发送相应数据到云端，甚至一些关键部位的某些零部件松动，也会被第一时间发现，并根据云端数据采取及时的应对措施。

北盘江第一桥是杭瑞高速公路的控制性工程，大桥的建成结束了宣威与水城不通高速的历史，两地行车时间从4个多小时缩短至1小时之内，对构建快进快出高速公路网络具有重大推动作用。该桥有效改善云、贵、川、渝等地与外界的交通状况、提高区域路网服务水平、充分发挥高速公路辐射带动效应、促进地方社会经济发展，为中国国家"一带一路"战略添上了浓墨重彩的一笔。

（素材来源：百度百科）

习　题

1. 简述智能混凝土的定义和发展史。
2. 简述自诊断、自愈合混凝土的工作过程。
3. 简述智能混凝土的发展趋势。
4. 当前的智能混凝土有哪些智能特性？
5. 自诊断智能混凝土的压敏性和温敏性分别指什么？
6. 温度自调节混凝土的工作机理是什么，温度调节混凝土可应用于哪些方面？

第9章

结 构 控 制

学习目标

1. 掌握结构控制的概念和分类。
2. 了解新智能材料在结构控制领域中的应用。
3. 掌握形状记忆合金在结构控制中的应用。
4. 掌握隔震器和消能器的概念，了解现有隔震器和消能器的种类。

9.1 结构控制的概念

传统的建筑结构抗震和抗风设计方法是利用自身的能力来耗散振动能量的，如加大构件的截面尺寸、增加结构刚度或提高材料的强度等级等。这种方法是极不经济的，特别是伴随着建筑高度的增加，这种立足于抵抗地震力的消极抗震思想又无法解决 $P\text{-}\Delta$ 效应不断增大的问题。因此，需要一种积极的抗震思想来进行结构抗震设计，这就是结构控制的设计思想与方法。进行结构控制的目的就是要采用一定的控制措施，减轻和抑制结构在地震、强风及其他动力荷载作用下的动力反应，增强结构的动力稳定性，提高结构抵抗外界振动的能力，以满足结构安全性、实用性、经济性的功能要求。从结构控制机理的角度出发，结构控制主要通过以下途径得以实现：控制振动的震源、切断震源的传播途径、避免结构共振、提高结构的衰减性和施加与结构运动相反的作用力。

9.1.1 结构控制的分类

按照实施方式的不同，结构控制可分为被动控制、主动控制、半主动控制和混合控制。

被动控制无须外界提供能量，而是依靠结构元件之间、结构与辅助系统之间的相互作用消耗振动能量，从而达到控制结构的目的。这与传统的依靠结构本身及其节点的延性耗散地震能量相比显然是前进了一步，但是消能元件往往与主体结构是不可分离的，而且常常是主体结构的组成部分，因此它还不能完全脱离延性结构的概念，而只是其发展和改良。从另一方面考虑，被动控制技术可以看作一种增加结构阻尼的方法。被动控制技术主要包括吸振技术和耗能技术两种。吸振技术振动控制是将一个子系统安装在结构之上，子系统与结构一起振动，分担部分振动能量，从而使主结构的振动减弱。这种技术主要包括，调谐液体阻尼器

（TLD）、调谐质量阻尼器（TMD）（图 9-1）、摆式质量阻尼器、质量泵（Mass Pump）、液压质量控制系统（HMS）等。耗能技术是将结构的某些部件设计成耗能部件或安装一些耗能器来消耗振动能量。这种技术主要包括：黏弹性耗能阻尼器（图 9-2）、摩擦耗能阻尼器、金属耗能阻尼器等。

图 9-1　调谐质量阻尼器

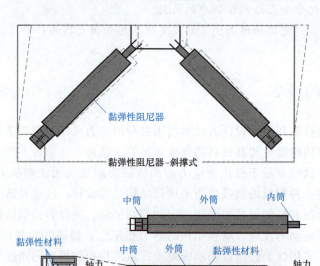

黏弹性阻尼器-斜撑式

框架的剪切变形与支撑式黏弹性阻尼器的轴向变形

图 9-2　黏弹性耗能阻尼器

　　所谓主动控制就是应用现代控制技术，对输入地震动和结构反应实现联机实时跟踪和预测，再按照分析计算结果应用伺服加力装置（作动器或执行器）对结构施加控制力，实现自动调节，使结构在地震过程中始终定位在初始状态附近或使某些反应尽可能小，达到保护结构免遭损伤的目的。主动控制是一种高技术手段，理论上讲是很有效的，但对于尺寸和荷载都很大的建筑结构来讲，由于要消耗很大的能源，其现实应用不太广，然而对保护设备、设施的安全和减轻由于设备损坏引起的次生灾害方面是非常有效的。常用的主动控制技术包括：主动控制调谐质量控制系统（AMD）、主动锚索控制系统（ATS）、主动支撑系统

（ABS）等。结构主动控制的研究内容可分为有两个方面：①调整控制力大小与各种控制算法研究；②施加控制力的主动控制系统的研究。图9-3所示给出了TMD与AMD工作原理对比。我国在建筑结构主动控制方面的研究内容主要集中在分析、设计方法和模型试验。以及控制系统的计算和优化方法方面，也涉及控制律的选择和时间延迟补偿、反馈方式、结构系统识别与预测方法、参数的不确定和系统的鲁棒性和可靠度等。

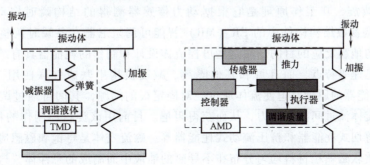

图9-3　TMD与AMD工作原理对比

半主动控制一般以被动控制为依托，仅需少量的能量用于改变被动控制系统的参数或工作状态，以适应系统对最优状态的跟踪从而取得较好的控制效果。半主动控制兼有被动控制和主动控制的优点，它具备主动控制的效果但需不间断电供应，而只需很小的电能通过调节和改变结构的性能减小地震反应，因此比较适合于工程结构的抗震设防。常见的半主动控制装置包括：隔板孔洞可调节的柱型液体阻尼器（TLCD）、半主动变刚度装置（AVS）、半主动变阻尼装置以及主动调治参数质量阻尼系统（ATMD）等。

混合控制是将主动控制系统和被动控制系统同时施加在同一个结构上的结构控制系统。这样主动控制仅需提供较小的能量就可以有效地控制结构。这种控制系统充分利用了被动控制与主动控制各自的优点，它既可以改变结构的振动特性，增加人工阻尼，又可以利用主动控制系统保证控制效果，比单纯的主动控制能节省大量的能源，因此有良好的工程应用价值。目前出现的混合控制技术有：主动质量阻尼控制系统（AMD）和质量阻尼系统（TMD）、调谐液体阻尼系统（TLD）的混合控制；阻尼耗能（VE Damper）和主动控制（ABS）的混合控制；隔震系统和主动控制系统（AMD）的混合控制等。日本已建成的20多栋主动控制房屋绝大多数采用混合控制方式，其中最高的是1993年建成的横滨Land Mark Tower，该建筑共70层，总高度296m，在顶层用了两个吊重通过伺服马达施加控制力。在国内，混合控制系统的研究主要集中在混合质量控制系统和主动基础隔震系统。

9.1.2　新智能材料在结构控制领域中的应用

"智能材料—结构系统"（Smart/Intelligent Material—Structure System）是一种新兴的多学科交叉的综合结构体系。"智能材料—结构系统"是指以智能材料为主导材料，具有仿生命的感应和自我调节功能的结构系统。这里所说的智能材料是某些具有特殊功能的材料，如电流变材料、磁流变材料、光纤材料、压电材料、磁致伸缩材料和形状记忆合金等。当把这些智能材料用于结构控制领域中时，它就会发挥自己的传感和驱动功能来实现结构的感应和自我调节功能，从而达到良好的控制效果。下面仅以电（磁）流变材料和形状记忆合金为例来说明它们在建筑结构控制领域中的应用。

电流变流体（ER）和磁流变流体（MR）是20世纪80年代末兴起的两类性能极为相似的可控流体。它们是用不导电的母液（常为硅油或矿物油）和均匀散布其中的固体电解质颗粒或磁性颗粒制成的悬浮液。对于平行于电场或磁场两极的剪切力而言，电流变流体和磁流变流体在电场或磁场的作用下就能从流动性良好的具有一定黏滞度的牛顿流体转变为具有一定屈服剪应力的黏塑性体，这种效应我们称为电流变或磁流变效应。因此，我们可将这种材料用于结构减震，其工作原理是它根据动力传感器测得的结构瞬时振动状态，由 ER（MR）智能可调参数结构构件中的 ER（MR）智能可调阻尼器在各瞬时调整参数，从而实现减小整个结构地震反应的目的。用这些可控流体设计和制作的耗能器具有结构简单、耗电功率小、反应迅速等特点，而且可和其他隔震、减震机构串联或并联使用，以提高功效。ER 可控流体耗能器的原理是迫使流体通过一对固定板的间隙，其间可通过调节极板外加电场强度来改变流体流过间隙的阻力，从而获得阻尼。目前用该类材料制作的耗能器类型有：阀式耗能器、剪切式耗能器和挤压流动式耗能器等。磁流变体是将饱和磁感应强度很高而磁矫力很小的优质软磁颗粒材料均匀分布在不导磁的油液中而制成的悬浮体，这种悬浮体在强磁场作用时其悬浮颗粒被感应而相互作用，从而使液体表现为具有一定屈服力的类似固体的本构关系，目前这类材料制作的耗能器类型有：MR 流体转动闸耗能器、足尺单推杆 MR 耗能器和足尺双推杆 MR 耗能器等。

形状记忆合金（SMA）是一种有特殊功能的金属材料，具有形状记忆效应。结构控制可以从两个方面利用形状记忆合金的特性。①利用其超弹性记忆效应——高应变循环下的滞回曲线，形状记忆合金本身就可以作为阻尼耗能元件，其中最有价值的是 CT 阻尼器，其性能大大优于常规的黏弹性阻尼器；②利用其温度形状记忆效应，将形状记忆合金作为温度调节的主动控制驱动装置，在混凝土构件中易产生裂缝的部位植入经预拉并有残余预应变的形状记忆合金丝，就可以得到以形状记忆合金为主导材料的裂缝自诊断和主动控制的机敏混凝土构件，目前这方面的应用正处于研究阶段。形状记忆合金在智能被动控制结构上的另一个应用是：将预张拉至超弹性滞回环起点的形状记忆合金与调谐质量阻尼器（TMD）结合起来作为一种动力装置。这种装置将 TMD 的质量块通过形状记忆合金拉索与结构相连，拉索的放置方向垂直于 TMD 结构系统的运动方向，这样，当 TMD 质量块运动时也会使形状记忆合金拉索产生加载或卸载，但卸载的最低点不会低于预张拉的超弹性滞回环的起点，从而保证了形状记忆合金拉索提供给 TMD 质量块的是一个双线型的阻尼力。迄今为止，主要的几种形状记忆合金为 Ni-Ti 合金、Cu 基合金和 Fe 基合金等。

9.2 形状记忆合金在结构控制中的运用

自从1972年美国学者 J.T.P.Yao 首次提出结构控制概念以来，各国学者在该领域进行了卓有成效的研究工作，并获得了很多工程应用。结构振动控制可以有效地减轻结构在风和地震等动力作用下的反应和损伤，有效地提高结构的抗震能力和防灾性能。土木工程结构的振动控制大体上可分为基础隔震、被动耗能减振、主动和半主动控制、混合控制以及近几年发展起来的智能控制。

由智能材料制成的智能器件（如阻尼器、驱动器等）构造简单，调节驱动容易，耗能小，反应迅速。目前适用于土木工程振动控制的智能材料主要有形状记忆合金、电流变液、磁流变液、压电材料及磁致伸缩材料等。其中，形状记忆合金以其特有的形状记忆、超弹性、大变位、高耗能、良好的耐蚀性及耐疲劳性能等独特优势，被认为是结构控制中最有前途的感知和驱动材料。将形状记忆合金以某种方式融合到结构基体材料或与结构构件相结合，利用形状记忆合金的特殊功能，可分别实现对结构振动的被动控制、主动控制和半主动控制。目前SMA已广泛应用于电子仪器、汽车工业、医疗器械和航空航天等领域，并在土木工程结构振动控制领域表现出广阔的工程应用前景。

结构振动控制主要利用形状记忆合金的如下三方面特性：形状记忆效应、超弹性效应和高阻尼特性。形状记忆效应是指形状记忆合金材料在发生了塑性变形后，如果加热超过材料的某一特定温度，形状记忆合金就会自动恢复到原来的形状，即残余变形全部消失。形状记忆合金与普通金属材料在力学上的最大区别是在应力场中存在应力马氏体相变，形状记忆合金通过材料晶体结构的改变（相变）来改变材料的弹性和完成内耗能，卸载时变形恢复到原点；而普通金属材料是通过材料的屈服和损伤来实现的，其残余变形不可恢复。形状记忆合金特有的超弹性变形特性使其变形能力比普通金属材料约大30倍（形状记忆合金的弹性应变可到5%～7%，而普通金属材料只有0.2%）。因此，形状记忆合金的耗能能力比普通金属材料大得多，研究表明，形状记忆合金材料的阻尼比（材料振幅衰减比的平方）可达40%，而普通金属（如低碳钢）仅为6%。另外，由于形状记忆合金的超弹性滞回环是由材料的相变来完成的，它不损伤材料，因此具有极好的抗疲劳能力。形状记忆合金上述特有的优点使其特别适合于结构的抗震控制。在小震情况下，形状记忆合金的弹性特性与普通金属相似；在大震时，形状记忆合金表现出超弹性大变形能力，有效地消耗地震能量，并可利用其记忆效应使变形恢复。

9.2.1　形状记忆合金用于被动控制

形状记忆合金在结构被动控制中的研究主要集中在力学模型的建立以及利用形状记忆合金阻尼器抑制桥梁和框架等结构地震反应等方面，有的已在实际工程中得到应用。将形状记忆合金制成被动阻尼器的原理主要是利用形状记忆合金材料的超弹性效应和高阻尼特性。

在理论模型方面，Feng和Li研究了具有SMA支承器件的单自由度质量块的非线性振动模型。结果表明，利用SMA的超弹性效应可以明显抑制质量块的振动。Birman建立了一种基于SMA超弹性效应的柔性阻尼器的数学模型。研究结果显示，SMA超弹性阻尼器的阻尼能力随温度的升高而升高，这表明形状记忆合金阻尼器在高温时的工作性能优于低温时的工作性能。

在桥梁减振控制中，DesRoches研究了利用SMA延性阻尼器来减轻地震对桥梁产生损伤的有效性；分析结果表明，这种装置可作为被动阻尼器来限制桥梁各跨之间的相对位移和桥梁振动的加速度，有效减小振动对桥板的冲击。试验结果表明，通过在控制点（如桥梁支座处）进行处理，这种器件可使多跨桥的桥墩数量得以减少。并且，这种延性阻尼器的控制效果比传统控制方法优于50%以上。Adachi和Unjoy从桥梁结构减震的角度提出了一种SMA薄板耗能器并进行了试验研究，结果表明：

1）无论常温下SMA处于马氏体状态还是奥氏体状态，低频振动时耗能器的耗能能力都强于高频振动时的耗能能力。

2）常温下处于马氏体状态的形状记忆合金耗能器的超弹性滞回耗能能力和等价阻尼比

明显高于常温下处于奥氏体状态的形状记忆合金耗能器的性能。

3）与普通隔震装置的等价阻尼系数随变形峰值增大而减小的规律相反，这种SMA薄板耗能器的等价阻尼系数随变形峰值增大而增大。Attanasio等提出的形状记忆合金耗能器由三根钢制柱式构件和一根Ni-Ti合金横梁组成，常温下横梁处于马氏体状态。在实际应用中，通过使形状记忆合金横梁产生弹性变形耗散振动能量，达到减振目的。振动结束后通过加热形状记忆合金，利用其产生的回复力使结构复值。

在框架结构的减震研究和应用方面，许多学者提出了相应的控制装置，并进行了试验研究。其中，Clark等和Higashino等利用Ni-Ti合金丝的超弹性性能提出了一种适用于框架结构的SMA阻尼器的设计，制作了四个参数不同的耗能阻尼器，并对一个装有这种SMA阻尼器的六层框架进行了结构试验。耗能器安装在结构层间，控制结构层间变形，从而达到消耗地震能量的目的。分析结果表明，安装形状记忆合金耗能器后，结构的位移得到了明显的控制，结构柱所承受的水平剪力也明显减小，但加速度有时被放大。另外，在该试验中，为了达到相应的控制效果，所采用的耗能器的尺寸非常大，不适用于实际工程，所以其适合于实际工程的阻尼器形式还有待于进一步研究和开发。

王社良等首先对SMA材料性能进行了试验研究，提出了SMA的相变伪弹性恢复力模型，然后以此为基础研究了SMA减振控制系统的动力响应问题。模拟结果表明，提出的减振控制装置对较强烈的振动有更好的抑制作用，通过控制其温度可使系统处于最佳工作状态。此外，王社良等还提出了装有SMA拉索、利用其独特的相变伪弹性性能被动控制建筑结构地震响应的力学分析模型，并进行了试验研究。试验中的SMA拉索被动控制方案把预应力的概念和形状记忆合金材料的相变伪弹性性能结合起来，在工作前对所有SMA拉索进行合理的预拉以避免拉索在结构地震响应过程中出现压屈松弛现象。通过对一个三层框架有控结构与无控结构的地震响应进行分析，检验了SMA拉索的被动控制效果，探讨了其控制机理和规律。研究结果表明，SMA被动拉索可以有效地减小和抑制结构的地震响应，并且提出拉索的初始工作长度和工作温度对控制效果影响明显，应进行合理的参数设计。

韩玉林等介绍了形状记忆合金的一种本构关系，讨论了SMA耗能器的工作原理，设计和制造了一种用于框架结构振动控制的SMA耗能器，并将该种耗能器安装在二层框架结构模型上进行了框架结构振动控制试验。结果表明，该种耗能器的耗能效果明显，并可以显著改变框架结构的固有频率。Witting等利用Cu、Zn、Al形状记忆合金的超弹性性能提出了一种耗能器，耗能器设计是使形状记忆合金棒发生扭转变形，在耗能器性能试验的基础上，对一安装有该耗能器的五层结构模型进行了振动台试验，结果表明该耗能器可有效地减小模型结构在不同地震作用下的反应，但为结构提供的附加阻尼和相应的控制效果却小于黏弹性阻尼器。

形状记忆合金在隔震技术中也得到了研究和应用，Mauro等设计了一种具有最大出力600kN和最大回复力为200kN的SMA隔震复位装置，该装置将SMA分为耗能组和复位组两部分。试验表明这种装置能有效减小结构振动，利用SMA耗能有效克服了以往阻尼器在老化、耐久性、大变形循环的抗疲劳性及维护方面的缺点，尤其是解决了大震后阻尼器的替换和结构的复位问题。

此外，Robert等从被动控制角度提出了一种SMA阻尼器——CT阻尼器，设计原理主要是利用SMA丝的超弹性。性能试验表明，通过调整CT阻尼器的参数可以得到四种形状的滞回曲线，同时 CT 阻尼器还表现出温度不敏感性。将此种阻尼器安装在一非延性钢筋混凝土结构上进行的试验表明，利用 CT 阻尼器可以取得较好的控制效果。

在工程应用方面，Maria 和 Maurizio 等利用 SMA 优良的被动耗能特性制成了一种 SMA 阻尼器来加固遭受破坏的意大利 Giorgio 教堂的钟塔。该钟塔在地震作用下，出现了可见的水平裂缝和 3cm 的侧移。加固方案采取在钟塔内加设四道连有形状记忆合金阻尼器的后张拉预应力筋，以控制裂缝的继续扩展，并且确保它能经受住下次地震的作用。该阻尼器在试验中取得了较好的效果，但还有待于实际地震的检验。

9.2.2　形状记忆合金用于主动控制

在主动控制方面，虽然部分学者提出了主动控制装置，但还主要集中在形状记忆合金对一维构件如梁和杆等的振动控制研究。目前，对结构主动控制的实现主要是通过以下两种方式：一种是利用 SMA 的形状记忆效应产生的回复力对结构进行驱动；另一种是利用 SMA 的弹性模量随温度变化而改变的特性，通过加热 SMA 来改变结构的振动频率。

在利用 SMA 的形状记忆效应进行的研究中，Rogers 等于 1987 年首次将经过特殊处理后的 Ni-Ti 形状记忆合金丝复合于复合材料层合结构中，进行了一系列振动主动控制试验研究。Rogers 等人主要利用了 Ni-Ti 形状记忆合金丝的形状记忆效应实现各种控制，提出了适用于这种 SMA 复合材料层合结构的"主动调节应变能"的概念，指出 SMA 丝产生的回复力可增加结构的等效刚度，进而对结构的振动频率进行控制。Epps 和 Chandra 研究了通过预应变 SMA 丝调整复合材料梁的谐振频率，表明可以利用 SMA 的形状记忆效应产生的回复力控制梁的谐振频率。Bidaux 等利用 SMA 的形状记忆效应产生的回复力控制复合材料梁的刚度，达到了主动改变复合材料梁的固有频率的目的。王吉军等以 SMA 为驱动器，利用 Ni-Ti 丝的形状记忆效应，加热 SMA 丝产生回复力，改变高分子梁的刚度，达到控制振动的目的。霍水忠等将 Ni-Ti 合金丝置于结构构件中进行了主动控制试验，试验将 SMA 丝拉伸后布置在梁的最大拉伸应力区，通电激励 SMA 丝，利用其形状记忆效应产生的回复力使之收缩，提高承载能力。陈健和林萍华研究了埋入 SMA 丝阻尼器的复合材料梁的振动衰减规律，利用预拉伸 SMA 丝形状记忆效应所产生的回复力，研究了埋入预拉伸 SMA 丝驱动器对复合材料梁的主动振动控制，试验结果表明这种方法可以取得较好的控制效果。Shahin 等则研究了一种近似模型，模拟 SMA 拉索和多层建筑的振动控制，表明利用 SMA 的形状记忆效应通过电流加热 SMA 拉索产生的回复力可以实现对多层建筑结构振动的主动控制。

此外，梅胜敏将经过预拉的 Ni-Ti 合金丝埋入环氧树脂悬臂梁构件的上下表面制成具有主动控制功能的复合材料结构，并进行了试验。当结构共振时，加热激励 SMA 丝，由于其形状记忆效应，使轴线方向产生均匀分布的回复力。求解该构件的横向振动固有频率发现基频是 SMA 回复力的函数，因此通过控制回复力可改变结构振动频率，使结构避开共振。Baz 对一悬臂梁的主动控制进行了研究，它的驱动原理是当杆受横向扰动而运动时，利用 SMA 的形状记忆效应产生的相变力对梁作用一个力矩，这一力矩连同梁产生的恢复力矩共同使它恢复到未扰动位置。在控制时不仅应对位移进行控制，为避免回复速度过大引起过控制，还要对它的速度进行控制。

利用 SMA 的弹性模量随温度变化而改变的特性，也可以实现对结构振动的主动控制。Motogi 等研究了 SMA 丝对复合材料薄板的控制效果，通过电流加热 SMA 丝，大幅度改变

SMA 丝的弹性模量，进而改变复合材料薄板的弹性模量，从而达到避开结构共振的目的。Liang 和 Rogers 研究了用于振动控制的 SMA 弹簧的设计方法，提出利用 SMA 的弹性模量温度关系特性可以改变 SMA 弹簧的弹簧常数达 3~4 倍，同时给出了 SMA 弹簧的线性和非线性设计方法。Chen 和 Levy 研究了同时利用 SMA 的弹性模量和形状记忆效应对梁进行振动控制。

由于形状记忆合金高温奥氏体状态和低温马氏体状态的弹性模量有很大差异，其中间温度的弹性模量介于两者之间，Lagoudas，Berman 等提出计算时可采用高温奥氏体状态和低温马氏体状态的弹性模量的加权平均。

在研究和设计形状记忆合金主动控制装置方面，吴波等针对一种 Ni-Ti 合金，试验探讨了其滞回性能以及滞回环形状随循环次数的变化规律，针对滞回规则建立了滞回模型，提出了相应的振动控制装置，并与摩擦耗能装置和软钢耗能装置进行了比较。通过比较发现，装置具有疲劳性能好及耐蚀性能好等优点，还可通过形状记忆合金材料受热产生的回复力在一定程度上减小结构的残余变形。但该装置由 4 组 SMA 丝和 4 根可上下转动的 L 形杆件及相应的配套元件组成，控制过程较为复杂，而且形状记忆合金的加热和冷却速度较慢，影响了控振频率，还有待于进一步改进。

综上所述，SMA 作为一种性能优良的作动材料用于主动控制主要是利用其弹性模量随温度的变化关系和 SMA 丝受热时产生的回复力。由于其驱动作用是通过材料相变和马氏体变体的重新定向产生，需要不断对 SMA 进行加热、冷却以及加卸载，因此改变 SMA 的弹性模量或产生驱动力都需要一定的时间，但材料本身有迟滞性，所以 SMA 主要适用于低频的主动控制。如果用于振动频率较高的情况，则由于响应太慢，难以取得很好的控制效果。对此，Baz 等提出将 SMA 与结构分离，便于 SMA 丝的散热，会使驱动频率有所提高。汪劲松等通过试验研究指出，影响 SMA 弹簧作动周期的主要因素有几何尺寸、输入的加热功率和冷却环境等，其中冷却条件对作动频率的影响最大。因此，改变 SMA 的冷却条件，可以提高其驱动频率。Lagoudas、Bhattacharyya 等先后指出，提高电流密度或将 SMA 做得更薄，都能提高 SMA 的驱动频率，并且提出了一种散热性能良好的 SMA 驱动器的模型。任勇生等提出可以改变传统的加热冷却方法，采用先进的热传导方法，如利用热电热传导机制等原理可以大大缩短加热和冷却时间，或者保留和利用 SMA 的形状记忆效应和相变机制能够产生高应变的特点，但相变过程改由电驱动，都可望大大提高作动器的驱动频率。

9.2.3　形状记忆合金用于智能控制

由于形状记忆合金是一种性能优良的感知和驱动材料，在利用 SMA 材料超弹性能和形状记忆效应进行阻尼器设计的同时，一些学者开始研究利用 SMA 的独特性能，设计具有智能性的控制装置，实现结构的智能控制，并初步取得了一些成果。

何思龙等在一根钢筋混凝土简支梁中预埋了预应变为 1.8% 的形状记忆合金，通过自动加热系统用不同电流将形状记忆合金加热至各种设定温度，然后考察梁在定值静荷载和定值冲击荷载下的反应，试验结果表明，形状记忆合金可以对结构施加较大的预应力，提高结构的强度和刚度，从而大大降低结构的静、动力反应，实现对结构的智能控制。

Keith 等在经过研究后指出，被动自适应方法在智能振动控制中表现出了很好的应用前景。因为它能将被动调谐吸收器的稳定性和低复杂性与主动控制方案的自适应性有机结合起来。但以前的可调节振动吸收器设计复杂而且体积过大，而具有优良材料特性的形状记忆合金提供了一种自适应机制。加热 SMA 可使其弹性模量变化量高达 3 倍以上，SMA 弹簧能提供可变弹簧刚度和相应的可调节频率，因此可以通过对 SMA 的开、关作动，实现 SMA 复合元件频率的调节和变化。依此，Keith 等首先提出了一种自适应吸收器的概念设计方案，并制作了由三副 SMA 丝和一副钢丝组成的吸收器，性能试验表明其频率变化可达 15% 以上。研究中还将吸收器安装在一梁系统中进行了试验，测定了在多种作动状态下的频率响应。结果表明这种 SMA 自适应吸收器能发展成为一种简单、高性能的控制技术，在智能被动控制中有很好的发展前景。

形状记忆合金智能控制装置在桥梁结构中也得到了广泛的研究和应用。DesRoches 针对桥梁在地震中支座处产生破坏的现象，提出了"智能限制器"的概念和设计方法，并试验验证了利用智能限制器对桥梁振动进行控制，减轻地震对桥梁造成的损伤。试验中用 SMA 智能限制器取代了传统的限制器，分析研究表明这种 SMA 智能限制器的控制效果大大优于传统限制器，可以有效减小桥梁振动产生的加速度和位移，实现对桥梁振动的智能控制。

Adachi 等指出应用 SMA 这种具有自修复和自诊断等功能的智能材料能够为桥梁结构提供更有效的地震保护系统，并提出了一种适用于桥梁结构的既能实现耗能功能，又能实现自修复功能的智能控制装置的设计。文献首先对一个 SMA 阻尼装置试件进行了性能试验，得出了其在马氏体和奥氏体两种状态下的力-位移曲线，进而确定了其在形状记忆阶段和超弹性阶段的效应。为测定装置在地震下的有效性，Adachi 等进行了一系列振动台试验。研究表明，这种 SMA 智能控制装置可以大大减低桥梁结构的地震响应，还可以实现结构的自复位功能，是一种具有较好发展前景的系统。

9.2.4 结论与展望

可以看到，研究人员已在基于 SMA 的结构振动控制领域开展了许多重要的研究工作。从效果看，作为一种先进的智能材料，SMA 是一种优良的耗能和驱动材料。基于 SMA 的被动控制器（如阻尼器、限制器等）和驱动器均可以取得明显的振动控制效果，SMA 具有广阔的发展前景。然而，目前的研究大都还限于对模型的理论与试验研究，距实际应用还有很大距离，特别是在主动或半主动控制方面还有很多实质问题有待解决。要加快形状记忆合金在结构振动控制领域实用化的进程，应继续进行以下几个方面研究：

1）进一步深入对形状记忆合金阻尼器性能的研究，提出实用性强、能满足实际工程需求的阻尼器设计。

2）进一步开展形状记忆合金在各种结构减振控制中的应用研究，提出实用的减振手段与措施。

3）进一步研制和开发新型的、性能稳定的形状记忆合金主动、被动控制器及智能元件，使其制作标准化。

4）形状记忆合金与其他功能材料的复合应用，进一步改善其控制性能。

5）形状记忆合金控制器的可靠性和耐久性等性能的研究。

6）形状记忆合金参数的优化设计研究。

7）开发专用计算机分析软件系统，分别实现对结构的被动控制、主动和半主动控制及智能控制。

8）形状记忆合金在结构损伤识别与健康诊断中的应用技术研究。

形状记忆合金是一种兼有感知和驱动功能的新型智能材料，它的特点是具有形状记忆效应。目前已发现的形状记忆合金有上百种，得到广泛研究的是 Ni-Ti 合金、Cu 基合金和 Fe 基合金，性能最优的是 Ni-Ti 合金。形状记忆效应的基本机理是热弹性马氏体相变，即冷却时母相（奥氏体）转变为马氏体，加热时马氏体又转变为母相。

用于传感的形状记忆合金是基于其应变电图特性。实验表明：Ni-Ti 合金比其他应变敏感材料的电阻率大，但电阻与应变仅在线弹性范围内呈线性关系。杨大智等通过实验认为 Ni-Ti 合金应变测量小于 2% 较合适，否则必须做非线性修正。

形状记忆合金作为传感材料的优点是可以实现多种变形形状；易于和基体材料融合；变形量较大；易于把传感与驱动功能融为一体，尤其在土木结构控制中可以起到耗能器的作用等。缺点是成熟的 Ni-Ti 形状记忆合金较昂贵，而其他的 Cu 基、Fe 基等形状记忆合金的性能不够稳定；在非弹性阶段，电阻与应变的关系呈非线性，给信号分析带来困难等。

9.3 隔震器和消能器

隔震器用来提供大变形，阻尼器用来提供阻尼力。隔震装置需要哪些性能才能达到隔离地震的作用呢？首先，隔震装置要能承受上部建筑物的重力，并且在竖向荷载作用下不能有过大变形；其次，为了延长结构的振动周期，减小上部结构的加速度反应，水平向需具有充分的柔度；再次，为了使振动衰减，限制结构的位移，还必须有一定的阻尼。因此，隔震装置应具有以下基本的性能：足够的竖向承载能力和竖向刚度，小的水平刚度和适当的阻尼衰减特性，如图 9-4 所示。此外，建筑物的设计使用寿命为 50 年或更长时间，在此期间，无论环境如何变化，如温度升降、地基沉陷和氧化等，隔震装置应能正常工作，或在偶然发生的情况，如地震、火灾等，隔震装置要在一定时间内仍发挥作用。综上所述，隔震装置的性能包括以下几方面：竖向性能、水平性能、阻尼性能、耐久性、耐火性及各种相关性能等。

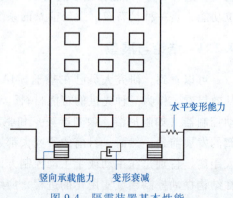

图 9-4　隔震装置基本性能

基础隔震的原理可用建筑物的地震反应谱来说明，图 9-5a、b 分别为普通建筑物的加速度反应谱和位移反应谱。从图中可以看出，建筑物的地震反应取决于自振周期和阻尼特性两个因素。一般中低层钢筋混凝土或砌体结构建筑物刚度大、周期短，基本周期正好与地震动卓越周期相近，所以，建筑物的加速度反应比地面运动的加速度放大若干倍，而位移反应则较小，如图中 A 点所示。采用隔震措施后，建筑物的基本周期大大延长，避开了地面运动的卓越周期，使建筑物的加速度大大降低，若阻尼保持不变，则位移反应增加，如图中 B 点所示。由于这种结构的反应以第一振型为主，而该振型不与其他振型耦联，整个上部结构像一个刚体，加速度沿结构高度接近均匀分布，上部结构自身的相对位移很小。若增大结构的阻尼，则加速度反应继续减小，位移反应得到明显抑制，如图中 C 点所示。

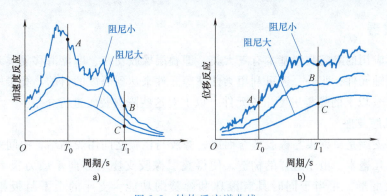

图 9-5 结构反应谱曲线

a）加速度反应谱 b）位移反应谱

常用的隔震方式主要有两种，即叠层橡胶支座隔震和滑移隔震，其中叠层橡胶支座隔震占绝大多数。因此，对叠层橡胶支座的性能研究及相应的规范、标准也较完善，有针对普通叠层橡胶支座和铅芯叠层橡胶支座的制作、性能指标及质量检查的建筑工业标准、规程等，如《橡胶支座 第3部分：建筑隔震橡胶支座》（GB 206883—2006）。

综上所述，基础隔震的原理就是通过设置隔震装置系统形成隔震层，延长结构的周期，适当增加结构的阻尼，使结构的加速度反应大大减小，同时使结构的位移集中于隔震层，上部结构像刚体一样，自身相对位移很小，结构基本上处于弹性工作状态（如图 9-6d）从而使建筑物不产生破坏或倒塌。传统抗震房屋与隔震房屋在地震中的情况对比如图 9-6 所示。

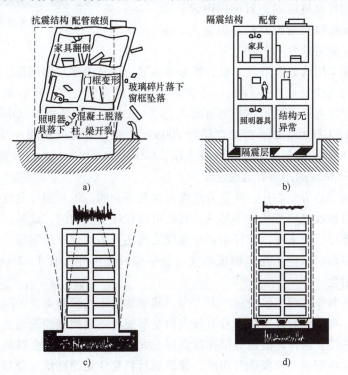

图 9-6 传统抗震房屋与隔震房屋在地震中的情况对比

a）传统抗震房屋强烈晃动 b）隔震房屋轻微晃动 c）传统房屋的地震反应 d）隔震房屋的地震反应

9.3.1 隔震器

目前实际应用的隔震装置基本有三大类，即叠层橡胶支座、摩擦滑移隔震元件以及滚动摆、滚珠、滚轴元件；此外，还可利用柔性柱等元件来达到隔震的目的。叠层橡胶支座应用最多，迄今90%以上的隔震房屋用该元件。以下对这些隔震装置进行介绍。

1. 叠层橡胶支座

叠层橡胶支座是由钢板与橡胶叠合而成，橡胶与钢板之间用胶黏结，中间的橡胶及钢板的厚度每层仅几毫米。由于这样的构造，使得叠层橡胶支座的竖向承载力很大，而在水平向可以有较大变形，相当于同时具有滚珠和弹簧的功能。支座的上下封板相对较厚，内有螺栓孔，封板与连接钢板之间用内六角螺栓连接，连接钢板再通过固定螺栓孔与建筑构件相连。

此外，支座中心还设置了铅芯，铅芯的作用是提供阻尼。这种支座称为铅芯叠层橡胶支座（图9-7），也可以不加铅芯，不加铅芯的称为普通型叠层橡胶支座。还可以在橡胶中添加碳使橡胶黏性增加，从而使普通型叠层橡胶支座也具有较高的阻尼，这样的支座称为高阻尼叠层橡胶支座。所以，叠层橡胶支座有三种类型：普通型叠层橡胶支座、铅芯叠层橡胶支座和高阻尼叠层橡胶支座，后两者均可提供阻尼。目前国内设计及生产的叠层橡胶支座以普通型及铅芯型为主，高阻尼叠层橡胶支座应用较少。

图 9-7　铅芯叠层橡胶支座的构造

叠层橡胶支座常用的截面形状一般为圆形和矩形，建筑中多采用圆形，因为圆形与方向无关。型号标记为GZP（或Y）×××，GZ表示建筑隔震橡胶支座，P表示普通型，Y表示有芯型，后边数字为边长 [矩形用长边有效边长（mm）×短边有效边长（mm），圆形用有效直径表示]。例如，GZP400表示有效直径为400mm的圆形普通叠层橡胶支座，GZY700表示有效直径为700mm的圆形铅芯叠层橡胶支座，GZP400×360表示长边有效边长为400mm、短边有效边长为360mm的矩形普通叠层橡胶支座。

叠层橡胶支座中心为空心孔，从受力角度而言是不利的，但从制作角度而言，由于叠层橡胶支座在制造时加硫过程需从外部加热，有孔可以保证受热均匀，此外，若在孔中加入铅芯，就成为铅芯叠层橡胶支座。连接钢板与橡胶之间还有一层较厚的钢板，称为封板，封板内部有螺栓孔，可以用螺栓与连接钢板相连。叠层橡胶支座外部有1~2cm的橡胶保护层，可防止内部橡胶老化。

叠层橡胶支座制作过程大致经过4道工序，其中加硫工艺最为重要，因为通过在橡胶中混合碳墨和硫黄，可使橡胶强度增大且有较大的变形能力，就质量控制而言，橡胶与钢板之间必须有很好的黏结，这样才能使叠层橡胶支座在大的剪切变形下不会破坏。

叠层橡胶支座由钢板与橡胶叠合而成，橡胶的材料特性是弹性低、变形能力大，而钢板弹性高，变形能力小，将两者结合使用，当支座竖向受压时，橡胶片与钢板均沿径向变形，但钢板的变形比橡胶小，即橡胶受到钢板的约束，支座的中心部分近似为三轴受压的状态，因此支座有较高的竖向承载能力，且竖向压缩变形也很小，当支座受水平作用时，中间钢板不能约束橡胶的剪切变形，支座的水平变形近似为各橡胶片水平变形的叠加，因此支座的水平变形很大。以下对叠层橡胶支座的性能做具体说明。

（1）竖向性能　叠层橡胶支座必须能长期承受竖向荷载，且在竖向荷载作用下，支座不会发生大的竖向变形及失稳。无论普通型还是铅芯叠层橡胶支座，其竖向性能基本相同，因为铅芯不承担压力。

《橡胶支座 第3部分：建筑隔震橡胶支座》（GB 20688.3—2006）规定了支座的竖向性能参数，包括竖向刚度、竖向变形、竖向极限压应力（当水平位移为支座内部橡胶直径0.55倍状态时的极限压应力）、竖向极限拉应力等，下面一一进行解释。

1）竖向刚度：竖向刚度是指叠层橡胶支座产生单位竖向位移时所施加的竖向力，记为 K_V。

$$K_V = \frac{P}{\delta_V} \tag{9-1}$$

式中　K_V——叠层橡胶支座的竖向刚度；

　　　　P——叠层橡胶支座承受的竖向力；

　　　　δ_V——叠层橡胶支座竖向压缩变形。

叠层橡胶支座的竖向刚度与橡胶硬度和橡胶层厚度有很大关系。橡胶硬度越大，竖向刚度越大；橡胶层总厚度越小竖向刚度越大。对一个叠层橡胶支座，设计人员如何得知它的竖向刚度呢？一般厂家会提供各种型号的叠层橡胶支座的性能参数，设计人员根据需要查表选用即可。例如，需要竖向刚度为2700kN/mm的橡胶支座，可选用GZY600或GZP600。而厂家提供的各种型号的支座性能参数是如何得到的呢？《建筑抗震设计规范》规定：隔震部件的耐久性和设计参数应由试验确定。因此，在设计产品时，厂家用产品尺寸、材料等参数计算求得产品的性能参数，还必须通过试验来验证，且以试验的数据为准。对厂家提供的产品性能参数表，设计人员还可根据设计需要，对表中所列参数进行调整，但调整幅度宜在±5%的范围内，否则需要与厂家联系，商讨解决。厂家根据设计文件中要求的隔震支座性能参数制作产品，并在出厂前抽出部分产品再次进行试验，验证产品的参数符合设计要求。

2）竖向变形：不计温度及偶然因素的影响。叠层橡胶隔震支座的竖向变形一般由两部分叠加而成，一部分为承受竖向荷载产生的压缩位移，另一部分为剪切变形产生的几何下沉位移。竖向变形由足尺测试测定，一般控制在橡胶总厚度的1%以内。

3）竖向极限压应力：竖向极限压应力是指叠层橡胶支座在无任何水平变形的情况下承担的最大轴压应力，此值应不小于90MPa。叠层橡胶支座的竖向极限压应力与中间钢板的屈服强度有关，屈服强度越高，支座的竖向极限压应力越大。因为在竖向压力下，支座中的橡胶层与钢板均沿径向变形，橡胶比钢板的变形大，因此钢板沿径向受拉，钢板的受拉强度会影响支座的极限压应力。此外，在一定范围内，钢板与橡胶层厚度比也会影响支座的竖向极限压应力，因为钢板与橡胶的厚度比适宜，才能起到两者相互之间较好的约束作用。《建筑抗震设计规范》规定，橡胶隔震支座在重力荷载代表值的竖向压应力不应超过表9-1的规定。

表 9-1　橡胶隔震支座压应力限值

建筑类别	甲类建筑	乙类建筑	丙类建筑
压应力限值/MPa	10	12	15

注：1. 压应力设计值应按永久荷载和可变荷载的组合计算；其中，楼面活荷载应按现行国家标准《建筑结构荷载规范》的规定乘以折减系数。

2. 结构倾覆验算时应包括水平地震作用效应组合；对需进行竖向地震作用计算的结构，尚应包括竖向地震作用效应组合。

3. 当橡胶支座的第二形状系数（有效直径与橡胶层总厚度之比）小于 5.0 时应降低压应力限值：小于 5 不小于 4 时降低 20%，小于 4 不小于 3 时降低 40%。

4. 外径小于 300mm 的橡胶支座，丙类建筑的压应力限值为 10MPa。

4）竖向极限拉伸应力：叠层橡胶支座大多数情况下总是受压的，只有在较大水平剪切变形时，竖向荷载的 P-Δ 效应及剪力会产生较大弯矩，弯矩与轴力叠加后，支座部分区域仍可能产生拉应力。竖向极限拉伸应力是指叠层橡胶支座在轴向拉力作用下断裂时的极限应力，《叠层橡胶支座隔震技术规程》要求叠层橡胶支座的竖向极限拉伸应力不小于 1.5MPa。可以看出，支座的竖向极限拉应力远小于竖向极限压应力。因为叠层橡胶支座的受拉承载力是由钢板与橡胶之间的黏结来保证的，当支座受拉时，虽然从外观上看并无多大损伤，但内部会产生很多空隙，对支座的性能有较大影响，试验表明，叠层橡胶支座经较大受拉变形后再受压，竖向刚度会降低 1/2 左右，因此，在设计时应尽量避免叠层橡胶支座出现受拉的情况，如果不能避免支座受拉，也应保证拉应力小于支座的竖向极限拉伸应力。

（2）水平性能　叠层橡胶支座除在竖向承担荷载外，水平向还应有足够小的刚度，因此水平性能参数包括：水平极限变形能力和水平刚度。对同时具有阻尼器作用的铅芯叠层橡胶支座，水平性能参数还包括屈服后水平刚度和等效黏滞阻尼比。

1）水平极限变形能力。叠层橡胶支座的水平极限变形能力是指支座在水平荷载作用下，上下板面产生的最大水平相对位移。可以用剪应变来表示，即支座上下板面水平相对位移与橡胶层总厚度之比。

由于支座的竖向极限压应力是在水平位移为 $0.55D$ 时求得的，因此，为保证支座不明显降低承载能力，水平极限变形应大于 $0.55D$，从国内外的大量试验结果得知，质量良好、上下连接牢靠的叠层橡胶支座，在保持恒定设计压应力的情况下，出现水平剪切（或失稳）破坏时剪应变超过 400%，最大位移超过 $0.65d$，而在剪应变 $\gamma \leqslant 350\%$ 时，叠层橡胶支座不会出现破坏。因此，《橡胶支座 第 3 部分：建筑隔震橡胶支座》（GB 20688.3—2006）规定，支座的水平极限剪切变形不应小于橡胶总厚度的 350%。

《建筑抗震设计规范》规定：隔震支座在表 9-1 所列的压应力下的极限水平变位，应大于其有效直径的 0.55 倍和支座内部橡胶总厚度 3 倍二者的较大值。

2）水平刚度。叠层橡胶支座的水平刚度代表支座水平向的变形能力，水平刚度越小，支座的水平变形越大。具体来说，水平刚度就是支座上下板面产生单位相对位移时所施加的水平剪力，记为 K_{h}，即

$$K_{\mathrm{h}} = \frac{Q}{\delta_{\mathrm{h}}} \tag{9-2}$$

式中　K_{h}——叠层橡胶支座的水平刚度；

Q——叠层橡胶支座承受的水平剪力；

δ_h——为支座上下板面水平相对位移。

叠层橡胶支座的水平刚度与橡胶的硬度和支座形状有关。橡胶越硬，支座的水平刚度越大；支座的形状越细长，水平刚度越小。

3）屈服后刚度和等效黏滞阻尼比。滞回曲线的形状和面积反映了支座的耗能能力，滞回环越丰满，面积越大，耗能越大，阻尼也越大。因此，可以用滞回环的特性来表示支座的阻尼。《橡胶支座 第3部分：建筑隔震橡胶支座》用两个参数来表示：屈服后刚度和等效黏滞阻尼比。屈服后刚度反映了滞回环的丰满程度，等效黏滞阻尼比则反映了滞回环的面积大小。屈服后刚度表示为

$$K_2 = \frac{Q_{max} - Q_y}{X_{max} - x_s} \tag{9-3}$$

式中　Q_{max}——与最大水平正位移对应的水平剪力；

Q_y——屈服水平剪力；

X_{max}——最大水平正位移；

x_s——屈服位移。

等效黏滞阻尼比表示为

$$\xi_{eq} = \frac{1}{4\pi} \frac{\Delta W}{W} \tag{9-4}$$

式中　W——弹性势能；

ΔW——滞回环的面积。

《建筑抗震设计规范》规定：隔震支座由试验确定设计参数时，竖向荷载应保持表9-1的压应力限值；对水平向减震系数计算，应取剪切变形100%的等效刚度和等效黏滞阻尼比；对罕遇地震验算，宜采用剪切变形250%时的等效刚度和等效黏滞阻尼比，当隔震支座直径较大时可采用剪切变形100%时的等效刚度和等效黏滞阻尼比。当采用时程分析时，应以试验所得滞回曲线作为计算依据。

4）耐久性。一般建筑物的设计寿命为50年，而《橡胶支座 第3部分：建筑隔震橡胶支座》（GB 20688.3—2006）规定：叠层橡胶支座应具有不小于60年的设计工作寿命。但叠层橡胶支座在长期工作期间，由于橡胶老化、徐变和疲劳破坏等，都可能对叠层橡胶支座的力学性能产生不同程度的影响。因此，为保证叠层橡胶支座在建筑物使用期内正常工作，支座的耐久性应满足要求，且耐久性应考虑老化性能、徐变性能和疲劳性能等。

a. 老化性能。叠层橡胶支座的老化性能是指支座在常温下60年内，支座的各项力学性能（如竖向刚度、水平刚度、等效黏滞阻尼比和水平极限变形能力等）基本保持稳定，《橡胶支座 第3部分：建筑隔震橡胶支座》（GB 20688.3—2006）规定这些参数的变化率不超过20%，且支座外观目视无龟裂。由于模拟真实情况比较困难，目前叠层橡胶支座老化性能的测试采用加热加速试验来预测，根据周福霖等的试验，经30年后，叠层橡胶支座的水平刚度增加10%~20%，之后保持恒定值，而水平极限变形降低10%左右。因此在设计中考虑支座老化而引起隔震层水平刚度增加，就可基本消除支座老化对隔震结构减震效果的影响。

b. 徐变性能。叠层橡胶支座在长期荷载作用下产生不可恢复的变形，称为"徐变"。根据日本的试验数据，当徐变量不超过5mm时，对支座的使用不会导致明显影响。经周福霖

等的试验分析，徐变量的增长期在 2~5 年内基本完成，此后徐变量趋于稳定，因此推断出叠层橡胶支座 100 年的徐变量不到橡胶层总厚度的 10%。《橡胶支座 第 3 部分：建筑隔震橡胶支座》（GB 20688.3—2006）规定：徐变量不应大于橡胶层总厚度的 5%。

c. 疲劳性能。叠层橡胶支座在反复荷载作用下力学性能降低，称为"疲劳"。叠层橡胶支座产生疲劳破坏的原因是支座内部的材料或制作中存在缺陷，在反复荷载下，缺陷处的应力集中导致缺陷增大，致使支座的力学性能降低。叠层橡胶支座的疲劳性能测试是对支座竖向施加设计承载力，水平向施加剪应变 $\gamma = 50\%$ 的作用力，并反复循环 150 次后，测定支座的竖向刚度和水平刚度、等效黏滞阻尼比，《橡胶支座 第 3 部分：建筑隔震橡胶支座》（GB 20688.3—2006）要求以上三项性能的变化率不应大于 20%，且支座外观目视无龟裂。

《建筑抗震设计规范》规定：在经历相应设计基准期的耐久试验后，隔震支座刚度、阻尼特性变化不超过初期值的 ±20%；徐变量不超过支座内部橡胶总厚度的 5%。

5）耐火性。叠层橡胶支座的耐火性是指当建筑物发生火灾且到达叠层橡胶支座时，支座在一定时间内仍有一定的承载能力。《橡胶支座 第 3 部分：建筑隔震橡胶支座》（GB 20688.3—2006）对支座耐火性的测试是：对支座进行 1h 的燃烧试验，再冷却 24h 以上，测试此时支座的竖向极限压应力和竖向刚度，并与燃烧前的数值相比，要求变化率不应大于 30%。

周福霖等对汕头和泰生产的直径 300mm 的普通叠层橡胶支座和铅芯叠层橡胶支座进行耐火性能试验，燃烧初期及中期（前 40min），两种类型的支座温度变化相近，但燃烧后期，铅芯隔震支座温度变化明显增加。燃烧后测试支座的竖向刚度及水平刚度同时降低，变化率接近 10%，竖向极限压应力仍超过 90MPa。该试验说明，在一般火灾下，叠层橡胶支座仍有一定的承载力，不会使结构立即倒塌，原因是支座外部有 10~20mm 的橡胶覆盖层，燃烧时形成的碳化层具有较好的热阻性能，阻止支座进一步燃烧。

虽然叠层橡胶支座有一定的耐火性，但在实际的建筑中，还是应尽量避免支座直接燃烧，一般通过在支座外部做防火构造来解决。

2. 摩擦滑移隔震元件

摩擦滑移隔震元件主要由一些摩擦系数较小的材料构成，如石墨、云母、砂粒层、聚四氟乙烯板以及带二硫化钼涂层的钢板等。这些元件起到滚珠的作用。其中石墨、砂粒等材料是我国学者李立提出的，作为改善农村住房抗震性能的一种简单有效的方法，用砂粒层隔震的方法在云南省修建了 4 栋 16m^2 的平房。精选冲洗干净的、直径为 1.0~1.2mm 的砂子，设置在承重墙和基础之间，并在墙体和基础上增加了水磨石面，使砂粒可以更好地滑动。但砂粒这样的材料承载能力有限，不能用于较高的建筑。目前常用的滑动支座有两种：一种是在不锈钢表面加聚四氟乙烯（PTFE）支座的刚性滑动支座，另一种是由橡胶与钢板相互交叉层叠而成，底部为 PTFE 的弹性滑动支座。其中，PTFE 刚性滑动支座本身没有明确的周期，所以可应用于各种周期的结构，但缺点是没有复位能力，在地震中滑动位置较大且震后有较大的残余位移。

PTFE 刚性滑动支座的竖向刚度很大，而水平性能主要取决于滑动面的摩擦系数，试验发现，摩擦系数主要由两个因素决定：滑移面的压力和滑动速度，摩擦系数随竖向压力的增大而降低，随滑移速度的增加而增大，但速度增加到一定程度后，摩擦系数基本为定值，主要与竖向压力有关。

PTFE 刚性滑动支座的主要性能参数有摩擦系数和设计压应力，支座的设计容许压应力一般取 45MPa，但极限压应力可达到 68MPa。

PTFE 刚性滑动支座的耐久性很好，因为 PTFE 是很好的抗腐蚀材料，而且在设计期限内，PTFE 的性能比较稳定，不会由于干燥或不润滑而影响摩擦系数。试验证明，在几千次循环加载过程及温度变化过程中，PTFE 的摩擦系数均保持稳定。

3. 滚动摆、滚珠、滚轴等元件

滚动摆、滚珠、滚轴等元件主要由滚子和滑槽构成，地震作用时，滚子沿滑槽滚动，滑槽限制了滚子的最大位移。若滑槽是弧形的凹槽，在地震消失后，滚子可沿弧槽回复到原位，具有自动复位的能力，相当于滚珠和弹簧的组合。美国旧金山市上诉法庭办公楼的抗震加固采用的就是摩擦摆支座，在支座滑槽与滑块之间加设了摩擦材料，起到阻尼的作用。

日本还提出一种双向滚轴的隔震装置。在两层钢板上分别放置两个正交方向可滚动的滚轴，滑动面呈弧形凹槽，并在滑动面上有一定的限位。

4. 柔性柱

日本学者中村提出一种立在套管中的长桩隔震系统，桩顶为铰结点，与阻尼器相连，减小铰的运动，套管与桩之间有一定的间隙，可将结构与土层分开，达到隔离可能发生的地震的作用。根据这一思想，新西兰惠灵顿中心警察局大楼采用长柔性桩隔震，但将可动铰改为弹性支座加铅挤压阻尼器。

9.3.2　消能器

简单地说，使自由振动衰减的摩擦力和阻力称为阻尼。那些安置在结构上，用来提供运动的阻力、耗散运动能量的特殊装置称为消能器。消能器在我们的生活中很常见，例如，汽车的减振器就是一个消能器。它的基本构造是一个装了油的活塞，当汽车振动时推动活塞在油里运动，利用液体油在运动中的黏滞特性产生阻尼力。可以用同样的原理制作建筑用的黏滞消能器，但考虑到可靠性和耐久性等因素，建筑用的消能器构造要复杂得多。除了这种消能器外，还可以利用不同材料、不同原理制成其他类型的消能器，如利用黏弹性材料的剪切力产生阻尼力，这种消能器称为黏弹性消能器，再如利用软钢或铅等金属的塑性变形产生阻尼力，这种消能器称为金属屈服消能器，还有利用固体材料表面的摩擦来制作的消能器，称为摩擦消能器。

根据阻尼力的产生原因，可分为速度相关型消能器和位移相关型消能器，速度相关型消能器是利用与速度相关的黏性抵抗外部作用，从小振幅到大振幅的变化来获得衰减力，如黏滞消能器和黏弹性消能器。位移相关型消能器是利用阻尼器变形滞回消耗能量，当位移达到预定的启动限后才能发挥作用，如金属屈服消能器和摩擦消能器。

消能器的性能参数主要有阻尼比和水平变形的大小、速度、加载频率和反复位移次数等，此外还有温度、环境变化对阻尼器性能参数的影响。《建筑抗震设计规范》对消能器性能试验做了详细的规定：

1）对黏滞流体消能器，由第三方进行抽样检验，其数量为同一工程同一类型同一规格数量的 20%，但不少于 2 个，检测合格率为 100%，检测后的消能器可用于主体结构；对其他类型消能器，抽检数量为同一类型同一规格数量的 3%，当同一类型同一规格的消能器数量较少时，可以在同一类型消能器中抽检总数量的 3%，但不应少于 2 个，检测合格率为 100%，检测后的消能器不能用于主体结构。

2）对速度相关型消能器，在消能器设计位移和设计速度幅值下，以结构基本频率往复循环 30 圈后，消能器的主要设计指标误差和衰减量不应超过 15%；对位移相关型消能器，在消能器设计位移幅值下往复循环 30 圈后，消能器的主要设计指标误差和衰减量不应超过 15%，且不应有明显的低周疲劳现象。

1. 黏滞阻尼器

图 9-8 所示为美国 Taylor 公司生产的黏滞阻尼器构造示意图，汽缸内装有液压硅油，利用活塞头左右的压力差，使硅油通过小孔和活塞与缸体的空隙，从而产生阻尼力，当硅油过多或过少，控制阀就开启，使硅油从储备室进入或出来。为了保证硅油长期不漏，设计了特殊的密封头。不同

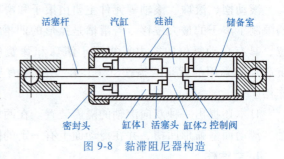

图 9-8　黏滞阻尼器构造

的厂家设计的阻尼器构造各不相同。除了硅油外，也可以使用其他黏滞液体，只要能保证液体不可燃、无毒、温度变化时性能稳定及长时间不变质即可。目前国内已有多家厂家开发出建筑用的黏滞阻尼器，并已应用于多项实际工程。

2. 黏弹性阻尼器

黏弹性阻尼器主要由黏弹性材料和约束钢板组成，连接的钢板再与结构构件相连。当结构产生相对位移时，约束钢板与黏弹性材料之间发生剪切变形，从而产生一定的阻尼力。最早的黏弹性阻尼器由美国 3M 公司研制开发，目前国内也有厂家可生产。

3. 金属屈服阻尼器

金属屈服阻尼器的构造类似于连接在基础与上部结构之间的梁，当基础与上部结构之间发生水平向位移，梁会产生弯曲和剪切变形，这些变形可以利用一些金属材料在进入塑性范围后具有良好的滞回性能来承担。目前作为阻尼器的金属材料主要有钢和铅两种。这两种材料都具有很好的延性及耐久性，且价格便宜。高纯度铅在大变形范围内还具有良好的反复塑性变形能力，是比较理想的建筑阻尼器材料。

图 9-9 所示为 U 形铅阻尼器，被设计成 U 形的铅棒具有良好的弯剪变形能力，在端部铅棒截面增大，用来加强连接部位。铅棒与连接钢板采用合金焊接方法连接成整体，但该方法技术难度较高，所以能生产铅阻尼器的厂家很少。

钢材是常用的建筑材料，因此制作钢阻尼器不需要特殊的设备，价格也相对较便宜。常见的钢阻尼器有两种形式：一种是钢棒阻尼器，另一种是环状阻尼器。环状阻尼器相当于悬臂梁，悬臂梁必须有足够的长度才能保证既有大的变形又不被破坏，因此考虑到安装要求，把悬臂梁的形式改为圆环形。但单个圆环在不同方向的刚度有差异，实际应用时用多个圆环组合来保证各方向刚度一致。目前在日本的隔震建筑中，钢阻尼器是最常用的阻尼器之一。

图 9-9　U 形铅阻尼器

4. 摩擦阻尼器

摩擦阻尼器是使两块金属之间产生相对滑动，用金属之间的摩擦力作为阻尼力。用摩擦面的面压可以调节摩擦阻尼器的阻尼力大小，且阻尼力与振动的频率与幅度无关，因此，摩擦阻尼器在反复荷载下的性能较稳定。

5. 智能阻尼器

以上几种阻尼器都是阻尼器连接的构件之间发生相对运动时产生阻尼力，这样的阻尼器又称为被动阻尼器。被动阻尼器不需要外部的能源，阻尼器参数基本为固定值，但地震激励是随机的，因此可能会发生这样的情况：即阻尼器在大震时减震的效果很好，却在中震或小震时减震效果不佳。例如，美国旧金山的一栋摩擦滑移隔震建筑，在 1906 年的旧金山大地震时安然无恙，但在后来的一次中震中被毁坏。因此，学者们提出了参数随外部激励调节的阻尼器，称为智能阻尼器。智能阻尼器有很多种，目前应用于隔震结构的智能阻尼器有磁流变阻尼器和可控摩擦阻尼器两种。

美国 Lord 公司研制出了出力 20t 的磁流变阻尼器，阻尼器中装有磁流变液（将细小的可磁化颗粒悬浮在硅油中）。当不加电时，液体可随意流动，当加电时，活塞外部的线圈产生磁场，液体中的颗粒被磁化，沿磁场方向排列成链状，这时液体变成有一定的剪切屈服强度的半固体。活塞在不同剪切屈服强度的液体中运动，产生阻尼力的大小也就不同。当地震作用时，控制系统可根据外部激励的大小对磁流变阻尼器的电流进行控制，从而调节阻尼力大小。

可控摩擦阻尼器下部有一个储液室，储液室内的液体通过液管来调节压力，当压力大时钢板与支座间的摩擦力大，反之摩擦力小。因此，通过调节液体就可以控制阻尼力的大小。

拓展阅读

建筑结构减隔震及结构控制技术的现状和发展趋势

1. 传统的抗震方法

地震是由于地面的运动，使地面上原来处于静止的建筑物受到动力作用而产生强迫振动，因而在结构中产生内力、变形和位移。经过简化后模型的动力学分析，得到了一些建筑物在地震作用下的反应机理及破坏形式，提出了一些建筑物抗震的计算方法及设计的基本原则。

1）概念设计的一些原则：①总体屈服机制。例如强柱弱梁；②刚度与延性均衡。例如砌体结构中为提高延性设构造柱与圈梁，形成一个较弱的框架；③强度均匀。例如结构在平面和立面上的承载力均匀；④多道抗震防线；⑤强结点设计；⑥避开场地卓越周期区。

2）结构地震反应分析方法。抗震设防目标也从单一的、基于生命安全的性态标准发展到基于各种性态，强调"个性"设计的设计理念。①地震荷载法；②振型分解法；③动力时程分析法；④Push-over 法；⑤能力谱法。

3）传统抗震方法的缺点与不足。传统抗震结构主要利用主体结构构件屈服后的塑性变形能和滞回耗能来耗散地震能量，这使得这些区域的耗能性能变得特别重要，而一旦由于某些因素导致这些区域产生问题，将严重影响到结构的抗震性能，产生严重破坏，由于破坏部位位于主要结构构件，其修复是很难进行的。

由于传统抗震结构是以防止结构倒塌为目标，其抗震性能在很大程度上依赖于结构（构件）的延性，以往的许多研究也注重于提高结构（构件）的延性方面，却忽略了对结构损伤程度的控制。传统结构抗震设计是通过增加结构自身强度、刚度等来抵御地震与风振作用，是一种被动消极的抗震对策。既要求主体结构强度高，又要求延性好，很难实现。

2. 隔震、减震和振动控制的现状

鉴于上述传统抗震方法的缺点与不足，并在全部了解地震引起结构抗震的全过程。由震源产生地震动，通过传播途径传递到结构上，从而引起结构的震动反应。通过在不同阶段采取震动方法控制措施，就成为不同的积极抗震方法。大致包括以下四点：

（1）震源——消震　消震是通过减弱震源震动强度达到减小结构震动的方法，由于地震源难以确定，且其规模宏大，目前还没有有效可行的措施将震源强度减弱到预定的水平。

（2）传播途径——隔震　隔震是通过某种装置将地震与结构隔开，其作用是减弱和改变地震动时结构作用的强度和方式，以此达到较少结构震动的目的。隔震方法主要有基底隔震和悬挂隔震。

（3）结构——被动减震　被动减震是通过采取一定的措施或附加子结构吸收和消耗地震传递给主结构的能量，达到较小结构震动的目的。被动减震方法有耗能减震，冲击减震和吸震减震。

（4）反应——主动减震　主动减震是根据结构的地震反应，主动给结构施加控制力，达到较小结构震动的目的。结构隔震、减震方法的研究和应用开始于20世纪60年代，70年代以来发展速度很快。这种积极的结构抗震方法与传统的消极抗震方法相比，有以下优点：

1）能大大减小结构所收得的地震作用，从而可降低结构造价，提高结构抗震的可靠度。此外，隔震方法能够准确地控制传到结构上的地震力，从而克服了设计结构构件时难以准确确定荷载的困难。

2）能大大减小结构在地震作用下的变形，保证非结构构件不受地震破坏，从而减小震后维修费用，对于典型的现代化建筑，非结构构件（如玻璃幕墙、饰面、公用设施等）的造价甚至占整个房屋总造价80%以上。

3）隔震、减震装置即使震后产生较大的永久变形或损坏，其复位、更换、维修结构构件方便、经济。

4）用于高技术精度加工设备、核工业设备等的结构物，只能用隔震、减震的方法满足严格的抗震要求。

3. 隔震

基地隔震：①夹层橡胶垫隔震装置；②铅芯橡胶支座；③滚珠（或滚轴）隔震；④悬挂基础隔震；⑤摇摆支座隔震；⑥滑动支座隔震。

4. 减震

1）黏滞阻尼器（图9-10）

2）黏弹性阻尼器（图9-11）

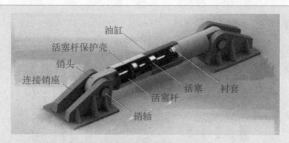

图 9-10 黏滞阻尼器

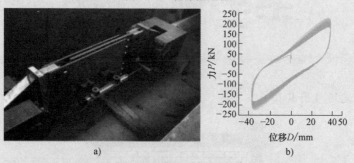

a)   b)

图 9-11 黏弹性阻尼器

a) 高阻尼黏弹性阻尼器 b) 疲劳性能曲线

3) 铅黏弹性阻尼器（图 9-12）

a)   b)

图 9-12 铅黏弹性阻尼器

a) 铅黏弹性阻尼器 b) 复合型铅黏弹性阻尼器

4) 金属阻尼器（图 9-13）

图 9-13 金属阻尼器

5）屈曲约束支撑（图 9-14）

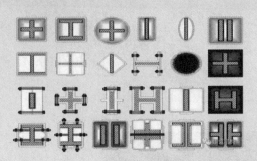

图 9-14　屈曲约束支撑

6）阻尼填充墙（图 9-15）

图 9-15　阻尼填充墙

7）高位转换耗能减震体系（图 9-16）

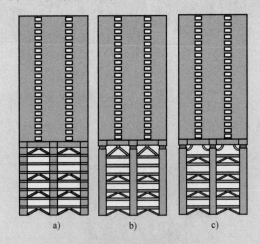

a)　　　　　　　b)　　　　　　　c)

图 9-16　高位转换耗能减震体系
a）支撑型阻尼器转换层　b）支撑型阻尼器-隔震转换层　c）扇形阻尼器-隔震转换层

8）耗能减震高层结构体系（图 9-17）

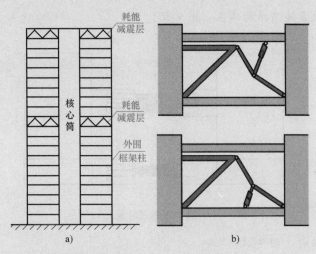

图 9-17　耗能减震高层结构体系

a）耗能减震层高层结构体系示意　b）具有放大功能的消能系统示意

9）防碰撞耗能减震结构体系（图 9-18）

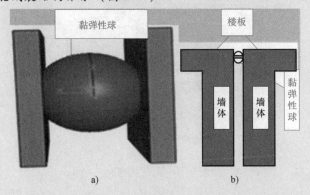

图 9-18　防碰撞耗能减震结构体系

a）黏弹性球阻尼器　b）黏弹性球阻尼器安装示意

10）装配式耗能腋撑框架减震体系（图 9-19）

图 9-19　装配式耗能腋撑框架减震体系

11）功能自恢复连梁结构体系（图9-20）

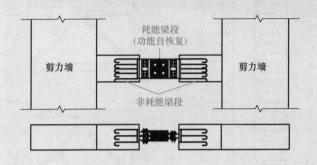

图9-20　功能自恢复连梁结构体系

12）消能楼梯间（图9-21）

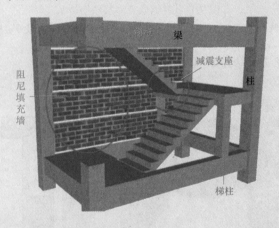

图9-21　消能楼梯间

5. 国内典型消能减震工程

随着消能减震技术的发展，国内大批新建建筑抗震设计采用了消能减震方案。北京盘古大观广场、宿迁市建设大厦等建筑采用了黏滞阻尼器。天津国际贸易中心 A 塔楼在国内首次采用了套索型黏滞阻尼器，如图9-22所示。

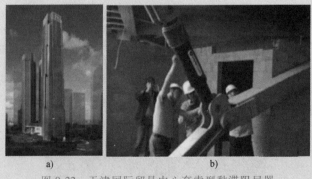

a)　　　　　　　　　　　　　　　　b)

图9-22　天津国际贸易中心套索型黏滞阻尼器

a）建筑效果图　b）套索型黏滞阻尼器安装

北京新机场采用减震与隔震相结合的振动控制形式，在隔震层布置了100多套新型黏滞阻尼器，如图9-23所示。

a)

b)

图9-23 北京新机场减震与隔震

a) 建筑效果图 b) 隔震层黏滞阻尼器安装

天津国际贸易中心C塔楼、上海世博博物馆等建筑采用了软钢阻尼器。潮汕星河大厦、广州东山锦轩等建筑采用了铅黏弹性阻尼器。上海东方体育中心、天津高银117大厦、北京银泰中心等建筑采用了屈曲约束支撑。

一些震损建筑与既有建筑也采用了消能减震技术进行抗震加固。例如，北京饭店、都江堰市北街小学艺术大楼、北京工人体育场、安徽饭店等建筑加固采用了黏滞阻尼器，西安某广场商用写字楼加固设计采用40组开孔式软钢阻尼器，郯城县医院、宁波梅墟中心小学综合楼、天津泰达国际学校国际部等建筑加固采用了屈曲约束支撑。此外，一些工程也开始采用不同类型消能器的混合设计方法，如采用黏滞阻尼器与屈曲约束支撑的混合设计方案，该方案在都江堰集能燃气公式办公大楼抗震加固与加层改造中也得以应用。

6. 结论与展望

近些年，我国隔震减震技术研究得到快速发展，并已在我国许多重要工程中得以成功应用，有效提高了建筑结构"抗震韧性"，取得了较显著的经济效益和社会效益。随着隔震减震技术不断发展，在工程应用中也逐渐暴露出一些新问题，同时新的技术需要与发展方向也有待研究与拓展，主要为：

1）隔震减震器研发需进一步规范和创新。

2）隔震减震器检测与试验方法有待完善。

3）消能器平面外问题有待研究。

4）基于韧性的消能减震结构设计方法有待研究建立。

隔震消能减震技术为建筑抗震设计和加固改造提供新思路，具有安全、适用、可靠、节省造价等优点，并越来越受到工程设计人员的关注和青睐。隔震消能减震技术将成为21世纪实现城市抗震韧性、结构抗震韧性的重要手段，具有广阔的应用空间和发展前景，必将为减轻地震灾害做出巨大贡献，使结构安全保障系统成为智能结构的重要组成部分，为人类营造一个更加安全舒适的工作和生活环境。

当前世界威胁人类安全的重大灾害中，地震是群灾之首，城市基础建设能够减震防灾是确保人类生命、国家社会安全的紧迫需求。为了终止灾害，各国正在积极探索减震防灾的新理论和新技术。我国政府正加大力度重视和支持隔减震技术的应用和发展，隔减震技术的时代即将来临，未来将能有效终止地震灾难。进一步推动解决工程振动控制技术在理论突破、技术创新等方面的"重大短板"和"卡脖子难题"，共同助推该领域的发展，促进行业的技术进步成为新一代中国青年人努力的方向。

（素材来源：百度百科）

习　　题

1. 结构控制的途径有哪些？

2. 什么是吸振技术？

3. 什么是耗能技术？耗能器有哪几种？

4. 简述结构的主动控制、半主动控制和混合控制。

5. 什么是智能材料-结构系统？智能材料-结构系统中的智能材料是指什么？

6. 简述电（磁）流变材料在建筑结构控制领域中的应用。

7. 简述形状记忆合金在建筑结构控制领域中的应用。

8. 结构振动控制主要利用形状记忆合金的哪些特性？简述这些特性。

第 10 章

智能橡胶与智能弹性体

学习目标

1. 掌握智能橡胶的概念和实现橡胶智能化的手段。
2. 了解智能橡胶材料和制品的种类和研究进展。
3. 掌握智能弹性体的概念。
4. 了解 D-智能弹性体和 Sh-智能弹性体各有哪些种类。

10.1　智能橡胶

使一种聚合物兼具智能和弹性是目前高分子科学发展中一个新的研究领域，也是高科技发展的必然结果。"弹性体"（Elastomer）与"橡胶"（Rubber）有不同的概念。在通常的条件下，处于橡胶态的材料称为橡胶，而以实施某种设置为前提，赋予材料弹性的称为弹性体。从其发展过程来看，之所以称之为弹性体，是由于不断出现与橡胶全然不同的弹性结构的缘故。

橡胶材料智能化就是通过物理或化学的手段，如合成、共混、接枝改性、与新型材料复合或混合及新型加工方法等使橡胶材料获得原来不具备的某些特殊性能。这些特殊性能包括：力学性能方面的超低硬度、超高强度；热学性能方面的导热、热敏变色；电学性能方面的导电、电磁波屏蔽和吸收；光学性能方面的光刻、光蓄；生物学性能方面的仿生；其他方面有磁性、亲水性、形状记忆和富氧等特性。例如：把"高（轮胎/地面）抓着力"和"低滚动阻力"这两种截然相反的性能共容于同一个胶种，这种新胶种不仅已问世，而且已成功地应用于轮胎，它就是集成橡胶 SIBS（其分子链中含有聚苯乙烯、聚丁二烯和聚异戊二烯等三种链段）。

10.2　智能橡胶材料及制品的最新进展

10.2.1　超高强度橡胶材料及制品

据日本瑞翁公司称，其利用超微分散技术使聚甲基丙烯酸锌（ZMA）微分散于 HNBR

中制得了 HNBR/ZMA 纳米复合材料（商品名为 ZSC），特别是当 HNBR 的氢化度达到 80% 时，复合材料的拉伸强度接近 60MPa。用透射显微镜观察得出，在 HNBR/ZMA 复合材料的过氧化物交联过程中，粒径为 2nm 左右的 ZMA 一次粒子先是聚集形成粒径为 20～30nm 的二次粒子，然后是二次粒子进一步聚集形成连续网状结构微粒。据此推测，HNBR/ZMA 复合材料在交联过程中发生了三种反应：①HNBR 自身之间的交联；②ZMA 聚集；③HNBR 与 ZMA 的接枝反应（如图 10-1 所示）。在这三种反应中，HNBR 与 ZMA 的接枝反应最重要，它使弹性模量大的 ZMA 均聚物与交联的橡胶之间形成结构梯度，从而使混合物获得超高强度。

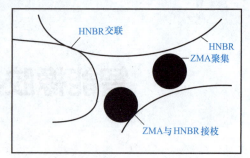

图 10-1　HNBR/ZMA 复合材料的交联结构模

　　HNBR/ZMA 复合材料可用于制造在苛刻条件下使用的工业橡胶制品，在某些情况下还可以替代 PU，制作压缩应力小、耐水性和耐高温性好的制品。作为冶金工业胶辊的主体材料，HNBR/ZMA 复合材料与 PU 的性能比较见表 10-1。华南理工大学用自制的 ZMA 与 HNBR 共混制得的合金材料，强度达到 30～36MPa。

表 10-1　HNBR/ZMA 复合材料与 PU 的性能比较

性能	PU		HNBR/ZMA
	聚酯型	聚醚型	
生热	低	极低	极低
压缩应力	小	极小	小
耐热性	好	好	极好
耐蚀性	极好	极好	极好
耐油性	一般	好	极好
耐化学药品性	好	一般	一般

10.2.2　超低硬度橡胶及制品

　　利用橡胶与油共混，并采用特殊的共混工艺可以制得超低硬度橡胶，现已开发出了 EPDM/油复合材料。该复合材料的 JISA 型硬度在 0～18 度范围内，具有柔软性、对压缩变形依从性和压缩应力保持性好，耐候性、耐臭氧老化性和耐热性与普通 EPDM 胶料相当，可以在 70℃ 下连续使用，在 130℃ 下短时间使用的特性。EPDM/油复合材料可用于替代海绵橡胶，也可用于制作各种密封件、减震件，特别是在通信电缆设备中可用作填塞防水密封胶，密封效果优于 IIR。

10.2.3　电磁智能性橡胶材料及制品

　　通过加入导电材料，如乙炔炭黑、导电炭黑、石墨和金属粉末等，使原来绝缘的橡胶材料可获得导电性；通过加入磁性粉末，如钡铁氧体粉末、稀土合金粉末等并在硫化后作充磁处理可使橡胶材料获得磁性，是橡胶工业由来已久的技术。近年来，随着对这些填充材料特性和形态的深入研究，电磁智能橡胶材料及制品又有了新发展。例如：电磁波屏蔽和吸收橡胶及制品；压敏导电橡胶及制品；掺杂法导电橡胶及制品。

10.2.4 光热功智能橡胶材料及制品

采用含有光敏性基团的弹性体和添加光敏性化合物可制得各种光智能橡胶及其制品。现已开发出的产品有：光敏性橡胶及制品；蓄光性橡胶及制品；热变色橡胶；形状记忆橡胶及制品。

10.2.5 感光性橡胶材料及制品

感光性橡胶作为成像材料，可用于印刷领域、集成电路（IC）、印刷电路板等电子产品的制造。就感光性橡胶而言，要求应具有灵敏性（曝光量）、解像清晰度（最小尺寸）、耐久性、耐蚀性等特性。但作为橡胶的特征，却表现出的是因 T_g 低而灵敏度、成膜性好，与基板更为密合，凸凹适应性强等。

就感光性橡胶而言，大致上可分为在橡胶中添加感光剂和在橡胶结构中导入感光性基团的两种子类型。作为感光剂可用芳香族重氮化合物、芳香族迭氮化合物、有机卤化合物等。这些感光剂通过光化学反应生成自由的交联橡胶。这种交联主要是通过光二聚反应进行的。作为代表性感光基的肉桂基只需将氨基甲酰重氮乙酯与橡胶单一地混合就可以导入，但为了提高灵敏度，当多量地导入感光基时，玻璃化温度 T_g 就会上升，反而会引起灵敏度下降，因此需引起特别注意。感光性橡胶的两大用途是制造感光性苯胺印刷版和集成电路用光致抗蚀膜。

1. 感光性苯胺印刷版

用感光性橡胶可从底片直接曝光而制得橡胶凸版，因其解像力强、印刷精度高，所以适用于高级印刷，又因其具有弹性，在粗糙面仍能获得清晰的印刷效果，故可用于大量、高速的报纸印刷。

作为橡胶类胺印刷版材，主要有 SIS、SBS、PU、1,2-聚丁二烯、NBR、IR 等。

2. 光致抗蚀膜

在制作集成电路 IC、大规模集成电路 LSI 等半导体元件的微细加工中，所用的光树脂称为光致抗蚀膜。对光致抗蚀膜来讲，曝光部分有交联下熔化的阴性型抗蚀膜和可分解的阳性型抗蚀膜，但橡胶类光致抗蚀膜除部分外都属阴性型抗蚀膜。其微细加工工艺过程如图 10-2 所示。

橡胶类光致抗蚀膜的缺点是显像时产生膨胀而使解像度（或分辨度）降低。但因涂膜强韧适于密着曝光，所以被广泛地应用。近年来，为进一步提高分辨力，超微细加工是必要的。于是，光源由过去的紫外 UV（狭义的光致抗蚀膜）一直在逐渐向深紫外 DeepUV、电子射线、X-射线转变，同时开发出了与之相适应的抗蚀膜。

（1）阴性型光致抗蚀膜 可用在 NR、IR、BR 的环化物中添加感光剂的材料，但因 NR 存在凝胶、灰尘等问题

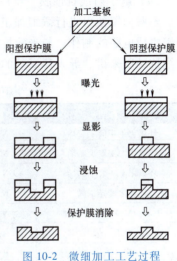

图 10-2 微细加工工艺过程

现在几乎不能使用。IR 的环化可用氯化锡等路易斯酸进行；BR 的环化可用有机卤化铝进行。当环化率较高时 T_g 值也增高，而灵敏度将会下降，故应有一个最佳环化率。BR 最佳环化率在 60% 左右。在 IR 的场合，环化率在 80% 以下为佳。

BR 为典型的商品橡胶类光致抗蚀膜。感光剂可用双迭氮型感光剂。

橡胶类阴性光致抗蚀膜实用的解像度为 $3\mu m$ 左右，为了得到更高解像度，可有相对分子质量分布较窄的橡胶加以解决。图 10-3 所示为日本合成采用的聚异戊二烯类光致抗蚀膜的制造工艺过程。

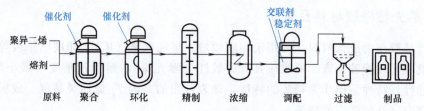

图 10-3　聚异戊二烯类光致抗蚀膜的制造工艺

从以往的 IR 合成看，IR 的相对分子质量分布与普通的 IR 相比非常窄，实用解像度达 $1.5\mu m$，当相对分子质量分布进一步接近单分散时，解像度就可达到 $1\mu m$。橡胶类阴性光致抗蚀膜除了解像度稍差以外，几乎所有特性都很优越。

（2）阳性型光致抗蚀膜　橡胶类阳性型光致抗蚀膜很少见。一般是使用在甲酚酚醛树脂中添加迭氮化合物的材料，并利用通过 UV 辐射便可形成可溶性碱的方法制造的。这种材料的解像度高，能与 IM 比物相对应，但缺点是皮膜较脆。为获得皮膜强韧的阳性型光致抗蚀膜，赋予橡胶弹性将是手段之一。例如：光分解性的聚异丁烯类橡胶对 UV 的敏感度较低。

（3）Deep UV 抗蚀膜　将最大地吸收在短波长紫外光区的芳香族迭氮光致抗蚀膜添加在环化橡胶中，便可获得橡胶类阳性型 Deep UV 抗蚀膜。由于 Deep UV 波长短、能量高，所以解像度也比较高，可获得 $1\mu m$ 的解像度。聚甲基丙烯酸甲酯、聚甲基异丙烯基酮等光分解型聚合物均属阳性型抗蚀膜。

（4）电子射线抗蚀膜　将波长 $1\mu m$ 以下的电子射线作为光源便可得到 $0.1\mu m$ 的高解像度。不戴面罩便可进行微细加工，除用于络膜（曝光膜片）的制作外，其中部分还可直接用于集成电路的制作。与光致抗蚀膜一样，有阴性型和阳性型两种。作为橡胶类阴性型电子射线抗蚀膜来讲，导入环氧基的聚合物的灵敏度较高（表 10-2）。

表 10-2　以橡胶为原料的电子射线抗蚀膜

抗蚀膜	类型	灵敏度/（C/cm²）	显影液
环氧化 1,4 聚丁二烯	N	5×10^{-9}	环己酮
环氧化 1,4 聚丁二烯	N	5×10^{-7}	二氧杂环己烷/丁醇
环氧化 1,4 聚丁二烯	N	4×10^{-9}	乙醇/丁醇
环氧化聚异丁烯	N	5×10^{-8}	环己酮
甲基乙烯硅氧烷聚合物	N	8.8×10^{-7}	乙酸异戊烷酯
聚丁二烯	N	2×10^{-6}	甲苯
聚异丁烯	P	5×10^{-5}	苯（7）/二氯乙烯（7）/乙醇（6）

环氧化聚丁二烯的灵敏度比 BR 高 1~3 个数量级，环氧基在电子射线作用下开环，交联时可根据环氧基的量来调节灵敏度。由灵敏度与解像度的关系可知，灵敏度为 10^{-8} 是适当的。

就橡胶类阳性型电子射线抗蚀膜而言，IIR、IR 等在 UV 中作为非感应分解性橡胶使用是可能的。因聚甲基丙烯酸甲酯的解像度高，所以现正在进行着与此共聚的研究目前市场销售的阳性型电子射线抗蚀膜几乎都是甲基丙烯酸，但由于阳性型抗蚀膜耐蚀性好，所以可与聚甲基苯磺酸混合使用。

（5）X 射线抗蚀膜 X 射线对于物质的化学作用与电子射线相同，因此可把电子射线抗蚀膜作为 X 射线抗蚀膜使用。由于 X 射线不存在由折射或散射而引起解像度降低的问题，所以可将其进行高解度加工。

当在 X 射线抗蚀膜中导入像 X 射线吸收效果好、能放出内壳电子那样的原子（F、Cl、S、Fe、Pb）时，就可大幅度地提高灵敏度，作为其实例，阴性型有日本合成橡胶生产的氯化聚甲基苯乙烯，阳性型有模塑的聚甲基丙烯酸六氟丁酯等。为了提高半导体的集积度需要更微细的加工工艺，同时要求抗蚀膜也必须具有较高的性能。橡胶类抗蚀膜的缺点是解像度低、干腐蚀性差，但随着性能的不断改善和新型抗蚀膜的开发，可望今后取得成果。

10.3 智能弹性体

"智能弹性体"（或称"弹性体的智能化"），是指在保持弹性体自身特性的基础上，使其赋有其他特性或功能的材料。只有一种功能的橡胶称为单一功能橡胶或稳态功能橡胶（Single Function 称为 S 功能）。一种材料如果不具备作为某种材料的所有性质和性能，即使具有再特殊的功能，也不能成为实用品，无实用价值。兼备以上两种功能的称为 D 功能（Dynamic Function）；由于形态记忆而产生的功能称之为 Sh 功能或智能弹性体（Shaping Function）。目前所发现的弹性体，按其功能性可分为以下七种：力学（或物理）、化学、水、光、辐射、电（磁）和生物医学用。其中水也具有一种功能性，水除有化学反应性外，也有与光类似的交联反应性。按照以上的分类方法，将智能弹性体归类于表 10-3。

表 10-3 智能弹性体的分类

分类	功能性	主要性质(性能)	用途或目的	典型结构	方法
单一功能	力学	形状记忆	人体保护	HTPI	立体规整性
（稳态）					聚合
		压敏黏结	黏结剂	SBS、SIS	嵌段聚合
		低滞后	精密齿轮	聚醚嵌段聚氨酯	嵌段聚合
		选择性吸附	离子交换	氨基甲酰基 SIS	高分子反应
	化学	固定化载体	催化生理学性	端羟基 PBd	高分子反应
		界面活性	乳化剂	PEO，聚硅氧烷	聚合
	水敏性	感水性	密封吸水、含水	含硅甲氧基聚合物	高分子反应

（续）

分类	功能性	主要性质（性能）	用途或目的	典型结构	方法
		亲水性	止水	含羟基聚合物	共混高分子反应
	光敏性	感光性	耐酸皮膜	含苯乙烯高聚物	复合高分子
			折曲板发泡	SBS、SIS、PU	反应
动态功能	辐射敏感	交联、降解	高清集成电路	环化聚丁二烯 PBd	高分子反应
				聚异戊二烯 PIP	
	导电或磁性	半导体	抗静电	致恒聚氨酯	高分子反应
		导体	触电固体电解质	硅橡胶/金属	复合
			人工脏器	改性 PU 聚酯	高分子反应
	生物医用	抗血栓	人工血管	纤维素、硅橡胶	高分子反应
		药理活性膜	体外回路	改性 PU	
	光敏性	感光性	耐酸皮膜	含苯乙烯高聚物	复合高分子
			折曲板发泡	SBS、SIS、PU	反应
	辐射敏感	交联、降解	高清集成电路	环化聚丁二烯 PBd	高分子反应
				聚异戊二烯 PIP	

10.4　S 智能弹性体

形状记忆、压敏黏合和低滞后性弹性材料是利用力学功能的主要形式。其中引人注目的实例主要是用于形状记忆材料，如 HTPI，有天然（杜仲和古塔胶）和合成的两类。形状记忆高分子材料根据形状回复原理可分为以下四类：①热致形状记忆高分子材料；②电致形状记忆高分子材料；③光致形状记忆高分子材料；④化学感应型形状记忆高分子材料。形状记忆高分子材料主要有反式聚异戊二烯（TPI），交联聚乙烯（XLPE）和聚氨酯（PU）等。形状记忆 TPI 是以 TPI 树脂填料及交联剂等为原料加工而成。这种功能聚合物具有易于成型，导热性低，熔融透明等特性。利用 TPI 的形状记忆特性，先加工成便于运输的形状，使用时再加热恢复到原状。

10.5　D 智能弹性体

D 智能弹性体按功能可分为化学、水敏、光敏、辐射、导电或磁性和生物医用等六种。

10.5.1　化学智能弹性体

化学智能弹性体主要用于离子交换、催化生理活性以及乳化剂等。图 10-4 所示为基于氢键和聚轮烷的高拉伸自修复弹性体的化学结构。

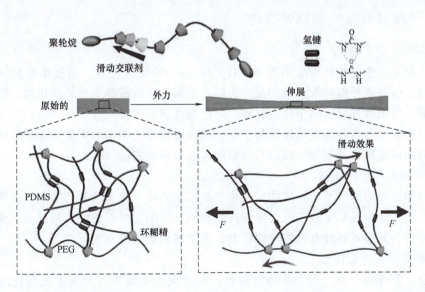

图 10-4　基于氢键和聚轮烷的高拉伸自修复弹性体的化学结构

10.5.2　水敏性弹性体

该弹性体是指在湿气或水存在条件下，聚合物分子之间成键或者通过水分子成键的弹性体。前者称为水敏性弹性体，后者则称为亲水性弹性体。亲水性又可分为吸水性（或水膨胀性）和出水性。

此类弹性体可在常温常压下或在温水中进行连续交联，可用作各种容器的密封材料和屋顶（或面）的覆盖材料，今后将有更广泛的用途。

10.5.3　光敏性弹性体

光敏性弹性体，是指在吸收光的作用下，引起分子内和分子间的化学或结构变化的弹性体。作为光吸收体有弹性体本身带有光敏性基团的如肉桂基、丙烯酰基、迭氮基和二硫化氨基甲酸酯基和外加光敏性化合物（增光剂）的两种类型。

光敏性弹性体的主要用途分为两大类：自动记录器和光敏折曲印刷板。将来在弹性涂料和板材方面可能有新的用途。

10.5.4　辐射性弹性体

光化学将可见光和紫外线为主要研究对象，而辐射化学则以 X 射线和 γ 射线为主要研究对象，因此近年把电子射线归于辐射化学来研究。辐射能比紫外线能高，不需要在上述光敏弹性体中起固化或交联作用的光敏基团和增光剂。

在此领域中，非弹性材料（如甲基丙烯酸甲酯和丙烯腈的共聚物及氯化聚丙烯酸甲酯）已实现商品化，但弹性体的例子较少。环氯化聚丁二烯和聚异丁烯已有报道，前者虽然随着交联反应概率的增加定位反差下降，但感光率可达 $5 \times 10^{-7} \sim 4 \times 10^{-9} C/cm^3$，很有发展前途。

10.5.5 导电（磁性）功能弹性体

1. 概述

通常情况下，橡胶是体积电阻为 $10^{10}\Omega \cdot cm$ 以上的绝缘材料，通过添加金属、炭黑等导电材料使之可制成导电橡胶。最初是作为防止绝缘击穿的抗静电材料使用的，但随着电子技术的发展，导电性橡胶可用于接点材料、导电黏合剂等多种用途。

导电性橡胶大致可分为在橡胶大分子中导入导电性分子结构的半导体类导电性橡胶和在橡胶中使炭黑或金属粒子等导电性填料分散的复合类导电橡胶。

2. 半导体类导电性橡胶

众所周知，作为高分子半导体的聚乙炔、聚乙烯咔唑、聚苯胺等几乎是硬质聚合物。以橡胶为例，认为聚醚氨基甲酸乙酯离子型树脂和四氰基醌二甲烷的钾盐的反应生成物是导电性橡胶。今后，通过对各种电气特性的研究，可望得到更大的发展。

3. 分散复合类导电橡胶

分散复合类导电橡胶（以下称导电橡胶）的导电性是随着各种因素而变化的，尤其重要的是导电性填料的电气特性。表 10-4 所列为按导电橡胶的体积电阻率对其用途及构成材料进行了分类，并简要地说明了几个主要的实例。

表 10-4 复合导电材料的分类与用途

材料分类	实用例	构成材料	
		基质	填料
半导性材料 $10^{-7} \sim 10^{10}\Omega \cdot cm$	低电阻范围（传真电极板）	丁腈橡胶类涂料	金属氧化物
抗静电材料 $10^{-4} \sim 10^{7}\Omega \cdot cm$	非静电传送带 医用橡胶制品 导电橡胶 IC 储存箱 复印/纺织有胶辊	橡胶 塑料	炭黑 金属粉末
导电性材料 $100 \sim 104\Omega \cdot cm$	弹性电极 加热用元件 防过电流/过热元件	硅橡胶 塑料	炭黑 金属粉末
高导电性材料 $10^{-3} \sim 10^{4}\Omega \cdot cm$	电磁波密封材料 导电性涂料/黏合剂 导电性橡胶（键盘开关） 异向导电性橡胶（连接板元件） 加压导电橡胶（开关）	硅橡胶 塑料	炭黑 金属粉末 碳纤维 金属纤维 镀金属玻璃纤维

（1）防过电流、过热元件 当用炭黑、石墨作为导电性填料时，就可得到具有正电阻温度系数的发热体（PTC 发热体）。当给 PTC 发热体通电时，因最初电阻低便可获得大的电力，但随着温度的上升，电阻值增加、电流将会下降，最终电流温度趋于稳定。这种导电橡胶作为防过电流、过热元件已达到了实用化，这一特性作为发热体也是适用的。发热体可广泛用于保温床、保温容器、防止冻结、防电器结露等方面。橡胶的种类就无须追问，但在耐久性方面 EPDM、硅橡胶、氟橡胶等是适宜的。

（2）压敏导电橡胶（PCR） 压敏导电橡胶是电阻值随着施加的压力从绝缘状态向导电状态变化的橡胶。导电性填料主要使用炭黑或金属粒子，橡胶则多用硅橡胶。硅橡胶具有对环境适应性好、无污染性杂质、绝缘性和耐电压性优良等特征。图10-5所示为加压导电橡胶的压力-电阻的关系。

其用途可列举的有：报警用传感器、游泳池的接触板、平面传感元件以及各种图形输入板。另外，炭黑配合胶料可制成电阻值随力的大小连续变化的可变电阻性加压导电橡胶。炭黑可用槽法炭黑、炉黑、乙炔炭黑，另外也可用石墨等。但因种类、配合条件不同其材料行为有所不同，所以应根据用途进行选择。

（3）异向导电性橡胶 异向导电性橡胶是在导电特性上具有异向性的橡胶。其中有导电部分和绝缘部分交错层叠的材料，以插入、拉伸等手段将金属纤维、碳纤维等材料及金属粒子等材料排列而成的。有效利用导电特性的异向性，可作为电器间的微细连接器加以应用。

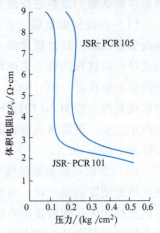

图 10-5 JSR-PCR 的
压力-电阻关系

如图10-6所示为层叠型连接器，这种连接器能够很容易地与1mm以下的微细电极等呈相对应。因橡胶具有吸收能，所以可与电板稳定地接触。图10-7所示为用于液晶显示 LED 与印刷电路板连接的例子。

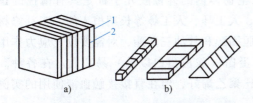

图 10-6 斑马式层叠型连接器
a）导电-非导电体块 b）一由体块切下的连接器
1—绝缘性硅橡胶 2—导电性硅橡胶

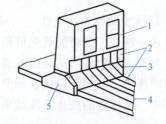

图 10-7 LCD 连接器的应用例
1—液晶显示板 2—电极 3—导电-非导
电连接器 4—印刷电路板

对于 LSI 与印刷板的连接、印刷电路板之间的连接，需要电阻值更小的连接器。异向性导电橡胶的橡胶材料主要是硅橡胶。有效利用导电性橡胶的柔软性、密着性等特征，可广泛地用于电磁波屏蔽、输送带、消除胶辊静电、导电性黏合剂等方面。对橡胶材料来讲，有时仅局限于硅橡胶。如前所述，硅橡胶具有优良的性能，但在机械强度、耐油性等方面却有许多不足之处，今后根据用途对聚氨酯、氟橡胶、硅橡胶等进行研究也是十分必要的。

10.5.6 生物医用功能弹性体

1. 聚氨酯

自1967年把聚氨酯弹性纤维 Lycra 作为医用材料进行试验以来，其优良的物性和抗血栓性引起了人们的重视。现在，在一些要求有血液适应性、弹性、耐疲劳性等用途中，几乎都是以聚氨酯为原料进行研究的。

（1）嵌段型聚氨酯 通常将聚氨酯中的硬段和软段具有微观相分离结构的品级称之为嵌段型聚氨酯。抗血栓性的发现可用抑制血小板的黏着及活化或血浆蛋白对微观相分离结构的选择吸收这样的概念来解释。就软段种类的影响而言，关于抗血栓性较好的材料其相对分子质量的要求是：PPG1000；PTMG1900；PEG1000 以下。对硬段的影响来讲，也可采用作为扩链剂的二胺 $H_2N(CH_2)nNnh_2$ 进行调节。当 $n = 3$ 时抗血栓性最差。这说明微观相分离结构不完全。硬段微观结构的微小差异将会表现为微观相分离结构的差异，进而表现在抗血栓性能上的差异。

（2）含氟链段型聚氨酯（FPU） FPU 通过用含氟二异氰酸酯 $OCNCH_2(CF_2)_4CH_2NCO$，便可增加硬段的疏水性，进而形成微观相分离结构。它比 Cardiothane 的抗血栓性更好。作为抗血栓性医用橡胶是有希望的。像研究含氟扩链剂那样，今后有待于研究开发兼备含氟类聚合物和聚氨酯特征的 FPU。

（3）其他 KIII-2 与 Candiothane 的组成相同，但聚二甲基硅氧烷部分具有 IPN 结构，所以分布更均一、更细致。它与嵌段聚氨酯的微观相分离结构完全不同，但显示出与 Candiothane 同等或更高的抗血栓性。目前抗血栓的机理尚不明确。

聚氨酯与硅橡胶相比，其溶血性和细胞毒性高，但通过导入聚二甲基硅氧烷便可得到相当的改善。

2. 硅橡胶

硅橡胶作为医用材料，基本采用聚二甲基硅氧烷。以下所述的硅橡胶均指聚二甲基硅氧烷。

（1）硅橡胶的生物适应性 一般说来，植入生物体内的硅橡胶几乎都是具有惰性的拉引。由于这一性质，硅橡胶首先可用作人工乳房、人工耳、人工鼻等长期植入的人工补修材料使用。对植入生物体内的硅橡胶来讲，只吸收胆固醇和甘油三酸酯，对需要反复应力作用的人工瓣膜将会引起物性降低，而且吸附的血浆蛋白（除白蛋白以外）易变质。在各种高分子材料中，硅橡胶的抗血栓性适中，虽说它远比聚乙烯好，但在直接接触血液使用的实例不太多。

（2）硅橡胶的应用举例 作为人工器官，有人工膀胱、人工尿管、用涤纶补强的人工筋等。硅橡胶和胶原蛋白的复合膜可作为创伤覆盖材料使用。

（3）硅橡胶的改性 为提高抗血栓性，正在进行着硅橡胶改性的各种试验。虽然聚二甲基硅氧烷和聚-α-氨基酸的嵌段或接枝共聚物显示出了抗血栓性，但它具有与聚氨酯同样的微观相分离结构，有趣的是当通过在硅橡胶表面接枝聚合导入水凝胶层时，就能赋予它抗血栓性。丙烯酰胺、丙烯酯、甲基丙烯酸羟乙酯等都能进行接枝聚合。目前对肝素等也正在进行着研究，当把聚二甲基硅氧烷中的甲基硅氧烷的甲基部分变成苯基三氟丙基时，便可提高抗血栓性。若能提高氟硅橡胶强度的话，它就可替代原来的硅橡胶，并获得更广泛的应用。

3. 其他医用橡胶

生物软组织几乎是含水率在 60% 左右的含水弹性体。因此，合成含水橡胶作为医用材料相当引人注目。当将完全凝胶化聚乙烯醇的 10%～20% 水溶液反复冻结-解冻几次后就会成为没有黏附性的含水橡胶，具有与低硫化二烯类橡胶同等的物性、生物适应性。在氯碘化

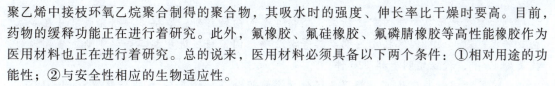

聚乙烯中接枝环氧乙烷聚合制得的聚合物，其吸水时的强度、伸长率比干燥时要高。目前，药物的缓释功能正在进行着研究。此外，氟橡胶、氟硅橡胶、氟磷腈橡胶等高性能橡胶作为医用材料也正在进行着研究。总的说来，医用材料必须具备以下两个条件：①相对用途的功能性；②与安全性相应的生物适应性。

为满足上述条件，对医用橡胶的性能一直在进行着研究，尽管有了很大的发展，但还没有完全安全的材料。今后的改性将从混合化材料的开发向仿生材料的开发进行转移，在此期间期望能够进一步开发出高功能性橡胶。

10.6　Sh 智能弹性体

在此弹性体中，值得注意的研究动向是主要用作保鲜功能材料的1,2-聚丁二烯和具有分离功能的弹性体。

10.6.1　1,2-聚丁二烯

日本合成橡胶公司（JSR）以四种牌号独家生产1,2-聚丁二烯。这一聚合物含有规整度为50~70的富有结晶的区域和结晶区，以大嵌段结构组成。其中结晶相为硬段，非晶相为赋有橡胶弹性的软段。1,2-聚丁二烯主要作为非交联和交联两种材料使用。在非交联材料方面，因为它不易破损，具有优良的透气性和透温性，可用作新鲜食品的包装材料，它不含有其他填料，不必担心对食品的污染，在燃烧处理过程中，也不产生对环境的污染。这对改善环境、生产合理化以及提高计量的准确性都有好处。在医疗和医用方面，已确认其对可溶性脂肪药物无吸附作用，且比 LPPE 更柔软、更透明，将会有较大发展。在交联材料方面，利用其紫外线敏感性，可作感光材料；巧妙地利用日光和热的反应性，可作发泡材料；还可利用其高交联和透明的特性，作热固性材料（如制作光学唱片等）。

10.6.2　分离智能弹性体

该类弹性体大体上可分为：气体和金属离子分离膜两类。当气体通过高分子膜时，气体首先被高分子膜吸附成各气体的混合物，气体的溶解度取决于气体的种类和高分子膜的结构，其扩散速度取决于气体分子和高分子空间的大小。溶解度和扩散速度的相对关系决定气体的透过速度。

在各种材料中，硅橡胶的氧气透过系数较大，但强度低，不易成膜。目前在金属离子分离膜中，较有成效的是在聚氨酯主链或侧链引入冠醚的方法，因为冠醚本身对金属离子有较强的配位能力。

> **拓展阅读**
>
> **向社会讲好化工故事：以心"橡胶"成其久远**
>
> 他致力于让中国的橡胶研究走向世界前沿，率先在国际橡胶界提出生物基工程弹性体、纳米增强逾渗机制以及橡胶材料跨尺度模拟基因工程等一系列概念，在高性能橡胶纳米复合材料、绿色橡胶材料和特种功能橡胶材料等领域取得多项具有国际先进或领先水平的成果，并转化应用于众多企业。

他急国家之所急、研国家之所需，坚持4个面向做科研；取得多项研究成果并在多家企业转化应用；获得国家技术发明奖二等奖2项、国家科技进步奖二等奖1项、省部级科技奖励12项，授权发明专利120件。

他被国际同行高度认可，获得美国化学会橡胶分会斯帕克斯-托马斯奖（Sparks-Thomas Award）、国际聚合物加工学会莫然达-拉姆伯拉奖（Morand Lambla Award）、国际橡胶会议组织奖章（IRCO Medal）、英国材料矿物和矿业学会科尔温奖章（Colwyn Medal）等诸多奖项。

他就是中国工程院院士、北京化工大学原副校长张立群。

1. 坚持四个面向搞创新

肩负历史责任，坚持"四个面向"，不断向科学技术广度和深度进军，是张立群作为橡胶领域科研工作者的坚守。

1986年，张立群考入北京化工学院（1994年更名为北京化工大学），从此与橡胶结下不解之缘。此后的35年，他始终扎根在橡胶领域。

学习期间，他在导师的指导与支持下，突破了预处理有机短纤维规模化制备技术，于1994年在黑龙江富锦建成我国第一条橡胶用预处理短纤维生产线，打破了进口产品"一统天下"的局面，进而实现了全面替代，获得原化学工业部技术发明二等奖。1996年，他在世界上率先开展了黏土/橡胶纳米复合材料的制备研究，1997年获得国家自然科学基金资助，发明了层状硅酸盐/橡胶纳米复合材料的乳液复合制备方法，被国内外广泛采用，发表的相关文章至今被国内外学者引用千余次。2019年，支撑海胶集团在世界上首次规模化生产了黏土/天然橡胶纳米复合材料。

在张立群心中，创新就要尽可能做大事、做领先的事情、做国家和大家都着急的事，从国家急迫需要和长远需求出发做研究。

天然橡胶是一种绿色低碳的战略资源。我国天然橡胶自给率不足20%，严重低于战略安全警戒线。橡胶资源保障成为张立群团队的一个主攻方向，由橡胶制品回收再利用战略、生物基橡胶战略、天然橡胶战略构建的橡胶产业可持续发展战略路线图随后被张立群和团队构建出来。

数百万吨量级的再生橡胶可谓是橡胶资源循环利用的主力军。可惜，这个主力军一直受困于二次污染这一世界性难题。2015年，张立群作为"十二五"国家"863"项目牵头人，终于敲开了再生橡胶绿色生产之门。实现这一突破性变革的技术名为"多阶螺杆连续脱硫绿色制备再生橡胶成套技术装备"，实现了从胶粉到再生橡胶整个制备过程的绿色、节能、连续、高效生产，达到了"近零排放"。这为解决我国每年近400万t再生橡胶的绿色生产问题提供了最先进的解决方案，被工信部、国家发改委重点推广，在中策橡胶、贵州轮胎、湖州美欣达等大型企业落成投产，并出口到斯洛伐克、签约美国。

抢占生物基橡胶这一战略材料制高点、开辟新的橡胶资源并实现国际引领，是张立群团队的又一重点工作。

他在国际上首次提出了生物基工程弹性体的概念，领导团队原创了生物基聚酯弹性体、衣康酸酯弹性体等，受到了国家自然科学基金重点课题和美国固特异公司的大力支持。在他的领导下，世界第一条5000t级衣康酸酯弹性体生产线已经在京博石化建成，第一批双 B 级轿车子午线轮胎已经诞生，并陈列于合作伙伴固特异公司和玲珑轮胎的展室中。生物基聚酯弹性体也实现了千吨级中试制备，全世界第一批可降解聚酯橡胶和第一条可降解轮胎、第一批可降解胶鞋也已经由彤程新材和玲珑轮胎等企业试制出来。

团队在第二天然橡胶资源开发以及传统天然橡胶生产与改性两方面也获得了突破。2012 年，张立群代表北京化工大学牵头组织玲珑轮胎、中国热带农业科学院橡胶研究所、黑龙江省科学院等，重新开启了我国蒲公英橡胶的规模化研究，成立了中国蒲公英橡胶产业技术联盟。目前，绿色/高效蒲公英橡胶制备关键新技术已开发成功，在哈尔滨农科院建设了百吨级中试装置，玲珑轮胎利用蒲公英橡胶制作出的概念轮胎在国际会议上引发了强烈关注。传统天然橡胶生产污水横流、气味很大，团队与圣百润橡胶合作开发出"高频微剪切液相法工艺制备超聚态高性能橡胶材料技术"，绿色环保，高端牌号产品基本达到了进口 1 号烟片胶性能；与海胶集团合作的电絮凝生产天然橡胶环保技术也正在路上。为满足下游企业应用和提升天然橡胶附加值，课题组与海胶集团建立了环氧化天然橡胶规模化生产平台，与黑猫炭黑和玲珑轮胎建立了炭黑/天然橡胶纳米复合母胶中试生产线，与固特异、中策橡胶合作开发了白炭黑/天然橡胶纳米复合母胶规模化生产技术……

特种装备用特种功能橡胶材料事关国家重大战略需求，张立群和团队默默耕耘，突破了特种装备急需的一系列特种功能橡胶材料的设计与制备技术，包括特种氢化丁腈橡胶、高弹高柔高电磁屏蔽橡胶、特种消声阻尼橡胶、复杂重载荷低生热高抗切割橡胶等等，建立了系列生产平台，材料定型并已广泛运用于海陆空天领域数百台套特种装备上，为提升特种装备性能水平和自主保障能力做出了重要贡献。

2. 把论文写在祖国大地上

为了能近距离接触橡胶前沿技术、了解先进国家的科研体制，1999 年，张立群来到了高分子专业排名数一数二的美国阿克伦大学聚合物科学系做访问学者，与美国国家工程院院士 A. N. Gent 教授共同研究橡胶材料的拉伸结晶。他的勤奋与专业让 Gent 教授刮目相看，在其后来为张立群撰写的申请教育部长江学者的推荐信中毫不掩饰赞赏之词。尽管如此，在出国还是一种潮流的 2001 年 5 月，怀揣着"让中国的橡胶研究步入世界一流行列"梦想的张立群，还是急迫地回到了母校。

回国是为了把论文写在祖国大地上。这是张立群的梦想，也是他的实践。

现如今，每到 12 月，几十家合作企业便会赶到北京，参加北京化工大学专项奖学金（材料专场）的颁奖活动。这些企业多数和张立群团队有着深入合作，并在合作中不断有新的原创技术诞生，不断有新的成果实现工业化。在这种产学研用互相协同中，身处一线的产业部门与相对独立的学研部门间的密切结合，爆发出不可想象的创造力和生产力。张立群团队已经与国内外百余家橡胶材料与橡胶制品领域的企业进行了合作，建立了 30 余家产学研联合研究中心，并促成近 40 家企业在北京化工大学设立了专项奖学金，奖励或资助的学生达 400 人/年，累计总额近千万元。

在企业家眼中，他是执技术牛耳者；在同事眼中，他是睿智勤奋、坚定有力的领路人；在亲朋好友眼中，他是爱国奉献的不断攀登者。2 项国家技术发明奖二等奖、1 项国家科技进步奖二等奖、12 项省部级科技奖励、120 件授权发明专利，就是他把论文写在祖国大地上最好的证明。全国优秀科技工作者、何梁何利科技创新奖、光华工程科技奖青年奖、中国青年科技奖等荣誉称号则是对张立群所做的这些研究工作的肯定。

3. 让中国橡胶走向世界前沿

如何做出领先的学术成果、如何造出中国人自己发明的橡胶材料、如何让中国的橡胶研究走向世界前沿、如何让中国橡胶工业受到国际尊重……这些都是张立群常常陷入深思的问题。

张立群要求自己和团队以及合作伙伴，做重要的事情，把事情做深、做精，要敢为人先，不随波逐流，不轻言放弃。

2000年，尚在美国做访问学者期间，张立群就在世界范围内率先提出"炭黑增强橡胶属于纳米复合材料，纳米增强对于橡胶的高效增强是必需的"的观点。2009年，张立群又在国际上提出了一个全新的概念——生物基工程弹性体（BEE）。一系列的重要成果让张立群赢得了国际同行的高度认可。他连续多年入选Elsevier中国高被引学者名单，担任6个高质量SCI期刊的副主编和编委，100余次受邀在国际会议上做大会报告、邀请报告。美国化学会橡胶分会斯帕克斯-托马斯奖（Sparks-Thomas Award）、国际聚合物加工学会莫然达-拉姆伯拉奖（Morand Lambla Award）、国际橡胶会议组织奖章（IRCO Medal）、英国材料矿物和矿业学会科尔温奖章（Colwyn Medal）等诸多奖项也都颁发给了他。

展望未来，张立群认为，橡胶材料及制品的高性能化、功能化、智能化和绿色化是当前世界橡胶工业的重大主题，橡胶材料科学与工程与资源、环境、能源、生命健康、体育娱乐、人工智能与机器人等诸多事关人类未来重大发展的主题都有着很高的交叉性和关联性，今后的发展仍将生机无限。

针对这些新兴领域对橡胶新材料的重大需求，张立群和团队凝练出六大研究方向：橡胶材料基因组科学与技术、橡胶纳米复合材料科学与技术、特种橡胶材料科学与技术、能源橡胶材料科学与技术、生命健康橡胶材料科学与技术、资源生态橡胶材料科学与技术，并将在这些领域继续为提升中国橡胶行业在全球的影响力孜孜以求，为中国橡胶强国梦努力奋斗，为人类命运共同体做出贡献。

（素材来源：https://news.buct.edu.cn/2021/1230/c2110a163288/page.htm）

习　题

1. 实现橡胶的智能化有哪些手段？
2. 智能橡胶有哪些特殊性能？
3. 什么是智能弹性体？
4. D 智能弹性体有哪几种？
5. Sh 智能弹性体有哪几种？

第 11 章

建筑技术的发展与应用

学习目标

1. 了解智能材料在建筑工程中应用。
2. 掌握装配式建筑的概念，思考装配式建筑在我国的发展方向。
3. 掌握 BIM 在工程各个阶段的应用价值。
4. 掌握被动式建筑的概念。了解中国被动式建筑的发展模式和方向。
5. 掌握智能建造的概念，并了解智能建造在国内的发展。

11.1 智能材料在建筑中的应用

智能材料是现代科学技术发展的重要成果，人类对于智能材料的研究和运用越来越深入广泛。智能混凝土作为建筑材料领域的高新技术和智能化时代的产物，对其基础理论及应用技术的研究使传统建筑行业的发展获得了突破性进展。但是随着我国建筑总面积持续增长，建筑总能耗不断增加，如何解决不断提升的建筑能耗与环境资源枯竭的矛盾成为亟待解决的问题。本章将在智能化建造、绿色建筑和环保低能耗等方面介绍智能材料的应用和发展，并对其在土木工程领域的发展提出设想。

目前，智能材料已经被广泛应用于建筑领域，智能材料在结构变化、设计预检和结构系统性能的预测上，有良好的应用前景。智能材料的应用不仅可以降低建筑结构的维护费，而且更重要的是避免结构破坏对建筑造成的安全隐患。功能型智能建材主要被利用到可持续、节能环保、绿色生态等智能化的建筑中，并发挥着重要的作用。建筑材料一般包括装饰材料、特殊材料和专有材料，这些材料将会有效运行和维护建筑系统，随着智能建筑行业的发展和建筑业的变革，建筑设计发展朝着仿生学方向发展，智能材料将扮演更加重要的角色。

11.1.1 智能材料在建筑结构中的应用

智能材料常应用在建筑结构工程中，把智能材料应用在建筑物中，能够及时感知材料自身所受到的外力、震动、温度、裂纹等的变化状况，材料的受损程度也得到了判断。智能材料可以利用自身的应变能力通过提前预报、自适应调整、自修复补救等主动应对，在对所处危险情况进行预警的基础上消除危害，使结构的安全性和可靠性得到很大提升，减少和规避危险的发生。因此，智能材料在工程结构设计中的应用也有了相当大的进展。

英国科学家发明了两种自愈合纤维，并将这两种纤维用到构件中，当它们受到外界破坏因素时，能够分别对混凝土中产生的裂纹和其中配置的钢筋受到的腐蚀情况进行自动检测和响应，且能主动修补混凝土中所产生的裂纹并阻止钢筋继续受到腐蚀。用玻璃丝和聚丙烯混合制备成的内部可产生黏合剂的多孔状中空纤维与混凝土结合使用，当混凝土处于过度挠曲情况时，纤维会被撕裂并释放出会及时填充黏合混凝土裂缝的物质；防腐蚀纤维包裹在混凝土中的钢筋周围，当钢筋周围的酸度达到一定浓度时，这些纤维的涂层就会被大量溶解，从这些纤维中释放出能够阻止钢筋被腐蚀的物质，达到防腐的效果；智能混凝土中加入基于原有混凝土构件的智能成分，使混凝土材料具有自修复、自调节、自诊断特征的复合功能材料。智能材料在建筑结构中的应用见表 11-1。

表 11-1　智能材料在建筑结构中的应用

名称	用途
透水混凝土	具有良好透水透气性，可增加地表透水、透气面积，调节环境温度、湿度，减少城市热岛效应，维持地下水位和植物生长
调湿混凝土	通过添加关键组分纳米天然沸石粉制成可探测室内环境温度，并根据需要进行调控，满足建筑对湿度的控制要求
电磁屏蔽混凝土	通过掺入金属粉末导电纤维等低电阻导体材料，在提高混凝土结构性能的同时，能够屏蔽和吸收电磁波，降低电磁辐射污染，提高室内电视影像和通信质量
抗菌混凝土	在传统混凝土中加入纳米抗菌防霉组分，使混凝土具有抑制霉菌生长和灭菌效果
生物相容型混凝土	利用混凝土良好的透水透气性，提供植物生长所需营养。用于河川护堤的绿化美化；淡水海水中可栖息浮游动物和植物，形成淡水生物、海洋生物相容型混凝土，调节生态平衡
再生混凝土	废弃混凝土经过处理，部分或全部代替天然骨料而配制的混凝土，减少城市垃圾，节约资源
净水生态混凝土	将高活性净水组分与多孔混凝土复合，提高吸附能力，使混凝土具有净化水质功能和适应生物生息场所及自然景观效果，用于淡水资源净化和海水净化
净化空气混凝土	在砂浆和混凝土中添加纳米二氧化钛等光催化剂，制成光催化混凝土，可起到有效净化甲醛、苯等室内有毒挥发物，减少二氧化碳浓度等作用
绿色生态水泥	在水泥的生产过程中，通过改进生产工艺、更新设备、充分使用工业废料等手段，体现出节能、利废、保护环境的宗旨
温度自监控混凝土	通过掺入适量的短切碳纤维到水泥基材料中，使混凝土产生热电效应，实现对建筑物内部和周围环境温度变化的实时测量。此外尚存在通过水泥基复合材料的热电效应利用太阳能和室内外温差为建筑物提供电能的可能性
绿色高性能混凝土	在混凝土的生产使用过程中，除了获得高技术性能外，综合体现节约能源资源、绿色环保
自诊断混凝土	碳纤维混凝土，应用于机场跑道、桥梁路面等工程中，具有自动融雪和除冰功能，也可以检测到混凝土结构中的损伤；光纤维混凝土常用于混凝土养护中温度及应力的自我监测
自修复混凝土	自修复混凝土的自修复系统可有效地对结构微裂缝进行修补，并可以免去监控仪器的使用及外部修补所需的高额费用，且有利于复合材料的安全性和耐久性，且混凝土材料的使用寿命也将大大延长
高阻尼混凝土	可以大大提高混凝土材料本身的阻尼比的高阻尼混凝土，从而提高结构的抗震能力
自调节混凝土	具有自动调整建筑结构的承载力、自动调节环境湿度的功能。避免或减轻在遭受台风、地震等自然灾害期间的破坏

11.1.2　智能材料在建筑节能环保方面的应用

要实现真正意义上的智能型建筑，不仅体现在建筑内部弱电系统的应用，还应该把节能、环保、绿色、生态等发展可持续建筑的战略思想宗旨融入建筑的智能化建设中去，实现资源的有效持续利用，节能节水节地，减少废弃物，减低或消除污染，减小地球负荷，体现社会、经济、环境效益的高度统一。

所以，智能建筑的建设不应仅局限于建筑内部子系统，还应包括能源优化系统、生态绿化系统、废弃物管理与处置系统、水热光气声环境优化系统等，充分体现建筑与周围环境的协调关系以及自身的稳定性、可持续性，充分体现绿色建筑节能建筑和生态建筑的思想内容。要实现上述目标是一个复杂的系统工程，这其中，基于智能建筑材料的开发应用是非常重要的一方面。智能材料在混凝土材料方面的应用见表 11-2。

表 11-2　智能材料在混凝土材料方面的应用

类别	名称	用途
涂料	室外净化空气涂料	涂料暴晒后激活其中的光催化剂捕捉空气污染物，由于表面不易产生静电作用，抗污性好，易清洁，雨水也能够将被吸收的污染物冲刷
	室内环境净化涂料	添加稀土激活无机抗菌净化材料，能够较好地净化 VOC、NO_x、NH_3 等室内环境污染气体，其净化原理与室外涂料类似；同时，在光催化反应过程中生成的自由基和超氧化物，能够有效分解有机物，从而起到杀菌作用；此外，利用表面二氧化钛的超亲水效应，使表面去污方便快捷
	负离子功能涂料	增加室内空气中负离子浓度，产生具有森林功能的效果，吸收二氧化碳及有害气体，抑菌除臭
	阻热防水涂料	用于沥青表面时，可反射几乎全部的太阳能量，且增强沥青的抗老化性能
	智能乳胶漆	在组分中加入"可逆变光剂""复合高分子稳定剂"等复合材料，使产品可自动调节光亮度自动适应环境
	露珠仙外墙涂料	仿生荷叶叶面微结构，利用荷叶效应产生自清洁效果，让尘埃易随雨水清除，同时抑制菌类藻类繁殖，并具有防水防紫外线、透气耐候性好等特点
玻璃	低辐射玻璃	与普通透明玻璃相比，它可以反射 40%～70% 的热辐射，只遮挡 20% 的可见光，与普通玻璃配合使用，组成双层中空窗，有很好的保温隔热节能效果。同时由于对可见光的反射率低，用于玻璃幕墙减低反射光引起的光污染
	光致变色玻璃	利用金属卤化物或光学变色塑料，当阳光中的紫外线越强，变色材料越暗，减少可见光通过、吸收热辐射
	热变色玻璃	热变色材料会随着温度变化而改变其光学特性，受热引起化学反应或材料的相变，从而改变颜色，使太阳辐射被散射或被吸收。如在双层玻璃夹层中含有一层水溶性聚合纤维，由聚合物分子受热产生定向排列使透明度改变
	液晶玻璃	分散液晶在电场作用下产生定向排列，改变透明度。如其中的针状液晶通电时晶体水平排列，玻璃变透明，断电时晶体竖直排列，玻璃吸收散射太阳辐射
	电致变色玻璃	通过低压直流电的驱动，使电变色材料（如 WO_3）变暗，能够根据需要连续调光，同时能消除日照中 99% 的紫外线
	电泳玻璃	双层玻璃上面有透明的导电涂层，中间充满悬浮液，当通电时，悬浮液中的黑色针状悬浮颗粒产生定向排列，改变透明度，根据电压大小也可连续调光
	光伏玻璃	通过分层压入太阳能电池，能利用太阳能辐射发电，具有电流引出装置和电缆设备的特种玻璃，如太阳能智能窗、光伏玻璃幕墙等

（续）

类别	名称	用途
砖	环保砖	一种使用形式是利用自身多孔结构和表面涂覆材料，有效吸收汽车尾气和一氧化碳等有害气体；另有一种"烧结型透水保湿路面砖"，用工业废料制成，具有良好的透水透气性，实现环保加生态的双重效果
板材	碳纤维电热板材	在吊顶板、墙板、地板或其他装饰板制作中加入碳纤维，通电辐射供暖，热效率高近100%，安全节能无污染，方便操作，散热均匀，温度可自由调节，是一种典型的智能化多功能板材
板材	功能型高晶板材	传统的石膏板具有保温隔热装饰性好等诸多优良的功能特点，以及特殊的"呼吸"作用，即可以调节室内的空气湿度，在此基础上，在基本材料中加入富含银离子的纳米无机抗菌材料，或掺入负离子经化学反应增加空气负离子浓度，可起到杀菌抑菌除臭作用，有效用作内墙板、吊顶板、防火面板等
相转变材料	相转变材料	利用相变过程中吸收或释放的热量来进行潜热储能的物质，具有储能密度大、效率高以及近似恒定温度下吸收与放热等优点，可用于储能和温度控制，在太阳能利用、废热回收、空调建筑物、调温调湿、保温材料等方面用途广泛。若作为开发智能建筑材料的功能元素，是一种很有前途的节能材料
地毯	智能毯	用柔性聚酯膜材料做基层，上面喷涂照明、供暖、能量存储、信息显示等微元素粒子，利用有机光电太阳能电池供电，制成电子墙壁，提供变换多姿的装饰效果，其中的相转变材料可在白天蓄热，晚上供热
太阳能	太阳能转换材料	太阳能利用是智能建筑的重要内容，除了传统的光-热转换，用光-电转换材料将太阳能直接转换为电能的太阳能瓦，将太阳能电池与建筑材料构件融为一体，体现太阳能与建筑的完美融合。此外，以可见光作光源，以聚合物光纤作转换材料实现光-光转换的光纤照明技术，可有效克服当前传统照明技术的耗能、辐射、易损、污染等缺点，应用前景广阔
TIM 材料	TIM 材料	一种半透明绝热塑料（Transparent Insulated Material），用保护玻璃、遮阳卷帘、TIM层、空气层、吸热面层、结构层等制成复合透明隔热外墙，拓展了传统复合墙体的保温隔热功能，兼有采光隔热吸热流通空气等作用

　　随着时代的发展，建筑物的智能化建设会更加深入，智能建筑的内容与涵义随着科技的发展不断延伸，其功能也在不断扩展，以满足人们日益增长的各种需要。据有关预测表明，在21世纪中叶，建筑业将步入高科技建材时期，以聚合混凝土和强化塑料为代表的新型建材成为主流。当前，智能建筑材料已由设计阶段进入试验、实验、实用阶段，将各类智能材料有机组合在建筑物结构中，构建起一个个具有生命特征的建筑物，会成为未来智能建筑的重要内容。

11.2　装配式建筑的应用

　　《关于完善质量保障体系提升建筑工程品质的指导意见》《关于开展质量提升行动的指导意见》《关于促进建筑业持续健康发展的实时意见》《"十三五"装配式建筑行动方案》等一系列的政策，提出要大力发展装配式建筑，加快推进装配式建筑的应用，扩大装配式建筑覆盖面，提高全国装配式建筑占新建建筑面积的比例。目前我国的装配式建筑已经步入加速发展期。为落实中央政策目标，各地方政府也已制定装配式建筑规模阶段性目标并同步出

台若干鼓励推广的政策法规。

11.2.1 国内外装配式混凝土结构的发展与应用现状

20世纪20年代初，英、法、苏联等国家首先对装配式混凝土建筑做出尝试。第二次世界大战后，由于各国的建筑普遍遭受重创，加之劳动力资源短缺，为了加快住宅的建设速度，装配式混凝土建筑被广泛采用。西方发达国家的装配式混凝土建筑经过几十年甚至上百年的发展，已经达到了相对成熟、完善的阶段。英国、美国、德国、日本等国家按照各自的经济、社会、工业化程度、自然条件的特点，选择了不同的发展道路和方式。

我国从20世纪五六十年代开始研究装配式混凝土建筑的设计施工技术，形成了一系列装配式混凝土结构体系，其后经历了发展期、衰退期、复兴期的发展之路。随着国家和很多地方对装配式混凝土建筑产业发展扶持政策的推出，装配式混凝土结构近些年得到迅猛发展。

1. 美国装配式混凝土结构的发展历史与现状

美国的装配式混凝土住宅起源于20世纪30年代，1976年美国国会通过了国家工业化住宅建造及安全法案，同年开始出台一系列严格的行业规范标准。1991年美国PCI（预制预应力混凝土协会）年会上提出将装配式混凝土建筑的发展作为美国建筑业发展的契机，由此带来装配式混凝土建筑在美国20余年来长足的发展。目前，混凝土结构建筑中，装配式混凝土建筑的比例占到了35%左右，约有30多家专门生产单元式建筑的公司；在美国同一地点，相比用传统方式建造的同样房屋，只需花不到50%费用就可以购买一栋装配式混凝土住宅。

美国装配式混凝土建筑建材产品和部品部件种类齐全，构件通用化水平高，呈现商品化供应的模式，并且构件呈现大型化的趋势。基于美国建筑业强大的生产施工能力，美国装配式混凝土建筑的构件连接以干式连接为主，可以实现部品部件在质量保证年限之内的重复组装使用。

如今，美国不但注重装配住宅的质量，其住宅更有着美观、舒适性及个性化的特点。构件和部件几乎百分百达到了标准化、系列化、专业化、商品化、社会化，这些构件结构性能好，有很大的通用性，也易于机械化生产。

2. 英国装配式混凝土结构的发展历史与现状

1945年，英国政府发布了白皮书，以重点发展工业化制造能力来弥补传统建造方式的不足，推动了建筑生产的规模化、工厂化，期间装配式混凝土结构发展主要体现在预制混凝土大板结构。目前，在英国这种工厂化预制建筑部件、现场安装的建造方式，已广泛应用于建筑行业。

3. 德国装配式混凝土结构的发展历史与现状

德国是世界上工业化水平最高的国家之一。二战后装配式混凝土建筑在德国得到广泛采用，经过数十年的发展，目前德国的装配式混凝土建筑产业链处在世界领先水平。建筑、结构、水暖电专业协作配套，施工企业与机械设备供应商合作密切，机械设备、材料和物流先进，高校、研究机构和企业不断为行业提供研发支持。

此外，德国是在降低建筑能耗上发展最快的国家。20世纪末德国在建筑节能方面提出了"3L房"的概念，即每平方米建筑每年的能耗不超过3L汽油。近几年德国提出零能耗的

"被动式建筑"的理念。被动式建筑除了保温性、气密性绝佳以外，还充分考虑对室内电器和人体热量的利用，可以用非常小的能耗将室内调节到合适的温度，非常节能环保。图11-1所示为德国"被动式住宅建筑"。

图11-1 德国"被动式住宅建筑"

德国当前的装配式混凝土建筑主要采用装配式叠合板体系。预制墙板由两层预制板与格构钢筋制作而成，结构水平构件和竖向构件通过现浇钢筋混凝土连接，使结构具有良好的整体性能。构件预制与装配建造已经进入工业化、专业化设计，标准化、模块化、通用化生产，其构件部品易于仓储、运输，可多次重复使用、临时周转并具有节能低耗、绿色环保的耐久性能。

4. 日本装配式混凝土结构的发展历史与现状

日本建筑行业推崇的结构形式是以框架结构为主，剪力墙结构等刚度大的结构形式很少得到应用。目前日本装配式混凝土建筑中，柱、梁、板构件的连接尚以湿式连接为主，强大的构件生产、储运和现场安装能力对结构质量提供了强有力的保证，并且为设计方案的制定提供了更多可行的空间。以莲藕梁为例，梁柱节点核心区整体预制，保证了梁柱连接的安全性，但误差容忍度低，我国建筑行业尚无法推广。图11-2所示为装配式混凝土结构莲藕梁。

日本地震频发且烈度高，因此装配式混凝土的减震隔震技术得到了大力发展和广泛应用。软钢耗能器可以较好地起到减震隔震的作用，该项技术也得到了我国建筑企业借鉴和采用。图11-3所示为装配式混凝土结构软钢耗能器。

图11-2 装配式混凝土结构莲藕梁

图11-3 装配式混凝土结构软钢耗能器

5. 其他国家装配式混凝土结构的发展历史与现状

新加坡的建筑行业受政府的影响较大。在政府政策的推动下，装配式混凝土建筑得到了良好的发展。以组屋项目（即保障房）为例，新加坡强制推行组屋项目装配化，目前装配率可达到70%。通过装配式混凝土建筑的推行，新加坡不仅提高了房屋建造效率，还缓解了外用劳工成本过高的问题。

加拿大作为美国的近邻，在发展装配式混凝土建筑的道路上借鉴了美国的经验和成果。目前加拿大混凝土建筑的装配率高，构件的通用性高，大城市多为装配式混凝土建筑和钢结构建筑，6 度以下地区甚至推行全预制混凝土建筑。

法国在 1950—1970 年间开始推行装配式混凝土建筑，经过几十年的发展目前已经比较完善，装配率达到 80%。法国的装配式混凝土建筑多采用框架或者板柱体系，采用焊接等干式连接方法。

新西兰有着较早的发展历史，Nigel Priestley 教授领导下的关于预制结构抗震性能评估与设计的 PRESSS（PREcast Seismic Structural System）研究成果不断涌现，为高烈度地区提供了先进高效的预制混凝土结构体系，使装配式混凝土结构被大量应用于中高层结构中。

澳大利亚大力推动模块化装配式结构。模块化结构旨在最大限度地提高场外预制内容，最大限度地减少现场建筑活动，并最大限度地减少现场返工的可能性。最大化地将结构完整的建筑单元运送到现场的概念被描述为模块化结构。

6. 我国装配式混凝土结构的发展历史与现状

（1）起步阶段　我国装配式混凝土建筑起源于 20 世纪 50 年代。那时，新中国刚刚成立，全国处在百废待兴的状态。发展建筑行业，为人民提供和改善居住环境，迫在眉睫。当时，我国著名建筑学家梁思成先生就已经提出了"建筑工业化"的理念，并且这一理念被纳入了新中国第一个五年计划中。借鉴苏联和东欧国家的经验，我国建筑行业大力推行标准化、工业化和机械化，发展预制构件和装配式施工的房屋建造方式。1955 年，北京第一建筑构件厂在北京东郊百子湾兴建；1959 年，我国采用预制装配式混凝土技术建成了高达 12 层的北京民族饭店。这些事件标志着我国装配式混凝土建筑已经起步。

（2）持续发展阶段　20 世纪 60 年代初到 80 年代初期，我国装配式混凝土建筑进入了持续发展阶段，多种装配式建筑体系得到了快速发展。其原因有以下几点：第一，当时各类建筑标准不高，形式单一，易于采用标准化方式建造；第二，当时的房屋建筑抗震性能要求不高；第三，当时的建筑行业建设总量不大，预制构件厂的供应能力可满足建设要求；第四，当时我国资源相对匮乏，木模板、支撑体系和建筑用钢筋短缺；第五，计划经济体制下施工企业采用固定用工制，预制装配式施工方式可减少现场劳动力投入。

（3）低潮阶段　1976 年我国遭受了唐山大地震。地震中预制装配式房屋破坏严重，其结构整体性、抗震性差的缺点暴露明显。加之随着我国的经济发展，建筑业建设规模急剧增加，建筑设计也呈现了个性化、多样化的特点，而当时的装配式生产和施工能力无法满足新形式的要求。我国装配式混凝土建筑在 20 世纪 80 年代遭遇低潮，发展近乎停滞。而随着农民工大量进入城镇，导致劳动力成本降低，加之各类模板、脚手架的普及以及商品混凝土的广泛应用，现浇结构施工技术得到了广泛的应用。

（4）新发展阶段　如今，随着改革开放的深化和我国经济的快速发展，针对劳动力出现紧缺的情况，以及在节能环保的时代要求下，建筑行业与其他行业一样都在进行工业化技术改造，预制装配化建筑又开始焕发出新的生机。2016 年 2 月，国务院印发的《关于进一步加强城市规划建设管理工作的若干意见》中提出了加大政策支持力度，力争用 10 年左右时间，使装配式建筑占新建建筑的比例达到 30%。随着国家和很多地方对装配式混凝土建筑产业发展扶持政策的推出，装配式混凝土结构近些年得到迅猛发展。

通过总结以上国家在发展装配式建筑的经验，并结合我国的发展国情，得到了我国的装配式发展模式（见图 11-4）和以下启示：第一，做好顶层设计，完善法规和规范体系，进一步加大政策扶持力度，发挥政府在发展装配式混凝土建筑过程中的积极作用；第二，应结合自身的地理环境、经济与科技水平、资源供应水平选择装配式建筑的发展方向；第三，培养专业人才，提高创新思想，创新装配式建筑技术，设立相关标准；第四，完善装配式混凝土建筑产业链是发展装配式混凝土建筑的关键。

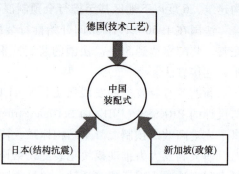

图11-4　我国的装配式发展模式

11.2.2　装配式建筑与绿色建筑的关系

我国《绿色建筑评价标准》（GB/T 50378—2019）对绿色建筑的定义为：在全寿命期内，最大限度地节约资源（节能、节地、节水、节材）、保护环境、减少污染，为人们提供健康、适用和高效的使用空间，与自然和谐共生的建筑。绿色建筑设计、绿色建材生产、绿色建造施工、绿色生活消费的内在统一，是绿色建筑的必然要求。绿色建筑评价指标体系由节地与室外环境、节能与能源利用、节水与水资源利用、节材与材料资源利用、室内环境质量、施工管理、运营管理7类指标组成。我国现行《绿色建筑评价标准》将绿色建筑分为一星级、二星级、三星级3个等级。

近些年，环保成为各个国家比较关注的问题，在建筑中装配式建筑与绿色建筑成为建筑领域新热点，那么装配式建筑与绿色建筑有什么区别呢？可以说绿色建筑是建筑发展的一个方向，装配式建筑是一个发展的载体，在探索并刷新绿色建材应用价值的道路上，达到以创新的"绿色+"为核心理念的发展模式（见图11-5 绿色建筑与装配式建筑的关系）。新型建筑材料的绿色装配式房屋将二者结合，从生产到安装，践行低排放低能耗的绿色环保理念。

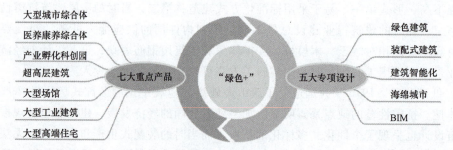

图11-5　绿色建筑与装配式建筑的关系

绿色建筑设计理念强调节约能源、节约资源、回归自然，而装配式建筑具有节能、节水、节材等显著特点，能够大幅度减少建筑垃圾、保护环境。因此，装配式建筑非常吻合可持续发展的绿色建筑全寿命周期基本理念，它是实现绿色建筑发展的主要途径之一。

1. 装配式混凝土建筑在资源消耗方面的优势体现

装配式建造的标准化、规模化生产方式能够实现过程可控、资源可控的精益化生产。在建筑工业化全过程中，即在建筑产品的生产、使用、维修和改造诸环节，能有效实现水资源再利用、废弃物的再利用与再生利用，节约使用能源、建筑材料、土地等资源等。国泰君安-住宅产业化（钢结构＆预制PC）专题报告《提升住宅产业化率＆引领绿色建筑浪潮》中，根据万科公司提供的数据，相较于传统施工方式，工业化建造能够降低50%左右的施工材料消耗，尤其是木材节约可达到90%，水资源节约40%～50%，用电量节约30%以上。实践证明了装配式能大幅节省能源消耗，且这一趋势随着装配率的上升而增加。在我国香港地区，装配式建筑普及率65%以上，装配率高达45%，在该地区实际应用中，装配式建造方式带来的水资源节约达40%，材料节约52%以上，材料回收利用率85%以上。在表11-3中可以看到我国内地部分装配式建造项目的用水、木材消耗及节约情况。

表 11-3   我国内地装配式建造项目在资源节约方面的潜力

装配率	施工用水/万 t			施工木材消耗/万 t		
	传统建造	装配式建造	节约率	传统建造	装配式建造	节约率
5%	5%	11.58	3.0%	2.89	2.78	3.8%
10%	15%	14.56	6.0%	3.72	3.42	8.1%
40%	40%	20.06	24.0%	5.8	5.41	6.7%

数据来源：《万科住宅产业化介绍》，国泰君安行业专题报告。

2. 装配式混凝土建筑在节能减排方面的优势体现

国内外已有研究提出了采用装配式建造方式，可减少施工垃圾和二次装修垃圾排放80%~90%，能耗降低20%~30%，碳排放可降低7%~15%，其生态环境效益和社会效益明显。表11-4所列为我国内地部分装配式项目的建筑垃圾、施工能耗情况，随着装配率的提高，节能减排潜力大体呈上升趋势。

表 11-4   我国内地装配式项目在节能减排方面的潜力

装配率	施工能耗/万 t 标煤			施工建筑垃圾/万 t		
	传统建造	装配式建造	节约率	传统建造	装配式建造	节约率
5%	11.58	11.46	1.0%	28.95	27.79	4.0%
10%	14.56	14.86	2.1%	37.15	34.18	8.0%
40%	20.06	18.46	8.0%	50.15	34.1	32.0%

数据来源：《万科住宅产业化介绍》，国泰君安行业专题报告。

3. 装配式混凝土建筑在工程现场环境和质量方面的优势体现

推进建筑工业化首先有利于提升建筑产品的质量和品质，建筑产品均在工厂里面通过精细化的加工完成。在已有的研究和实践中，有数据证明在工厂生产能够保证现场90%干作业环境，在项目现场的装配活动70%以上的工序属于干法作业；因为施工过程在流水线上的可控性，传统住宅里面的建筑公差也得到了较好的控制，质量精准控制高达95%以上。

4. 装配式混凝土建筑在工期缩短方面的优势体现

装配式建造方式典型特点就是工厂构件生产环节与现场施工搭接进行，对整个装配式项目的总工期节约有着明显优势。在我国装配式项目施工中，相对于传统建造，装配式建造方式在主体施工阶段工期相当，基本不会延长，主要是外墙装修、内墙装修的工期得到大幅度提升，每层所需要施工天数可从原来的每层12d缩减到每层7~8d，总工期可缩短约15%。同时，相对于传统建造，装配式建造方式取消了外架，仅需轻便的防护架，节约了工程费用，同时提升了工程形象。McGraw Hill报告中采用基于案例的方式指出，相较于传统建筑，工业化项目工期节约16.7%，建造每层所需天数节约超过50%。从万科公司穿插施工的实践项目来看，采用工业化方式整个项目工期节约达到19%，平均节约工期3~4个月。以万科公司完工项目为例，表11-5列出了采用装配式建造在工期缩短方面的潜力。

表 11-5　装配式建造在工期缩短方面的潜力

项目名称	传统建造/d	装配式建造/d	节约率
万科龙华保障性住房项目	807	717	11%
万科一号实验楼	360	120	67%
万科府前一号	360	290	19%

5. 装配式混凝土建筑在人工节约方面的优势体现

建筑工业化对于节约人工成本具有长期意义。建筑工业化、产品生产精细化也有利于提高建筑行业的劳动生产率，在实现或者逐步实现建筑工业化的前提下，现如今的现场施工人员将通过技术培训成为在工厂里操作机器生产建筑产品的技术人员，技术能力的提升能够进一步提高产品的生产率，解决建筑行业用工荒问题。目前，国外研究资料显示装配式建造能够在劳动力方面节约 30%~40%；McGraw Hill 报告中采用基于案例的方式指出，相较于传统建筑，工业化项目人工方面总节约达 46.9%。

11.2.3　装配式建筑与建筑工业化、产业现代化的关系

建筑工业化是建筑在建造全过程中采用以标准化设计、工厂化生产、装配化施工、一体化装修和信息化管理为主要特征的工业生产方式。装配式建筑是以标准化设计、工厂化生产的建筑构件，用现场装配式建成的住宅和公共建筑。因此，从建筑工业化和装配式建筑的定义来看，装配式建筑是建筑工业化的重要构成部分，发展装配式建筑尤其是全装配式建筑是实现建筑工业化的主要途径和趋势。

与建筑工业化相比，建筑产业现代化的范围更为广泛，建筑产业现代化主要包括设备和工具的现代化、产业结构的现代化、劳动力的现代化、管理方式的现代化等，而建筑工业化仅是建筑产业现代化的一个手段。建筑产业现代化与建筑工业化的目标是一致的，即建造绿色环保、可持续的建筑，但二者侧重点有所区别，建筑工业化更多地侧重于建筑生产方式上由传统方式向工业化建造方式的转变，而建筑产业现代化的概念则强调大生产在建筑建造过程中的作用，其内涵涵盖了建筑工业化的范畴，是建筑工业化与其他要素结合的结果。

11.3　建筑信息化模型（BIM）

11.3.1　BIM 在建筑全寿命周期中的作用与价值

1. BIM 在建筑全寿命周期各阶段的作用

（1）勘察设计阶段　BIM 在勘察设计阶段的主要应用价值分析见表 11-6。

表 11-6　BIM 在勘察设计阶段的主要应用价值分析

勘察设计 BIM 应用内容	勘察设计 BIM 应用价值分析
设计方案论证	设计方案比选与优化，提出性能、品质最优的方案
设计建模	三维模型展示与漫游体验，很直观
	建筑、结构、机电各专业协同建模

（续）

勘察设计 BIM 应用内容	勘察设计 BIM 应用价值分析
设计建模	参数化建模技术实现一处修改,相关联内容智能变更
	避免错、漏、碰、缺发生
能耗分析	通过 IFC 或 gbxml 格式输出能耗分析模型
	对建筑能耗进行计算、评估,进而开展能耗性能优化
	能耗分析结果储存在 BIM 模型或信息管理平台中,便于后续应用
结构分析	通过 IFC 或 Structure Model Center 数据计算模型
	开展抗震、抗风、抗火等结构性能设计
	结构计算结果储存在 BIM 模型或信息管理平台中,便于后续应用
光照分析	建筑、小区日照性能分析
	室内光源、采光、景观可视度分析
	光照计算结果储存在 BIM 模型或信息管理平台中,便于后续应用
设备分析	管道、通风、负荷等机电设计中的计算分析模型输出
	冷、热负荷计算分析
	舒适度模拟
	气流组织模拟
	设备分析结果储存在 BIM 模型或信息管理平台中,便于后续应用
绿色评估	通过 IFC 或 gbxml 格式输出绿色评估模型
	建筑绿色性能分析,其中包括:规划设计方案分析与优化;节能设计与数据分析;建筑遮阳与太阳能利用;建筑采光与照明分析;建筑室内自然通风分析;建筑室内绿化环境分析;建筑声环境分析;建筑小区雨水采集和利用
	绿色分析结果储存在 BIM 模型或信息管理平台中,便于后续应用
工程量统计	BIM 模型输出土建、设备统计报表
	输出工程量统计,与概预算专业软件集成计算
	概预算分析结果储存在 BIM 模型或信息管理平台中,便于后续应用
其他性能分析	建筑表明参数化设计
	建筑曲面幕墙参数化分格、优化与统计
管线综合	各专业模型碰撞检测,提前发现错、漏、碰、缺等问题,减少施工中的返工和浪费
规范验证	BIM 模型与规范、经验相结合,实现智能化的设计,减少错误,提高设计便利性和效率
设计文件编制	从 BIM 模型中出版二维图样、计算书、统计表单,特别是详图和表达,可以提高施工图出图效率,并能有效减少二维施工图中的错误

在我国的工程设计领域应用 BIM 的部分项目中,可发现 BIM 技术已获得比较广泛的应用,除表11-6中的"规范验证"外,其他方面都有应用,应用较多的方面大致如下:

1）设计中均建立了三维设计模型,各专业设计之间可以共享三维设计模型数据,进行专业协同、碰撞检查,避免数据重复录入。

2）使用相应的软件直接进行建筑、结构、设备等各专业设计,部分专业的二维设计图可以从三维设计模型自动生成。

3）可以将三维设计模型的数据导入到各种分析软件，如能耗分析、日照分析、风环境分析等软件中，快速地进行各种分析和模拟，还可以快速计算工程量并进一步进行工程成本的预测。

（2）施工阶段　BIM 对工程施工的价值和意义见表 11-7。

表 11-7　BIM 对工程施工的价值和意义

工程施工 BIM 应用	工程施工 BIM 应用价值分析
支撑施工投标的 BIM 应用	3D 施工工况展示
	4D 虚拟建造
支撑施工管理和工艺改进的单项功能 BIM 应用	设计图审查和深化设计
	4D 虚拟建造，工程可建性模拟（样板对象）
	基于 BIM 的可视化技术讨论和简单协同
	施工方案论证、优化、展示以及技术交底
	工程量自动计算
	消除现场施工过程干扰或施工工艺冲突
	施工场地科学布置和管理
	有助于构配件预制生产、加工及安装
支撑项目、企业和行业管理集成与提升的综合 BIM 应用	4D 计划管理和进度监控
	施工方案验证和优化
	施工资源管理和协调
	施工预算和成本核算
	质量安全管理
	绿色施工
	总承包、分包管理协同工作平台
	施工企业服务功能和质量的拓展、提升
支撑基于模型的工程档案数字化和项目运维的 BIM 应用	施工资料数字化管理
	工程数字化交付、验收和竣工资料数字化归档
	业主项目运维服务

（3）运营维护阶段　BIM 参数模型可以为业主提供建设项目中所有系统的信息，在施工阶段做出的修改将全部同步更新到 BIM 参数模型中，形成最终的 BIM 竣工模型（As-built-model），该竣工模型作为各种设备管理的数据库为系统的维护提供依据。

此外，BIM 可同步提供有关建筑使用情况或性能、入住人员与容量、建筑已用时间以及建筑财务方面的信息；同时，BIM 可提供数字更新记录，并改善搬迁规划与管理。BIM 还促进了标准建筑模型与商业场地条件（例如零售业场地，这些场地需要在许多不同地点建造相似的建筑）相适应。有关建筑的物理信息（例如完工情况、承租人或部门分配、家具和设备库存）和关于可出租面积、租赁收入或部门成本分配的重要财务数据都更加易于管理和使用。稳定访问这些类型的信息可以提高建筑运营过程中的收益与成本管理水平。

综合应用 GIS 技术，将 BIM 与维护管理计划相链接，实现建筑物业管理与楼宇设备的实时监控相集成的智能化和可视化管理，及时定位问题来源。结合运营阶段的环境影响和灾害破坏，针对结构损伤、材料劣化及灾害破坏，进行建筑结构安全性、耐久性分析与预测。

2. BIM 在建筑全寿命周期中的作用

在传统的设计-招标-建造模式下，基于图样的交付模式使得跨阶段时信息损失带来大量价值的损失，导致出错、遗漏，需要花费额外的精力来创建、补充精确的信息。而基于 BIM 模型的协同合作模型下，利用三维可视化、数据信息丰富的模型，各方可以获得更大投入产出比。

美国 building SMART alliance（bSa）在"BIM Project Execution Planning Guide Version 1.0"中，根据当前美国工程建设领域的 BIM 使用情况总结了 BIM 的 20 多种主要应用（见图 11-6）。从图中可以发现，BIM 应用贯穿了建筑的规划、设计、施工与运营四大阶段，多项应用是跨阶段的，尤其是基于 BIM 的"现状建模"与"成本预算"贯穿了建筑的全寿命周期。

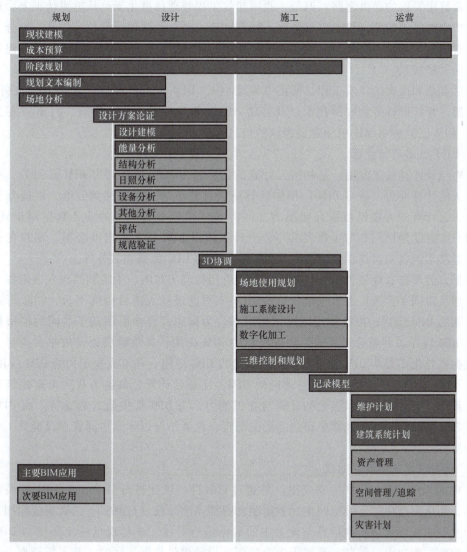

图 11-6　BIM 在建筑工程行业的主要应用

基于 BIM 技术无法比拟的优势和活力，现今 BIM 已被越来越多的专家应用在各式各样的工程项目中，涵盖了从简单的仓库到形式最为复杂的新建筑，随着建筑物的设计、施工、运营的推进，BIM 将在建筑的全寿命周期管理中不断体现其价值。

11.3.2 BIM 技术的应用前景

1. BIM 技术与信息化

随着我国国民经济信息化进程的加快，建筑业信息化早些年已经被提上了议事日程。住建部明确指出，建筑业信息化是指运用信息技术，特别是计算机技术和信息安全技术等，改造和提升建筑业技术手段和生产组织方式，提高建筑企业经营管理水平和核心竞争力。提高建筑业主管部门的管理、决策和服务水平。建筑业的信息化是国民经济信息化的基础之一，而管理的信息化又是实现全行业信息化的重中之重。因此，利用信息化改造建筑工程管理，是建筑业健康发展的必由之路。但是，我国建筑工程管理信息化无论从思想认识上，还是在专业推广中都还不成熟，仅有部分企业不同程度地、孤立地使用信息技术的某一部分，且仍没有实现信息的共享、交流与互动。BIM 是新兴的建筑信息化技术，同时也是未来建筑技术与发展的大势所趋。

面对复杂和庞大的建筑工程，使用"互联网+"BIM 应用技术，结合 RFID、红外探测、无线传感、智能硬件等物联网技术以及移动 APP，构建项目信息化管理，打造"智慧项目建设"。BIM 已经并将继续引领建设领域的信息革命。

2. BIM 技术与云计算

BIM 与云计算集成应用，是利用云计算的优势将 BIM 应用转化为 BIM 云服务，基于云计算强大的计算能力，可将 BIM 应用中计算量大且复杂的工作转移到云端，以提升计算效率；基于云计算的大规模数据存储能力，可将 BIM 模型及其相关的业务数据同步到云端，方便用户随时随地访问并与协作者共享；云计算使得 BIM 技术走出办公室，用户在施工现场可通过移动设备随时连接云服务，及时获取所需的 BIM 数据和服务等。

根据云的形态和规模，BIM 与云计算集成应用将经历初级、中级和高级发展阶段。初级阶段以项目协同平台为标志，主要厂商的 BIM 应用通过接入项目协同平台，初步形成文档协作级别的 BIM 应用；中级阶段以模型信息平台为标志，合作厂商基于共同的模型信息平台开发 BIM 应用，并组合形成构件协作级别的 BIM 应用；高级阶段以开放平台为标志，用户可根据差异化需要从 BIM 云平台上获取所需的 BIM 应用，并形成自定义的 BIM 应用。

随着 IT 技术不断提高与升级，无论是 BIM，还是云计算，都将为我国未来建筑行业提供巨大帮助。云计算运用其强大的计算与处理能力，为 BIM 提供最有利支持，而 BIM 也会借助其自身的特点，在云计算中得到完美的展现，两者结合以达到协同管理及提升工程管理效率的目标。

3. BIM 技术与智能全站仪

BIM 技术与智能全站仪集成应用，是通过对软件、硬件进行整合，将 BIM 模型带入施工现场，利用模型中的三维空间坐标数据驱动智能型全站仪进行测量。二者集成应用，将现场测绘所得的实际建造结构信息与模型中的数据进行对比，核对现场施工环境与 BIM 模型之间的偏差，为机电、精装、幕墙等专业的深化设计提供依据。同时，基于智能型全站仪高效精确的放样定位功能，结合施工现场轴线网、控制点及标高控制线，可高效快速地将设计成果在施工现场进行标定，实现精确的施工放样，并为施工人员提供更加准确直观的施工指导。此外，基于智能型全站仪精确的现场数据采集功能，在施工完成后对现场实物进行实测实量，通过对实测数据与设计数据进行对比，检查施工质量是否符合要求。

与传统放样方法相比，BIM 与智能型全站仪集成放样，精度可控制在 3mm 以内，而一般建筑施工要求的精度在 1~2cm，远超传统施工精度。传统放样最少要两人操作，BIM 与智能型全站仪集成放样，一人一天可完成几百个点的精确定位，效率是传统方法的 6~7 倍。

目前，国外已有很多企业在施工中将 BIM 与智能型全站仪集成应用进行测量放样，而我国尚处于探索阶段，只有深圳市城市轨道交通 9 号线、深圳平安金融中心和北京望京 SO-HO 等少数项目应用。未来，二者集成应用将与云技术进一步结合，使移动终端与云端的数据实现双向同步；还将与项目质量管控进一步融合，使质量控制和模型修正无缝融入原有工作流程，进一步提升 BIM 应用价值。

4. BIM 技术与 GIS（地理信息系统）

BIM 与 GIS 集成应用，可提高长线工程和大规模区域性工程的管理能力。BIM 的应用对象往往是单个建筑物，利用 GIS 宏观尺度上的功能，可将 BIM 的应用范围扩展到道路、铁路、隧道、水电、港口等工程领域。例如，邢汾高速公路项目开展 BIM 与 GIS 集成应用，实现了基于 GIS 的全线宏观管理、基于 BIM 的标段管理以及桥隧精细管理相结合的多层次施工管理。

BIM 与 GIS 集成应用，可增强大规模公共设施的管理能力。现阶段，BIM 应用主要集中在设计、施工阶段，而二者集成应用可解决大型公共建筑、市政及基础设施的 BIM 运维管理，将 BIM 应用延伸到运维阶段。例如，昆明新机场项目将二者集成应用，成功开发了机场航站楼运维管理系统，实现了航站楼物业、机电、流程、库存、报修与巡检等日常运维管理和信息动态查询。

BIM 与 GIS 集成应用，还可以拓宽和优化各自的应用功能。导航是 GIS 应用的一个重要功能，但仅限于室外。二者集成应用，不仅可以将 GIS 的导航功能拓展到室内，还可以优化 GIS 已有的功能。例如，利用 BIM 模型对室内信息的精细描述，可以保证在发生火灾时室内逃生路径是最合理的，而不再只是路径最短。

随着互联网的高速发展，基于互联网和移动通信技术的 BIM 与 GIS 集成应用，将改变二者的应用模式，向着网络服务的方向发展。当前，BIM 和 GIS 不约而同地开始融合云计算这项新技术，分别出现了"云 BIM"和"云 GIS"的概念，云计算的引入将使 BIM 和 GIS 的数据存储方式发生改变，数据量级也将得到提升，其应用也会得到跨越式发展。

5. BIM 技术与虚拟现实

BIM 技术的理念是建立涵盖建筑工程全生命周期的模型信息库，并实现各个阶段、不同专业之间基于模型的信息集成和共享。BIM 与虚拟现实技术集成应用，主要内容包括虚拟场景构建、施工进度模拟、复杂局部施工单位模拟、施工成本模拟、多维模型信息联合模拟以及交互式场景漫游，目的是应用 BIM 信息库，辅助虚拟现实技术更好地在建筑工程项目全寿命周期中应用。

BIM 与虚拟现实技术集成应用，可提高模拟的真实性。传统的二维、三维表达方式，只能传递建筑物单一尺度的部分信息，使用虚拟现实技术可展示一栋活生生的虚拟建筑物，使人产生身临其境之感。并且，可以将任意相关信息整合到已建立的虚拟场景中，进行多维模型信息联合模拟。可以实时、任意视角查看各种信息与模拟的关系，指导设计、施工，辅助监理、监理人员开展相关工作。

BIM与虚拟现实技术集成应用，可有效提升工程质量。在施工之前，将施工过程在计算机上进行三维仿真演示，可以提前发现并避免在实际施工中可能遇到的各种问题，如管线碰撞、构建安装等，以便指导施工和制订最佳施工单位案，从整体上提高建筑施工效率，确保工程质量，消除安全隐患，并有助于降低施工成本与时间耗费。

现在虚拟现实技术在医学、娱乐、军事航天技术、室内外设计、房地产开发等方面发挥着重要的作用。相信虚拟施工技术在建筑施工领域的应用将是一个必然趋势，在未来的设计、施工中的应用前景广阔。

6. BIM技术与绿色建筑

BIM的最重要意义在于它重新整合了建筑设计的流程，其所涉及的建筑全寿命周期管理（BLM），又恰好是绿色建筑设计的关注和影响对象。真实的BIM数据和丰富的构件信息给各种绿色分析软件以强大的数据支持，确保了结果的准确性。BIM的某些特征（如参数、构件库等）使建筑设计及后续流程针对上述分析的结果，有非常及时和高效的反馈。绿色建筑设计是一个跨学科、跨阶段的综合性设计过程，而BIM模型刚好顺应需求，实现了单一数据平台上各个工种的协调设计和数据集中。BIM的实施，能将建筑各项物理信息分析从设计后期显著提前，有助于建筑师在方案，甚至概念设计阶段进行绿色建筑相关的决策。

另外，BIM技术提供了可视化的模型和精确的数字信息统计，将整个建筑的建造模型摆在人们面前，立体的三维感增加人们的视觉冲击和图像印象。绿色建筑则是根据现代的环保理念提出的，主要是运用高科技设备利用自然资源，实现人与自然的和谐共处。基于BIM技术的绿色建筑设计应用主要通过数字化的建筑模型、全方位的协调处理、环保理念的渗透三个方面来进行，实现绿色建筑的环保和节约资源的原始目标，对于整个绿色建筑的设计有很大的辅助作用。

总之，结合BIM进行绿色设计已经是一个受到广泛关注和认可的系统性方案，也让绿色建筑事业进入一个崭新的时代。

7. BIM技术与装配式结构

装配式建筑是用预制的构件在工地装配而成的建筑，是我国建筑结构发展的重要方向之一，它有利于我国建筑工业化的发展，提高生产效率，节约能源，发展绿色环保建筑，并且有利于提高和保证建筑工程质量。2013年1月1日，国务院办公厅转发《绿色建筑行动方案》，明确提出将"推动建筑工业化"列为十大重要任务之一，同年11月7日，全国政协主席俞正声支持全国政协双周协商座谈会，建言"建筑产业化"，这标志着推动建筑产业化发展已成为最高级别国家共识，也是国家首次将建筑产业化落实到政策扶持的有效举措。随着政府对建筑产业化的不断推进，建筑信息化水平低已经成为建筑产业化发展的制约因素，如何应用BIM技术提高建筑产业信息化水平，推进建筑产业化向更高阶段发展，已经成为当前一个新的研究热点。

利用BIM技术能有效提高装配式建筑的生产效率和工程质量，将生产过程中的上下游企业联系起来，真正实现以信息化促进产业化。借助BIM技术三维模型的参数化设计，使得图样生成修改的效率有了大幅度的提高，克服了传统拆分设计中的图样量大、修改困难的难题；钢筋的参数化设计提高了钢筋设计精确性，加大了可施工性。加上时间进度的4D模拟，进行虚拟化施工，提高了现场施工管理的水平，降低了施工工期，减少了图样变更和施工现场的返工，节约投资。因此，BIM 技术的使用能够为预制装配式建筑的生产提供了有效帮助，使得装配式工程精细化这一特点更为容易实现，进而推动现代化建筑产业化的发展，促进建筑业发展模式的转型。

8. BIM 技术与 EPC

近年来，随着国际工程承包市场的发展，EPC 总承包模式得到越来越广泛的应用。对技术含量高、各部分联系密切的项目，业主往往更希望由一家承包商完成项目的设计、采购、施工和试运行。大型工程项目多采用 EPC 总承包模式，给业主和承包商带来便利和可观的效益，同时也给项目管理程序和手段，尤其是项目信息的集成化管理提出了更高的要求，因为工程项目建设的成功与否在很大程度上取决于项目实施过程中参与各方之间信息交流的透明性和时效性能否能得到满足。

与发达国家相比，中国建筑业的信息化水平还有较大的差距。根据中国建筑业信息化存在的问题，结合今后的发展目标及重点，住房和城乡建设部印发的《2011—2015 年建筑业信息化发展纲要》明确提出，中国建筑业信息化的总体目标为："基本实现建筑企业信息系统的普及应用，加快建筑信息模型、基于网络的协同工作等新技术在工程中的应用，推动信息化标准建设，促进具有自主知识产权软件的产业化，形成一批信息技术应用达到国际先进水平的建筑企业。"同时提出，在专项信息技术应用上，"加快推广 BIM、协同设计、移动通信、无线射频、虚拟现实、4D 项目管理等技术在勘察设计、施工和工程项目管理中的应用，改进传统的生产与管理模式，提升企业的生产效率和管理水平。"

11.3.3 BIM 在装配式建筑中的发展趋势

结合行业发展历史和趋势，对于未来装配式建筑智慧建造的发展趋势，可以简单归纳为四点：集成化、精细化、智能化、最优化。

1. 集成化

一方面是应用系统一体化，包括应用系统使用单点登录、应用系统数据多应用共享、支持多参与方协同工作；另一方面是生产过程一体化，包括设计—生产—施工一体化，可以采用 EPC 模式、集成化交付模式等。

2. 精细化

一方面是管理对象细化到每一个部品部件。可借鉴制造业的材料表，在装配式建筑中也可以形成材料表，根据材料表在现场进行装配即可；另一方面是施工细化到工序，通过严格的流程化、管理前置化降低风险，做到精益建造。

3. 智能化

在管理过程中，智慧建造，就要通过系统取代人，至少是部分取代，包含替人去决策，或者辅助人的决策。其中，用到的数据包括 BIM 数据、管理数据等。另外是作业层，可以有全自动化工厂及现场作业，实现智慧化，如在现场作业可能用到 3D 打印，在工厂里普遍采用机器人，人工将会大量减少。

4. 最优化

一是最优化的设计方案，设计对于建筑全寿命周期至关重要；二是最优化的作业计划，无论是进行生产还是施工，构件生产、施工都需要最优化，特别是在构件生产阶段，要实现柔性生产，动态调整作业计划；三是最优化的运输计划，以求达到最短运输路径。

11.4　被动式建筑的发展和应用

11.4.1　被动式建筑与普通建筑优劣比较分析

"被动式建筑"中的"被动"是针对"热能"而言。不难理解,日常生活住宅中,我们会主动通过电、天然气等人为加热获取热能所需。但"被动式建筑"因房屋技术不需要主动加热,它基本是依靠被动收集来的热量来使房屋本身保持一个舒适的温度。如使用太阳、家电及热回收装置等带来的热量,不需要主动热源的供给。

被动式建筑首先是以人为本,实现一个用被动式的手段来创造一个绿色舒适的环境。其次,被动式建筑的意义不仅仅在于科技,而是关乎居住最核心也是最基本的要素——健康。被动式建筑还可以提高建筑质量,让建筑物更加适应当地环境,减少了房屋对外界能源的依靠,所以降低了建筑全寿命周期的运行费用。被动式建筑不仅"不被动"而且具有非常积极的意义。他不仅可以让建筑更加健康、舒适、节能环保,而且还能防雾霾、隔声降噪等,让人的生活更加舒适。

人类对建造房屋的终极目标追求是建造漂亮的、舒适的、能耗极低的、维护成本极低的永远不坏的房屋。绿色智能化建筑就是有长久舒适使用寿命的漂亮建筑。无论从理念上还是从实践上做被动式低能耗建筑是房屋建造最正确的选择。被动式低能耗建筑同其他建筑相比,有如下不同之处。

1. 建筑健康标准不同

被动式低能耗建筑必须是健康建筑,表现在以下两个方面。其一,它的建筑构造满足建筑热工的要求,建筑的室内一侧无结露发霉现象。其二,它的室内空气环境质量是优良的,室内的 CO_2 含量、VOC 污染物、PM2.5 等指标均符合国家规定优良标准。所以被动低能耗建筑既要控制好施工设计环节,又要做好的运营室内环境控制。

如果一个房屋内部结露发霉了,它的建筑构造一定出了问题。原因可能或是设计错误,或是施工错误。这个建筑有多么美丽的名称或是多么高级认证,它也不能被称之为被动房。按被动房标准改造之后,消除了室内结露发霉的状况,供暖用能较少了90%。被动式低能耗建筑的健康特征正逐渐被人们认知。譬如,有人住进被动房之后,感冒次数大大减少,心脏病症状大为减轻等。

2. 评判体系不同

被动式低能耗房屋是以房屋建成后的结果作为最终评判指标,是普通人可识别的房子。被动式低能耗房屋设计上首先要满足能源需求的限定,能否被判定为被动式低能耗房屋还是要以能耗指标和室内舒适性指标是否达到要求为准。如果一栋建筑本身的设计符合被动式低能耗建筑的要求,而由于施工或材料不合格造成其能耗结果和室内环境不符合要求,那这栋建筑就不能被称之为被动式低能耗建筑。而以评价打分体系为认证基础的高大上建筑,依赖专家的主观判断(见表11-8)。这种评价只有具备专业知识的专家才可能完成。评价体系不同,用户评价能力表现不同。用户有能力判断自己是否使用的是被动式低能耗建筑,他只要检查室内环境指标和花了多少能源费用便可以做出判断。被动式低能耗房屋是普通百姓可以识别的房子。

表 11-8　评价体系对比

被动式低能耗建筑:实测结果		其他评价体系:专家打分体系
能耗指标		相对指标
供暖热需求:≤15kWh/(m²a) 制冷需求:≤15kWh/(m²a) 总一次能源需求:≤120kWh/(m²a) 采负荷:≤10Wh/m²		
室内舒适性指标		节能率50%~75% 是否采用了遮阳系统 可再生能源利用率
室内温度:20~26℃ 相对湿度:40%~60% 超温频率:≤10% CO_2 含量≤1000ppm 室内表面温度差:≤3℃ 噪声:≤30dB 无结露发霉		

3. 技术实用性不同

被动低能耗建筑的设计对每项技术投入不但要进行投入产出分析,还要考虑其负面影响。在被动式低能耗建筑中用可再生能源要考虑两个问题:一是该不该用;二是用了之后有没有负面影响。在一个工程案例中,业主为要不要做活动外遮阳而纠结。该建筑是城市标志性建筑,用了外遮阳虽然可以降低夏季冷负荷,但是会对原有外立面造成较大影响。权衡利弊之后,决定放弃外遮阳系统的使用,转而采用通过调整玻璃的性能来降低能耗的技术手段。被动式低能耗建筑的根本是提高建筑本体性能,尽可能减少设备投资,不以多用高科技多用设备为荣耀。

4. 设计精细化程度不同

被动式低能耗建筑必须精细化设计,无法照抄现有的标准图构造其建筑图和暖通图要比普通建筑多得多。在建筑设计中,所有的重要节点无法靠照抄标准图解决。设计师必须根据精确的计算,才能确保保温材料的厚度,关键构造节点必须画出来才能保证建筑构造不出问题。暖通方面除了准确计算出供暖和制冷负荷以配备暖通空调系统外,还必须进行精确的室内环境分析。利用 CFD 技术可以准确判定不同暖通空调方案条件下室内温度、室内相对湿度、室内垂直温度差、气流速度,二氧化碳浓度等室内环境指标,从而帮助设计人员优化方案。这是一种非常有效的寻求最佳技术解决方案的手段,可以有效减少设备不必要的投资。

而在一般建筑设计中,工程设计人员会凭借经验和直接引用国家标准图进行设计;在设备方面基本上按照满足峰值要求进行配置。所以,不多的图样便可搞定整个工程设计。工程中出现的室内结露发霉和大马拉小车就不足为奇了。

5. 精细化施工程度不同

在建筑领域,国家一直提倡百年大计、精细化施工。如果一个项目是被动式低能耗建筑,那么人们就不必太担心工程会被粗制滥造。可能建设单位更担心工程不能通过测试而影响房屋的使用效果。可以说,被动式低能耗建筑逼着建设市场实现了从粗放施工到精细化施工的强制转变。

以窗的安装工程为例,我国的建筑在暴风雨中从窗缝渗水是一种常见现象。这种现象同我国现行的外窗安装方式有关。这种安装方法会导致窗与外墙之间极易形成缝隙。被动式低能耗建筑的外墙与窗之间必须保证气密层的完整性。其安装工艺和安装方法必然要求精细化。被动式低能耗建筑的外窗安装必须带玻璃安装，不可先装窗框，后在现场安装玻璃。由于此项要求，我国工地已经实现了塑料窗带玻璃整窗安装。这是一项重大的进步，它保障了外场在施工过程中免遭破坏，同时促使大批质量平平的生产企业转型升级，否则就有被淘汰的风险。

6. 耐久性与可识别性不同

建造被动房可以彻底解决建筑短命的问题。按照德国的建造标准，一个合格的被动房，第一次维护的时间是在 40 年以后，到第 60 年时可通过节省能源花费回收整个项目的投资。从理论上讲，由于它的结构体系完全包覆在保护层当中，它应该是一个永远不坏的建筑。

被动房具备节能、舒适两大特征，这是人们判断被动房的唯一标准。人们可以通过室内环境感受和用能花费识别出被动房，这种特性使得某些地区出现民间自发宣传和建造被动房的现象。

11.4.2　被动式低能耗建筑的发展模式

被动式理念和技术在我国已从探索走向成熟，"以降低建筑本体能源需求为原则，减少对机械式供暖和制冷设备的依赖"，正在成为高能效建筑领域的共识。应该说，被动式低能耗建筑技术改变了建筑的角色定位，即在大幅度减少建筑对外界能源需求的情况下，建筑从单纯的能源消耗者转变为能源需求侧的控制者和管理者；改变了人们的用能理念，即开始相信低能供暖和低能制冷，相信高能效和高舒适可以协调并存。

2010—2020 年，中国被动式低能耗建筑领域经历了从学习理念、转变观念，到落地项目、制定标准的过程，实现了从政策体系、标准体系、技术体系、产品体系、管理体系、行业组织，到工程项目的全方位的发展，积累了丰富的经验。时至 2020 年，不可回避的瑕疵固然存在，举其大者如涉及经验尚浅，习惯性陷入"一如既往"的设计；高能效产品规范化程度不足，系统化水平不高；囿于工人专业素质、施工成本和工期限制，精细化施工尚有难度等等。然而，工程项目逐个落地，技术路线逐步明朗，政策和标准逐步颁布，市场上适用材料与设备国产化大步前行，全行业以及用户市场认识度不断加深。中国这一世界第一建筑大国，实际上正在以中国效率和市场规模，以及超越国际水平的技术创新，成为这一场建筑领域变革的领军者。

1. 政策体系方面

截至 2020 年 8 月，我国各级政府共颁布被动低能耗建筑鼓励政策 116 项，其中国家层面 13 项，21 个省（直辖市、自治区）、16 个城市先后发布 103 项。其中，《山东省绿色建筑促进办法》《河北省促进绿色建筑发展条例》《辽宁省绿色建筑条例》还将被动式低能耗建筑建设写入了地方法规。体现在政策数量上，2015—2017 年 3 月，全国共发布 27 项政策；2020 年截至 8 月 31 日，全国已发布 36 项政策，如图 11-7 所示。

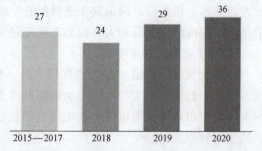

图 11-7　发布政策数量随年份的发展情况

从地域上看，被动式低能耗建筑发展仍然表现出不均衡性。在已发布的政策文件中，严寒和寒冷地区占79%；夏热冬冷地区共发布18项政策，其中上海市、宜昌市明确了可执行的激励措施；夏热冬暖和温和地区共发布政策3项，如图11-8所示。

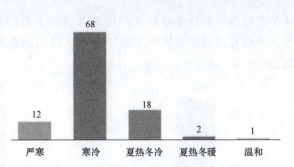

图11-8 不同气候区的政策数量分布情况

2. 标准体系方面

2015年2月27日，河北省住房和城乡建设厅发布《被动式低能耗居住建筑节能设计标准》（DB13（J）/T 177—2015），成为我国第一部被动式低能耗建筑标准。2016年8月5日，住房和城乡建设部批准《被动式低能耗建筑—严寒和寒冷地区居住建筑》（16J908—8），成为我国第一部被动式低能耗建筑的国标图集，为设计和施工人员提供了重要参考。

此后，我国典型气候区的支撑性标准逐步建立，从规划与设计、施工与建造、检测与验收、运行与维护四个方面，全面整合场地环境、建筑本体、机电系统、材料部品等内容，对被动式低能耗建筑提供全过程全专业技术支持。

截至2020年全国共发布被动式低能耗技术导则9项，设计、检测、评价标准14项。其中全国性导则1项，严寒地区导则/标准3项，寒冷地区导则/标准14项，夏热冬冷地区导则/标准5项，如图11-9所示；居住建筑类导则/标准13项，公共建筑类导则/标准1项，涵盖了居住和公共建筑类导则/标准9项。下一阶段，标准研究深化到产品和检测类层面，已经完成编制的有《被动式超低能耗建筑透明部分用玻璃》（T/ZB H012—2019）、《被动式低能耗居住建筑新风系统技术标准》

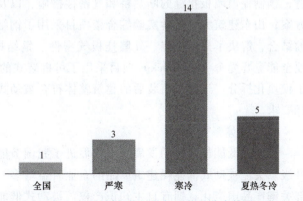

图11-9 不同气候区的标准数量分布情况

（CSTMLX032500325—2019）。正在编制过程中的有门窗类、保温材料类、防水材料类、通风设备类、密封材料类和黏结/抹面砂浆类标准。

3. 工程项目发展方面

以国内三家主要被动式低能耗建筑技术咨询单位在2013—2020年启动的89个项目为基础进行统计分析，建筑面积总计222万 m^2。其中涉及：

1）北京、河北、山东、四川、浙江、江苏等16个省（直辖市）。

2）严寒、寒冷、夏热冬冷、夏热冬暖4个气候区。

3）住宅、办公、幼儿园、学校、展馆等多种建筑类型。

4）钢筋混凝土、混凝土装配式、钢结构装配式、砖木等不同结构形式。

从分布情况看，90%的项目位于寒冷地区，且以居住建筑为主，如图11-10、图11-11所示。应该说，被动式低能耗建筑的推广仍然主要集中在我国北方地区。然而，夏热冬冷地区冬寒难熬，夏热冬暖地区湿热季漫长，主要制冷不可或缺。在南方推动被动式低能耗建筑，不仅可以解决夏热冬冷地区冬季供暖的民生问题，更可以在夏热冬暖地球实现"低能制冷"。

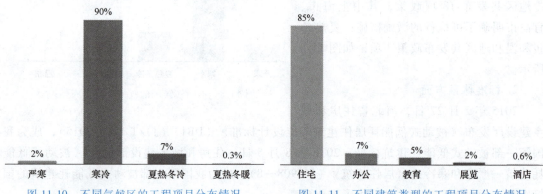

图 11-10　不同气候区的工程项目分布情况　　　　图 11-11　不同建筑类型的工程项目分布情况

从结构形式看，绝大部分项目为钢筋混凝土现浇结构体系，但也有一些项目做出来探索性尝试。例如，北京市焦化厂公租房项目采用了装配整体式混凝土结构技术和被动式低能耗建筑技术的结合，研发了预制整体式夹心保温墙板，提出了被动式门窗与预制外墙的连接构造，预制保温墙板接缝的断热桥和气密性措施，以及外挑阳台与主体结构之间的断热桥技术方案；山东建筑大学教学实验综合楼项目采用了钢结构装配式技术与被动式低能耗建筑技术的结合，解决了外墙安装、外墙挂板气密性、钢结构节点热桥等问题；2018 国际太阳能十项全能竞赛爱舍（Es-Block）项目采用了可拆装式的被动式低能耗建筑技术，创造性地实现了模块化拆分、运输、瓶装后的建筑整体符合被动式低能耗建筑的气密性、断热桥和能耗指标要求。

4. 产品体系方面

被动式低能耗建筑的发展，不仅促进了我国节能技术的发展创新，更带动了建材产业的升级。关注被动式低能耗建筑产品的企业日益增多，我国已逐渐形成配套产品体系，实现全部关键产品国产化，拥有自主知识产权。被动式低能耗建筑产品体系发展，以专有的产品认证为核心，实现了高品质建材产品的集聚和辐射效应。①被动式门窗系统从无到有，从有到优；②引导外墙外保温系统化发展；③为真空玻璃、真空绝热板创造了应用市场真空；玻璃和真空绝热板是我国技术领先产品，热工性能较同类产品有大幅提升，被动式低能耗建筑为两类产品创造了广阔的应用市场；④催生了防水隔汽膜、防水透气膜、断热桥锚栓等产品研发；⑤高效热回收新风系统已初具规模。

被动式低能耗建筑演绎了以项目为主导，带动产业生态圈建设的发展模式。

1）起步阶段，以 2013 年秦皇岛在水一方项目启动为标志，不仅首次实践了被动式低能耗建筑的技术方案，而且在国内严重缺失适用产品、国际上也没有高层建筑先例的情况下，创造性地采用了阳台断热桥措施、分户式新风空调一体机、厨房补分系统等中国方案，成功地将 18 层住宅楼建造为被动式低能耗建筑，实现了零的突破。

2）发展阶段，以黑龙江、山东、北京、湖南、福建等地开始启动首个/首批被动式低能耗建筑示范项目为标志，同时各地开始以项目为依托进行政策和标准研究，最后形成政策、标准、项目相互支撑的形势。

3）快速发展阶段，以2018年《关于加快被动式超低能耗建筑发展的实施意见》（石政规〔2018〕）的发布为标志，被动式低能耗建筑进入区域性、规模化发展阶段。同时建筑行业上下游秉持高质量发展的企业看到了高能效、高品质产品的发展前景，以被动式低能耗建筑为载体的产品体系进入快速发展阶段，形成了绿色发展新动能。

11.4.3 被动式低能耗建筑的发展趋势

1. 规模化发展

我国被动式低能耗建筑已从小范围示范向规模化建设方向发展。北京、河北、山东、浙江、四川、黑龙江、内蒙古等地都出现了10万m^2以上的被动式低能耗建筑社区。

保守估计到2035年全国将有20亿m^2的被动式低能耗建筑产业容量，如图11-12所示。

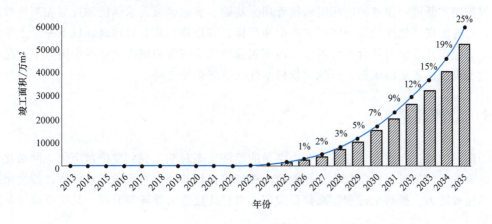

图 11-12 被动式低能耗建筑的产业容量发展预测

2. 区域能源规划

被动式低能耗建筑的规模化发展，使高能效目标实现的路径，从单体建筑转向片区/城区；从单体建筑能效提升和能源利用，转向片区/城区层面上的总体能源规划。

以片区/城区为尺度实施高能效建设，即以被动式低能耗建筑技术为基础，通过优化区域内建筑业态的混合比例，不同用能峰值时刻的参差，实现区域整体负荷的平均化，从而进一步抑制区域的功能要求。同时集成应用位于不同空间的可再生能源（光电、光热、地热、风电等），并采用低品位能源直接供冷供热/预冷预热，以及储能电站、储热储冷系统提供用能灵活性，最终实现片区/城区的能源产、储、消平衡。

3. 以"碳中和"为核心的城市建设

"碳中和"概念在全球变暖这一时代背景中孕育产生。人类社会应对气候变化，不仅要努力减少人类活动的碳排放，同时应关注陆地生态系统与海洋生态系统的固碳作用，从"碳源"与"碳汇"两端来寻找低碳社会发展途径。碳中和是指，以碳收支计算为基础，通过优化城市建设策略，平衡碳排放量与碳吸收量，达到碳源与碳汇中和的目标。因此碳中和是比低碳更进一步的发展诉求。

被动式低能耗建筑技术，使建筑的低能供暖和低能制冷成为可能；使依靠低品位的可再

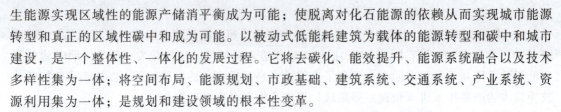

生能源实现区域性的能源产储消平衡成为可能；使脱离对化石能源的依赖从而实现城市能源转型和真正的区域性碳中和成为可能。以被动式低能耗建筑为载体的能源转型和碳中和城市建设，是一个整体性、一体化的发展过程。它将去碳化、能效提升、能源系统融合以及技术多样性集为一体；将空间布局、能源规划、市政基础、建筑系统、交通系统、产业系统、资源利用集为一体；是规划和建设领域的根本性变革。

4. 总结

被动式低能耗建筑由于其优越的节能效果，改变了建筑在区域性的能源网络中的角色定位，使建筑从单纯的能源消耗者转变为能源需求侧的控制者和管理者；被动式技术使建筑成为能源的截流者；小型可再生能源设备的安装使建筑成为能源的生产者；储能材料或设备的使用使建筑成为能源的存蓄者；与上级能源网络的控制和调节系统的设置使建筑成为能源的调配者。

以被动式低能耗建筑的能源需求侧管理为基础，实施区域需求侧能源规划和高能效城区建设，最终实现区域性的能源转型和碳中和目标，将是我国高能效建筑领域下一个十年的发展趋势。探索并寻求出符合时代需求和国家利益的建筑节能和城市发展的中国方案，是我们这一代建设工作者走向成熟，引领这场根本性变革的必经之路。

11.5　智能建造

当前，世界正在进入以信息产业为主导的经济发展时期。我们要把数字化、网络化、智能化融合发展的契机，以信息化、智能化为杠杆培育新动能。对于建筑业而言，持续增强信息技术集成能力，推动全过程信息模型应用，以智能建造引领转型升级，是实现高质量发展的关键。

建筑业处于高质量发展的转型阶段。要推动高质量发展，就要加快建筑产业现代化步伐，不断创新科技管理模式、施工技术等，持续增强 BIM（建筑信息模型）、大数据、云计算、物联网等信息技术集成应用能力，推动建筑产业数字化、网络化、智能化转型，并取得突破性进展。

"智能"是指通过运用以 BIM（Building Information Modeling，建筑信息化模型）技术为核心的信息技术，提升设计、施工、运营维护环节的信息化、智能化水平，提高效率和质量，降低成本和能耗，实现设计、施工、运营维护环节的集成。"建造"为专业的应用对象，是指房屋、道路、桥梁、隧道等各类建筑物的建造生产。智能建造集成人工智能、数字制造、机器人、大数据、物联网、云计算等先进技术，确保建筑物全寿命周期全链条的各阶段、各专业、各参与方之间的协调工作，实现智能化设计、数字化制造、装配式施工和智能化管理。智能建造的特征在于其集成了构件的制备—运输—安装的完整技术流程。在生产过程中，涉及生产线、制备装备、智能控制、质量管理等技术；在运输过程中，涉及运输装备、混合动力、物联网、智能规划等技术；在现场安装过程中，涉及装配工艺、装配装备、精度控制等技术。智能建造涵盖了整个建筑的全寿命周期（设计、施工、维护管理等），涉及多个子体系（建筑体系、结构体系、施工装备体系、运维管理体系等）。智能建造包涵多个集成子系统：智能设计与规划、智能装备、智能运营和管理等，其中智能设计和智能装备在整个智能建造系统中占据主导地位。现代建造技术与装备创新综合了多学科的发展成果。

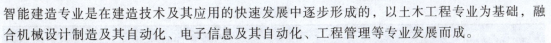

智能建造专业是在建造技术及其应用的快速发展中逐步形成的，以土木工程专业为基础，融合机械设计制造及其自动化、电子信息及其自动化、工程管理等专业发展而成。

智能建造旨在建造过程中充分利用智能技术和相关技术，通过应用智能化系统，提高建造过程的智能化水平，减少对人的依赖，达到安全建造的目的，提高建筑的性价比和可靠性。这个定义涵盖了以下三个方面：①智能建造的目的，即提高建造过程的智能化水平；②智能建造的手段，即充分利用智能技术和相关技术；③智能建造的表现形式，即通过应用智能化系统。

11.5.1　智能建造的政策

2017 年 5 月 4 日，住房和城乡建设部印发《建筑业发展"十三五"规划》；批准《建筑智能化系统运行维护技术规范》为行业标准。

2017 年，阿里巴巴发布的《智慧建筑白皮书》显示，中国智能建筑工程总量已相当于欧洲智能建筑工程量的总和，中国智能建筑系统集成商已超过 5000 家，智能建筑集成市场规模高达 4000 亿元。

2018 年 3 月 15 日，《教育部关于公布 2017 年度普通高等学校本科专业备案和审批结果的通知》（教高函〔2018〕4 号）公告，首次将智能建造纳入我国普通高等学校本科专业。文件指出：智能建造是为适应以"信息化"和"智能化"为特色的建筑业转型升级国家战略需求而设置的新工科专业，是推动我国智能智慧项目建设所必需的专业技术人员。

智能建造的设立符合建筑业、制造业的转型升级的时代需求，是推进新工科建设的重要举措。传统建造技术转型升级是全世界关注的热点话题，各国都提出了相应的产业长期发展愿景，如建筑工业化等。为主动应对新一轮科技革命与产业变革，支撑服务创新驱动发展，全力探索形成领跑全球工程教育的中国模式和中国经验，打造（发扬）基于中国基建优势的强国智能建造模式。

2020 年 7 月 3 日，住房和城乡建设部联合国家发展和改革委员会、科学技术部、工业和信息化部、人力资源和社会保障部、交通运输部、水利部等十三个部门联合印发《关于推动智能建造与建筑工业化协同发展的指导意见》，提出加大人才培育力度。各地要制定智能建造人才培育相关政策措施，明确目标任务，建立智能建造人才培养和发展的长效机制，打造多种形式的高层次人才培养平台。鼓励骨干企业和科研单位依托重大科研项目和示范应用工程，培养一批领军人才、专业技术人员、经营管理人员和产业工人队伍。加强后备人才培养，鼓励企业和高等院校深化合作，为智能建造发展提供人才后备保障。

为深入贯彻国务院办公厅《关于促进建筑业持续健康发展的意见》（国办发〔2017〕19号）文件精神，加快提高工程建造技术科技化、信息化、智能化水平，进一步提高建设工程专业技术人员理论与技能水平，规范从业人员执业行为，根据《国家中长期人才发展规划纲要（2010—2020 年）》，由中国建筑科学研究院认证中心评价监督，北京中培国育人才测评技术中心组织实施的智能建造师专业技术等级考试和认定工作正式开启。

近年来，我国智能建造技术及其产业化发展迅速并取得了较显著的成效。然而，国外发达国家的技术依旧引领着整体方向。相比之下，我国智能建造技术仍存在突出的矛盾和问题。主要体现在以下几方面，见表 11-9 所示。

表 11-9　国内外智能建造技术发展对比

技术发展	国内	国外
基础理论和技术体系	基础研究能力不足,对引进技术的消化吸收力度不够,技术体系不完整,缺乏创新能力	拥有扎实的理论基础和完整的技术体系,对系统软件等关键技术的控制,先进的材料和重点前言领域的发展
中长期发展战略	虽然发布了相关技术规划,但总体发展战略尚待明确,技术路线不够清晰,国家层面对智能建造发展的协调和管理尚待完善	金融危机后,众多工业化发达国家将包括智能建造在内的先进建造业发展上升为国家战略
智能建造装备	对引进的先进设备依赖度高,平均50%以上的智能建造装备需要进口	拥有精密测量技术、智能控制技术、智能化嵌入式软件等先进技术
关键智能建造技术	高端装备的核心控制技术严重依赖进口	拥有实现建造过程智能化的重要基础技术和关键零部件
软硬件	重硬件轻软件现象突出,缺少智能化高端软件产品	软件和硬件双向发展,"两化"程度高
人才储备	智能产业人才短缺,质量较弱	全球顶尖学府的高级复合型研究人才

11.5.2　智能建造的发展

目前,我国建造行业从业人员约4000万人,居各行业之首,但专业技术和经营管理两类人员只占从业人员总数的9%,远低于各行业的18%的平均水平。专业技术和管理人员中,中专以上学历者占58%,大学以上学历者占11%;占从业人员总数90%以上的生产一线的操作人员绝大多数未经任何培训直接上岗。近5年来,行业从业人员以年均4.25%的速度增加。建造行业市场化加速,智能建造市场潜力巨大、行业优势明显,对智能建造人才提出了迫切需求。此外,随着国际产业格局的调整,建造行业面临着在国际市场中竞争的机遇和挑战,智能建造作为建筑工业化的发展趋势,相关技术必将成为未来建筑业转型升级的核心竞争力,急需大批适应国际市场管理的技术与管理人才。根据教育部和住建部组织的行业资源调查报告,智能建造技术人才短缺突出表现在智能设计、智能装备与施工、智能运维与管理等专业领域,今后10年,技术与管理人员占比要达到20%,高等教育每年至少需培养30万人左右,图11-13所示给出了智能建造专业就业需求分析。智能建造具有广阔的应用空间和发展前景,智能建造专业毕业生可以在土木工程项目中从事智能设计、智能施工、智能管理等工作。智能建造建筑可以成为建筑业沿中国式新型工业化道路发展的一个重要途径。在民用领域,可以广泛应用于宿舍、酒店、住宅、办公建筑、商业建筑,还可用于村镇建设中的房屋改建、各种规模化人群迁移(如坝区建设迁移、矿区地质灾害移民等)的新居住区建设,以及抢险救灾的快速临建、极端环境下的快速设施搭建。在工业领域,可用于海洋平台建设、工业设施建设、交通设施建设等;甚至在军工航天领域均可得到广泛应用。我国的建筑业正处于传统产业向现代工业化转型升级的阶段。随着建设项目复杂性日益增高,对减少建设运营成本等项目目标的实现出了新的挑战。提升建筑设计与施工的智能化水平、运维管理信息化与智能化水平具有较高经济价值与工程应用价值。当前我国智能建造技术存在深度不够、系统性不强、专业能力不足等问题,智能建造人才数量和知识结构远远不能满足我国经济建设快速发展的需求,智能建造专业型人才、复合型人才、领军型人才明显短缺。

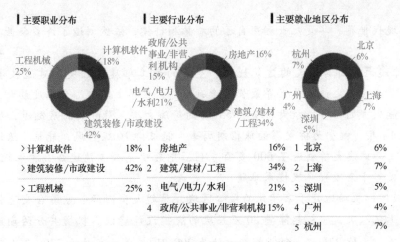

图 11-13　智能建造专业就业需求分析

拓展阅读

中国建造之路

中华五千年，我们先祖经历了征服自然，生活方式的改变，也带来了房屋建筑的发展，正是这种驱动力造就了开天辟地、顶天立地、感天动地、经天纬地中华工匠精神。我们将以过去、现在和将来三个时间节点介绍中国的建造之路。

1. 中国建筑史—中华民族文明发展的历史见证

《易经·系辞传下》曰"上古穴居而野处"。早在原始社会，人们就用树枝、石块构筑巢穴，用来躲避风雨和野兽的侵袭，开始了最原始的建筑活动；部落和阶级萌生后，出现了宅院、庄园、府邸和宫殿；随着商品交换的产生，出现了店铺、钱庄及至现代化的商场、交易所、银行、贸易中心；交通发展了，天堑变通途，出现了驿站、码头到现代的车站、港口、机场……

"建筑是什么，它是人类文化的历史，是人类文化的记录，反映着时代精神的特质"——梁思成。

中国古典建筑是中国传统文化的重要组成部分，它寄托了古人的理想、文化、思想和对未来的憧憬，其文化内涵丰富多彩。对中华民族的优秀遗产和文化的认同与热爱，对弘扬中国优秀传统文化具有重要的意义。

其一，中国古典建筑作为一种建筑的技法，是一种独特的代表中国文化和中国特色的建筑体系，与西方建筑及其他的建筑流派可以截然区别；其二，中国古典建筑作为文化遗产，是祖先们创造的物质财富，展现了历史上各个时代的思想和智慧的精华；其三，中国古典建筑承载着历史信息的遗存，每一座古建筑都相当于一本古老的史书，记载着历史上的政治与人类的离合悲欢；其四，中国古典建筑是中华民族的创造力和改造自然的产物。从人与自然关系的角度来讲，古典建筑是先民利用自然的木、石等其他的材料进行再创作，组成新的创造品，能反映我们中华民族和中华文化的审美。

2. 中国超级工程——厉害了我的国！

中国几千年历史上有着很多伟大的建筑奇迹，无不告诉我们这是一个辉煌文明的古老国度。而在现代世界，华夏儿女利用自己的智慧和科技，依然创造了许多令世界惊叹的建筑奇迹。

1）港珠澳大桥因其超大的建筑规模、空前的施工难度和顶尖的建造技术而闻名世界，实现了7个世界之最，是世界最长的跨海大桥，世界上建造综合难度最大，是外国专家眼中不可能完成的任务。该大桥全长55km的跨海大桥，7km的海底隧道，从设计到建设前后历时14年，被誉为桥梁界的珠穆朗玛峰，能抵御16级台风，能抗7级地震，寿命长达120年。港珠澳大桥创造了600多项专利，先后攻克人工快速成岛、深埋沉管结构、隧道复合基础等十余项世界级技术难题。

2）大兴国际机场地处于京津冀的核心区域，属超大型国际航空综合交通枢纽。按照客流吞吐量1亿人次，飞机起降量80万架次的规模设计建设。机场共分两期建设，一期建成4条跑道，占地27km²，年货邮量设计为200万t，年旅客量为7200万人次。远期到2040年，将增加2条跑道，共达到6条跑道，占地68km²，年货邮量为400万t，旅客量达到1亿人次以上。航站楼面积达到143万m²，造型完全以旅客为中心，形如展翅的凤凰，是全球最大机场航站楼，客机近机位137个。大兴国际机场2019年9月机场正式投运，被誉为新世界七大奇迹之首。

3）矮寨特大悬索桥位于湖南省湘西州吉首市矮寨镇境内，距吉首市区约20km，是国家重点规划的8条高速公路之一的特大桥梁工程，被称为在云端上开车的建筑奇迹。大桥主跨1176m，是目前世界峡谷跨径最大的悬索桥，创造了四个世界第一。矮寨特大悬索的建造攻克了地形险要，地质复杂，气象多变，吊装难和运输难等五大世界难题。

桥面到峡谷底高差达400多m，两岸索塔位置距悬崖边缘仅70~100m，单件吊装最大重量达120t，材料运输总量就达18万t。它的出现让长沙重庆两地来往的行车时间，从原本的4h缩短到1h。极大地改善湘渝两省市的交通现状，对中西部的对接具有极其重要的意义。

4）上海中心大厦是位于上海浦东陆家嘴的一座超高层地标式摩天大楼，建筑总高度632m，地上127层，地下5层，总建筑面积58万m²，外观呈螺旋式上升形态，历时8年建设，2017年1月投入运营，是目前中国第一高楼，被誉为建筑奇迹。上海地处长三角冲积平原，其陆地是由吸满了水的沙子组成的，这样的结构并不稳定，因此要想在这样的陆地建立80万t的大厦，其难度可想而知。

这座摩天楼安装有106部电梯，其中有7部为双层电梯，速度可达每18m/s，55s即可直达119层546m高的观光平台。在上海之巅360°全视角观光厅，既可近看东方明珠、金茂大厦、环球金融中心，又可远眺外滩和世博园区。

5）三峡大坝位于湖北省宜昌市境内，是当今世界最大的水力发电工程和清洁能源基地。三峡大坝全长约3335m，坝高185m，混凝土总方量为1610万m³，蓄水高程175m，工程总投资为955亿人民币，安装32台单机容量为70万kV的水电机组，装机容量达到2240万kV。于1994年12月正式动工修建，2003年6月开始蓄水发电，2009年全部完工，多项指标世界第一。

三峡工程主要有三大效益，即防洪、发电和航运，其中防洪被认为是三峡工程最核心的效益。三峡工程的航运船闸全长6.4km，其中船闸主体部分1.6km，双线5级梯级船闸，其工程规模居世界之最，是世界上水位落差最大的船闸。

6）国家体育场又名鸟巢，位于北京奥林匹克公园中心区南部，是2008年北京奥运会的主体育场，见证了一届无与伦比的夏季奥运会。工程总占地面积 $21hm^2$（$1hm^2 = 10^4 m^2$），主体建筑是由钢桁架编制而成的椭圆鸟巢外形，南北长333m、东西宽296m，最高处高69m，场内观众座席约为91000个，于2003年12月开工建设，2008年6月竣工，被评选为2007年世界十大建筑奇迹。

2022年鸟巢还成为北京冬奥会开闭幕式场地，作为史上首个举办夏季和冬季奥运会开闭幕式的体育场，鸟巢已成为代表我国形象的标志建筑，被赋予更加神圣而深邃的意义，是世界建筑发展史上的里程碑，为21世纪的我国和世界建筑发展提供历史见证。

7）位于贵州省黔南平塘县的500m口径球面射电望远镜，被誉为中国天眼，是世界上已经建成的最大最灵敏的射电望远镜，借助天然圆形溶岩坑建造，有近30个足球场大的接收面积，主反射面的面积达25万 m^2，总重量在2000t以上，是国家重大科技基础设施。天眼工程由主动反射面系统、馈源支撑系统、测量与控制系统、接收机与终端及观测基地等几大部分构成。

在运行期间，天眼观测到的脉冲星比欧美国家观测的总数还要多，甚至还捕捉到了极其罕见的天文现象。天眼作为我国天文领域的重器，不仅打破了我国天文事业发展的桎梏，未来也将扮演着更加重要的角色，取得更多辉煌的成果。

8）广州塔位于广州城市新中轴线与珠江景观轴线交汇处，其建筑总高度600m，主塔高450m，天线高150m，外框筒由24根钢柱和46个钢椭圆环交叉构成，形成镂空开放的独特美体，仿佛在三维空间中扭转变换。作为目前世界上建筑物腰身最细，施工难度最大的建筑，于2005年11月动工修建，2009年9月建成完工。

广州塔由一万多个大小规格全部不相同的钢构件，精确安装而成的建筑经典作品，并创造了一系列建筑上的世界之最。创造了世界最高户外观景平台和世界最高惊险速降之旅两项吉尼斯世界纪录。塔顶还有全球最高的横向摩天轮，16个水晶观光球舱，赏极致珠江美景和广州璀璨夜色。

3. "中国建造"加速转型"中国智造"

作为"中国名片"之一，"中国建造"打造了一个个令世界惊叹的超级工程，创造了蜚声海外的国家品牌。在新的历史时期，面对不断快速变化的新形势，"中国建造"迫切需要优化生产关系，提高运营效率，抵御危机压力，重塑核心竞争力。毋庸置疑，智能建造是建筑业供给侧改革的技术支撑，是做强做优"中国建造"的关键抓手，是增强国家竞争实力的有效途径。在加速转型"中国智造"的过程中，"中国建造"正在加快走向国际市场，助力我国迈入智能建造世界强国行列。

我国建筑业正加速从劳动密集型向技术密集型转变，智能建造将是行业发展的大势所趋。数字化、智能化转型逐渐成为行业共识，在新基建的牵引下，人工智能、5G、物联网等技术应用有望在建筑业加速渗透，为建筑业带来巨大机遇，将构筑起建筑业发展的新格局。

在此背景下，我国建造该如何抓住科技革命的历史机遇，借鉴发达国家的创新发展经验，结合我国国情和宏观战略，走出一条具有中国特色的高质量发展之路？针对行业痛点问题和发展所需，应从产品创新、技术进步、管理提升、市场竞争以及制度设计等方面规划中国建造全球竞争力提升的关键路径。

1) 我国建造未来三十年发展目标与战略路径。我国建造该"往哪走?"以及"怎么走?"，结合全球工程建造变革发展现状，立足于未来我国国民经济高质量发展对工程建造发展提出的新需求和新挑战，面向全球工程建造竞争最前沿，从产品绿色化创新、技术智能化、市场全球化拓展、建造方式工业化转型以及组织管理生态化治理等方面规划我国工程建造全球竞争力转型升级的战略要点与关键路径。我国工程建造战略目标体系如图 11-14 所示。

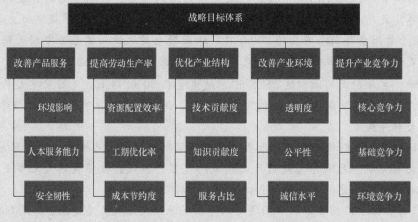

图 11-14　我国工程建造战略目标体系

2) 聚焦全球工程建造技术智能化发展前沿，立足于我国工程建造技术发展实践，围绕我国工程软件、工程物联网、工程大数据以及工程机械等重点领域，明确我国工程建造由机械化到数字化再到智能化的转型发展阶段目标，建立我国工程建造智能化系统框架，如图 11-15 所示。

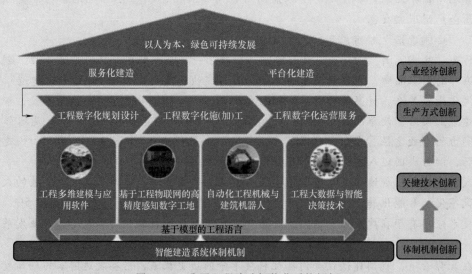

图 11-15　我国工程建造智能化系统框架

3) 我国新型工业化建造。针对我国建筑工业化在行业标准、技术体系、政策引导、专业人才、构件生产、精装交付以及综合效益等方面存在的问题，围绕工程建造工业化流程，从"设计-生产-建造-运维服务"产业链各环节入手，理清智能制造与工程建造创新之间系统联系，提出以材料和工具装备数字化创新为驱动的工业化建造发展战略。

4) 我国建造全球化发展。为回答"如何建设全球工程建造强国？"和"如何塑造中国建造国际品牌"两方面问题，我们应通过对中国工程建造的全球化现状进行分析，研究中国实现工程建造全球化面临的机会和风险以及具有的资源和成功要素，提出总目标及分阶段目标，指定提高中国工程建造国际竞争力和塑造中国工程建造国际品牌的战略。

5) 我国绿色建造工程。通过系统梳理全球绿色建造发展历程、现状与趋势，从"产品—过程—服务"多维度描绘我国工程建造绿色化发展战略目标体系；并围绕绿色建造发展目标，通过技术创新、模式创新、制度创新，指明我国绿色建造发展的方向性路径、技术性路径和体系性路径。

6) 我国制造组织与机制创新。立足我国的基本国情，围绕行业管理体制、市场运行机制、生产组织模式、人才培养等关键问题，研究我国建造新情境下绿色智能建造、新型工业化建造和全球化发展战略需要的建造体制、机制及人才培养发展的创新模式，为实现中国建造的高质量发展提供基础保障。

大道至简，实干为要，转型升级在"知"更在"行"。可喜的是，建筑行业一批领军企业早已在数字化和智能化变革大潮中进行了持续的实践，一栋栋搭载数字化、智能化创新成果的建筑拔地而起，完成了多少过去不可能做到的事，"中国建造"正在加快走向国际。

智慧建造将开启工程建设行业发展新时代。在工程建设行业，以科技创新为支撑、以智慧建造为技术手段的新型建造方式正在改变工程建造的产业链，是推动建筑业转型升级的动力之一，成为深化建筑业供给侧结构性改革的重要抓手和关键路径。在现代技术的支撑下，通过新型建造方式来打造更加智慧、高效的建筑与基础设施，是实现智慧城市的产业基础。

（素材来源：百度百科）

习 题

1. 简述智能材料在建筑工程中的应用功能。
2. 简述建筑工程中的智能材料在建筑结构上的分类及功能。
3. 简述建筑工程中的智能材料在节能环保上的分类及功能。
4. 简述国外装配式混凝土结构的发展与应用现状。
5. 简述国内装配式混凝土结构的发展路径。
6. 装配式混凝土建筑的绿色性有哪些体现？和传统现浇建筑相比，装配式混凝土建筑在资源消耗方面有哪些进步？为什么？
7. 从绿色可持续性的角度解释为什么要推广装配式混凝土建筑？
8. 简述装配式建筑与建筑工业化、产业现代化的关系。

9. 简述 BIM 在勘察设计阶段的应用价值。

10. 简述 BIM 在施工阶段的应用价值。

11. 简述 BIM 技术的深度应用趋势。

12. 简述 BIM 在装配式建筑中的发展趋势。

13. 试比较分析被动式建筑与普通建筑优劣。

14. 简述我国被动式低能耗建筑的发展趋势与模式。

参 考 文 献

[1] 张金升，龚红宇，刘英才，等. 智能材料的应用综述 [J]. 山东大学学报，2002 (3)：294-300.

[2] 余海湖，赵愚，姜德生. 智能材料与结构的研究及应用 [J]. 武汉理工大学学报，2001 (11)：37-41.

[3] 刘勇，魏泳涛. 智能材料在土木工程中的应用 [J]. 西南交通大学学报，2002 (S1)：105-109.

[4] 王兆利，高倩，赵铁军. 智能建筑材料 [J]. 山东建材，2002 (1)：56-57.

[5] 姚武，吴科如. 智能混凝土的研究现状及其发展趋势 [J]. 新型建筑材料，2000 (10)：22-24.

[6] 苑国良. 智能材料与防震减灾 [J]. 城市与减灾，2002 (3)：19-20.

[7] 习志臻，张雄. 仿生自愈合水泥砂浆的研究 [J]. 建筑材料学报，2002 (4)：390-392.

[8] 关新春，欧进萍，韩宝国，等. 碳纤维机敏混凝土材料的研究与进展 [J]. 哈尔滨建筑大学学报，2002 (6)：55-59.

[9] 方应翠，陈长琦，朱武，等. 二氧化钒薄膜在智能窗方面应用研究 [J]. 真空，2003 (2)：16-18.

[10] 周智，欧进萍. 用于土木工程的智能监测传感材料性能及比较研究 [J]. 建筑技术，2002 (4)：270-272.

[11] 李建保，王厚亮，孙格靓，等. 碳纤维复合材料在智能建筑结构中的应用 [J]. 炭素技术，2000 (4)：54-57.

[12] 程文露，曹江勇，刘洪福，等. 介电弹性体智能材料的应用 [J]. 弹性体，2022，32 (5)：91-97.

[13] 赵立环，王府梅. 形状记忆织物的发展及展望 [J]. 纺织导报，2008 (2)：52-53.

[14] 董军辉，薛素铎，周乾. 形状记忆合金在结构振动控制中的应用 [J]. 世界地震工程，2002 (3)：123-129.

[15] 杨凯，辜承林. 21世纪的新型功能材料：形状记忆合金 [J]. 金属功能材料，2004 (6)：35-39.

[16] 刘锡军，王齐仁，祝明桥，等. 智能混凝土的压敏性能试验研究 [J]. 建筑科学，2002 (3)：48-49.

[17] 赵可昕，杨永民. 形状记忆合金在建筑工程中的应用 [J]. 材料开发与应用，2007 (3)：40-46.

[18] 杨杰，吴月华. 形状记忆合金及其应用 [M]. 合肥：中国科技大学出版社，1993.

[19] 马超. 形状记忆材料的应用与发展 [J]. 辽宁化工，2006 (1)：30-32.

[20] 刘晓霞，胡金莲. 形状记忆合金在纺织业应用的研究进展 [J]. 纺织学报，2005 (6)：134-136.

[21] 潘梦娇，王丽君，卢业虎，等. 形状记忆智能织物系统热防护性能评价 [J]. 清华大学学报（自然科学版），2022，62 (6)：1010-1015.

[22] 徐立丹，赵继涛，史明方，等. 形状记忆合金及其复合材料的应用 [J]. 科技创新与应用，2021，11 (33)：23-25.

[23] 周馨我. 功能材料学 [M]. 北京：北京理工大学出版社，2005.

[24] 孙宏俊，邓宗才，李建辉. 形状记忆合金在结构减隔震中的应用 [J]. 建筑技术，2006 (2)：143-145.

[25] 吴晓东，王征，吴建生. 用于智能材料与结构的Ni-Ti丝的电阻特性研究 [J]. 上海交通大学学报，1998 (2)：82-85.

[26] BUEHLER W J，GRIFRICH J，WILEY K C. Effect of low-tem-perature phase changes on the machanical properties of alloys near composition Ti-Ni [J]. J Appl Phys，1963 (34)：1467.

[27] 曹运红. 形状记忆合金的发展及其在导弹与航天领域的应用 [J]. 飞航导弹，2000 (10)：60-63.

[28] 袁比飞. 新型磁驱动形状记忆合金研究进展 [J]. 材料工程，2007 (2)：62-66.

[29] 陈淑娟，何国球，马行驰，等. Fe-Mn-Si 系形状记忆合金研究近况 [J]. 材料导报，2006（12）：66-69.

[30] 沈能珏，孙同年，余声明，等. 现代电子材料技术 [M]. 北京：国防工业出版社，2000.

[31] 孙福学，孙慷. 压电学：下册 [M]. 北京：国防工业出版社，1984.

[32] 殷景华，王雅珍，鞠刚，等. 功能材料概论 [M]. 哈尔滨：哈尔滨工业大学出版社，1999.

[33] 孟中岩，姚熹. 电介质理论基础 [M]. 北京：国防工业出版社，1980.

[34] 李言荣，恽正中. 电子材料导论 [M]. 北京：清华大学出版社，2001.

[35] 关振铎，张中太，焦金生. 无机材料物理性能 [M]. 北京：清华大学出版社，1992.

[36] 张勇，李龙土，桂治轮. 压电复合材料 [J]. 压电与声光，1997（2）：130-134.

[37] 程立椿. 电接触理论及应用 [M]. 北京：机械工业出版社，1985.

[38] 师昌绪. 新型材料与材料科学 [M]. 北京：科学出版社，1988.

[39] 宛德福，马兴隆. 磁性物理学 [M]. 成都：电子科技大学出版社，1994.

[40] 张晓玲，张馨，陈一民. 有机梯度功能材料的研究 [J]. 功能材料，1994（6）：511-514.

[41] 曲喜新，杨邦朝，姜节俭，等. 电子薄膜材料 [M]. 北京：科学出版社，1996.

[42] 沈新元，沈云. 智能纤维的现状及发展趋势 [J]. 合成纤维工业，2001（1）：1-5.

[43] 倪海燕，孟家光. 有机导电纤维的研究进展及应用 [J]. 纺织科技进展，2004（5）：16-17.

[44] 张兴祥. 智能纤维的研究与发展 [J]. 纺织导报，1996（6）：33-34.

[45] 谷清雄. 功能纤维的现状和展望 [J]. 合成纤维工业，2001（2）：25-29.

[46] 余重秀，王旭，刘海涛. 光纤光栅的不同折射率调制及其实现方法 [J]. 光电子·激光，2000（2）：137-139.

[47] 刘伟平，林戈，黄君凯. 光纤布拉格光栅反射谱旁瓣的抑制 [J]. 激光与红外，2001（3）：180-183.

[48] 赵锡钦. 溅射薄膜技术的应用 [J]. 电子机械工程，1999（3）：58-60.

[49] 张子鹏. 智能高分子凝胶的研究与应用 [J]. 山西化工，2004（4）：17-20.

[50] 张胜兰，沈新元，杨庆. 热敏高分子膜 [J]. 膜科学与技术，2000（6）：42-45.

[51] 宋爱宝. 液晶热敏膜的研究 [J]. 化学世界，1992（9）：398-400.

[52] 吴明红，陈捷，马瑞德，等. 热敏性聚合物的研究及其应用 [J]. 上海大学学报（自然科学版），1997（S1）：57-62.

[53] 姚康德，成国祥. 智能膜材 [J]. 化工进展，2002（8）：611-616.

[54] 吴人洁. 复合材料 [M]. 天津：天津大学出版社，2000.

[55] 李青山. 功能高分子与智能材料 [M]. 哈尔滨：东北林业大学出版社，2001.

[56] 吴宗岱，陶宝琪. 应变电阻原理及技术 [M]. 北京：国防工业出版社，1982.

[57] 刘雄业，郝元恺，刘宁. 无机非金属复合材料及其应用 [M]. 北京：化学工业出版社，2006.

[58] 沃丁柱. 复合材料大全 [M]. 北京：化学工业出版社，1994.

[59] 张长瑞，郝元恺. 陶瓷基复合材料：原理、工艺、性能及设计 [M]. 北京：国防科技大学出版社，2001.

[60] 刘雄业，谢怀勤. 复合材料工艺及设备 [M]. 武汉：武汉工业大学出版社，1994.

[61] 贺福，王茂章. 碳纤维及其复合材料 [M]. 北京：科学出版社，1997.

[62] 杨树人，王宗昌，王兢. 半导体材料 [M]. 北京：科学出版社，2003.

[63] 陈华辉，邓海金，李明. 现代复合材料 [M]. 北京：中国物资出版社，1997.

[64] 吴人杰. 复合材料 [M]. 天津：天津大学出版社，2000.

[65] 范晓明，方东，李卓球，等. 混凝土柱中石墨水泥砂浆试块的压阻特性研究 [J]. 材料导报，2010，24（4）：69-71.

[66] 莫晓东. 绿色混凝土的研究现状分析 [J]. 建筑技术开发, 2010 (2): 57-59.

[67] 吕亚夫. 碳纤维混凝土导电压敏性的研究 [J]. 福建建筑, 2009 (12): 8-10.

[68] 李洪磊, 顾强康, 李婉. 碳纤维混凝土智能化研究中的问题 [J]. 路基工程, 2009 (2): 123-124.

[69] 范晓明, 董旭, 李卓球. 碳纤维水泥净浆试块的电阻及其稳定性分析 [J]. 混凝土与水泥制品, 2009 (2): 45-47.

[70] 冉璟, 秦勇. 混凝土裂缝自愈合性能的研究及进展 [J]. 水电站设计, 2009, 25 (1): 86-87.

[71] 李彦军, 商建, 尚伯忠. 智能混凝土的研究 [J]. 山西建筑, 2009, 35 (5): 148-150.

[72] 孙威. 利用压电陶瓷的智能混凝土结构健康监测技术 [D]. 大连: 大连理工大学, 2010.

[73] 刘中辉, 方崎琦. 碳纤维智能混凝土的研究现状与展望 [J]. 浙江建筑, 2008 (6): 51-53.

[74] 徐海军. 绿色混凝土的研究现状及其发展趋势 [J]. 广州建筑, 2008 (6): 3-5.

[75] 宋小杰. 纳米材料和纳米技术在新型建筑材料中的应用 [J]. 安徽化工, 2008 (4): 14-17.

[76] 隋莉莉, 刘铁军, 娄鹏. 混凝土技术的新进展: 多功能智能混凝土 [J]. 水利水电技术, 2006 (12): 30-32.

[77] 周锡元, 阎维明, 杨润林. 建筑结构的隔震、减振和振动控制 [J]. 建筑结构学报, 2002 (2): 2-12.

[78] 谢礼立, 马玉宏. 现代抗震设计理论的发展过程 [J]. 国际地震动态, 2003 (10): 1-8.

[79] 周云, 徐彤, 俞公骅, 等. 耗能减震技术研究及应用的新进展 [J]. 地震工程与工程振动, 1999 (2): 122-131.

[80] 张文芳. 建筑结构 TMD 振动控制及其新体系减震研究 [J]. 太原理工大学学报, 2004 (1): 43-47.

[81] 杨光, 沈繁銮. 日本阪神地震灾害的一些调查统计数据 [J]. 华南地震, 2005 (1): 83-86.

[82] 邹立华, 等. 组合隔震结构的振动控制研究 [J]. 振动与冲击, 2005 (2): 80-83.

[83] 中华人民共和国住房和城乡建设部. GB 50011—2010 建筑抗震设计规范 (2016 年版) [S]. 北京: 中国建筑工业出版社, 2010.

[84] 周云. 土木工程防灾减灾学 [M]. 广州: 华南理工大学出版社, 2002.

[85] 李青山, 祖立武. 面向 21 世纪的功能高分子材料 [J]. 合成橡胶工业, 1998 (6): 49-51.

[86] 姚薇, 宋景社, 贺爱华, 等. 合成反式-1, 4-聚异戊二烯的硫化与性能 [J]. 弹性体, 1995 (4): 1-7.

[87] 张峰, 李忠明. 形状记忆弹性体的研究进展 [J]. 特种橡胶制品, 2005 (1): 59-62.

[88] 傅玉成. 杜仲胶记忆材料的性质与应用 [J]. 高分子材料科学与工程, 1992 (4): 123-126.

[89] 张福强, 张平平. 形状记忆树脂的性能及其应用 [J]. 工程塑料应用, 1994 (2): 51-55.

[90] 蒲侠, 周彦豪, 张兴华, 等. 某些形状记忆热收缩材料的研究进展 [J]. 工程塑料应用, 2004 (8): 63-67.

[91] 肖建华. 形状记忆聚合物 [J]. 工程塑料应用, 2005 (1): 64-67.

[92] 詹茂盛, 方义, 王瑛. 形状记忆功能高分子材料的研究现状 [J]. 合成橡胶工业, 2000 (1): 53-57.

[93] 宋景社, 黄宝琛, 张昊等. 高反式-1, 4-聚异戊二烯与高密度聚乙烯共混型形状记忆材料研究 [J]. 塑料科技, 1998 (5): 6-9.

[94] 吴伟东. 智能材料及其在建筑技术中的应用 [J]. 新材料产业, 2014 (11): 49-53.

[95] 高飞, 唐宁, 李晓. 智能材料与结构发展现状浅析 [J]. 建材发展导向, 2016, 14 (12): 19-22.

[96] 陶雨. 智能材料结构系统在土木工程中的应用 [J]. 城市建设理论研究, 2020 (8): 9.

[97] 谢建宏, 张为公, 梁大开. 智能材料结构的研究现状及未来发展 [J]. 材料导报, 2006 (11): 6-9.

[98] 曹照平, 王社良. 智能材料结构系统在土木工程中的应用 [J]. 重庆建筑大学学报, 2001 (1):

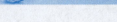

108-113.

［99］　叶帆，杨耀东. 未来，智能材料将无处不在：智能材料前沿论坛侧记［J］. 中国材料进展，2016，35（10）：754-755.

［100］　黄靓，冯鹏，张剑. 装配式混凝土结构［M］. 北京：中国建筑工业出版社，2020.

［101］　北京绿色建筑产业联盟. BIM 技术概论［M］. 北京：中国建筑工业出版社，2016.